中国科协全国学会发展报告(2020)

中国科协学会服务中心 主编

科学出版社

北京

内 容 简 介

《中国科协全国学会发展报告（2020）》通过分析中国科协统计年鉴、问卷调查等数据，剖析专题调研典型案例，总结近五年来中国科协所属全国学会在党的建设、学术建设与人才服务、服务科技与经济社会融合、科学普及、智库建设、组织建设等方面的发展状况，并分别阐述基础类、工程技术类、农科类、医科类学会的发展特色，分析全国学会现阶段存在的问题，探寻科技社团发展规律，为全国学会谋划未来发展蓝图、加速高质量发展提供重要支撑。

图书在版编目（CIP）数据

中国科协全国学会发展报告. 2020/中国科协学会服务中心主编. —北京: 科学出版社, 2021.6

ISBN 978-7-03-069025-8

Ⅰ. ①中… Ⅱ. ①中… Ⅲ. ①中国科学技术协会－发展－研究报告－2020 Ⅳ. ①G322.25

中国版本图书馆 CIP 数据核字(2021)第 106403 号

责任编辑：闫　群　孔金昕 / 责任校对：刘凤英
责任印制：关山飞 / 封面设计：王晓艳

斜 学 出 版 社 出版
北京东黄城根北街 16 号
邮政编码：100717
http://www.sciencep.com
北京科信印刷有限公司 印刷
科学出版社发行　　各地新华书店经销

＊

2021 年 6 月第 一 版　　开本：720×1000 1/16
2021 年 6 月第一次印刷　　印张：17 3/4
字数：280 000
定价：98.00 元

(如有印装质量问题，我社负责调换)

编写委员会

主　编: 申金升

副主编: 朱文辉　朱晓红

编写组（以姓氏笔画为序）

于宏丽	马　晶	王宏伟	王春燕	田利芳	史阿娜	吕　潇
刘向晖	刘妮娜	刘荣志	刘艳秋	齐志红	祁红坤	杜　勇
杨　丽	杨书卷	张　华	张海波	张绪刚	陆大明	陈建国
岳　臣	金志伟	胡　末	钟永刚	袁俊瑞	贾江华	栾大凯
高　然	高立菲	高富锋	郭　冰	梁　莹	韩清华	靳　一
魏　政						

数据组（以姓氏笔画为序）

王宗阳　朱茜茜　孙忍静　张利乐　罗　园　南金娥　徐宁杰
高童童　程梦思

前　言

当今世界正经历百年未有之大变局，新一轮科技革命和产业变革深入发展，国际环境深刻变化。建设新时代中国特色社会主义需要世界一流的科学技术支撑，世界一流的科学技术需要建设世界一流的科技社团。党的十九届五中全会明确提出，"把科技自立自强作为国家发展的战略支撑，加快建设科技强国"，对科技社团的发展提出了新要求。"十三五"期间，全国学会作为科技工作者组成的科技共同体，认真落实党中央群团工作会议精神，紧密围绕党和国家事业发展大局，深入贯彻《科协系统深化改革实施方案》，在团结引领科技工作者推动科技创新和服务经济建设主战场方面发挥了重要作用，为全面建成小康社会、进入创新型国家行列做出了积极贡献。

为全面总结和客观展示近五年来全国学会组织建设、业务活动和改革发展的总体态势，中国科协学会服务中心成立课题组开展专项调研工作，通过分析《中国科学技术协会统计年鉴》以及学会年检信息等数据、调研走访全国学会、进行个人会员抽样问卷调查等方式，对中国科协所属全国学会在党的建设、内部治理、学术交流、科技奖励和评价、继续教育、技术服务、科学普及、智库建设、基础条件建设、社会影响等诸多方面取得的成绩进行总结，特别对基础类、工程技术类、农科类、医科类学会近年来的发展特色分别加以阐述，分析其成功经验和存在问题，以期更好地适应新时代新要求新发展。

参与本书编写的有华北电力大学、中国机械工程学会、中国农学会、北京钜创科学传播研究所组成的专家团队，以及中国科协学会服务中心科技社团研究所工作人员。中国科协计划财务部、学会学术部在基础数据、案例材料方面给予了大力支持，在此一并致谢。

由于时间仓促以及数据条件所限，加之编写人员水平有限，书中难免挂一漏万，甚至错误，敬请广大读者批评指正。

编者

2021 年 1 月

目　录

绪　论

从党的十八大"实施科技创新驱动发展战略",到十九大"加强国家创新体系建设,强化战略科技力量",再到十九届五中全会明确提出"把科技自立自强作为国家发展的战略支撑,加快建设科技强国",我国已进入科技创新体系全面构建新时代。科技社团作为组织与团结广大科技工作者的重要载体,在开展学术交流、推进和完善国家创新体系建设、促进区域经济社会高质量发展、实施科学普及等方面发挥着不可替代的作用,成为国家科技创新体系良性运作的重要组成部分,是国家推动科技事业发展的重要力量,在国家现代化治理中具有独特作用。

中国科协所属全国学会是科技社团的典型代表和重要组成部分。党中央一贯关心重视科协和科技社团工作,习近平总书记多次对中国科协和全国学会举办的会议和活动致贺信,深切关怀并寄予期望。2016年5月30日,习近平总书记在全国科技创新大会、两院院士大会、中国科协第九次全国代表大会上讲话,提出:"中国科协各级组织要坚持为科技工作者服务、为创新驱动发展服务、为提高全民科学素质服务、为党和政府科学决策服务的职责定位,推动开放型、枢纽型、平台型科协组织建设,接长手臂,扎根基层,团结引领广大科技工作者积极进军科技创新,组织开展创新争先行动,促进科技繁荣发展,促进科学普及和推广,真正成为党领导下团结联系广大科技工作者的人民团体,成为科技创新的重要力量。"

党的十八大以来,在以习近平同志为核心的党中央坚强领导下,我国科技事业取得了历史性的成就,重大创新成果竞相涌现,一些前沿领域进入并跑、领跑阶段,制度创新能力显著提升。全国学会紧紧围绕中心大局,坚持以政治性、先进性、群众性为统领,团结广大科技工作者砥砺奋进,为科技创新和经济社会高质量发展提供了重要的智力支撑。

党的十九大以来，中国科协深入贯彻党中央、国务院重大决策部署，在国家发展全局中找准定位，在识变应变求变中培植优势，以"三性"统领"三型"组织建设，以"三轮"驱动履行"四服务"职责，以传承创新、服务发展、合作发展、开放发展为主题梯次布局年度工作目标，全面推进全国学会深化改革和创新发展。

五年来，全国学会积极开拓创新，改革发展取得显著成效，在学会组织建设、为科技工作者服务、服务创新驱动发展、学术交流活动、科技期刊、科技开放与交流、科学技术普及、科技创新智库建设等方面取得了巨大成就；在团结凝聚科技工作者促进科技创新、助力经济社会发展、深化国际科技合作、优化科技治理等方面发挥了不可替代的作用。

党的十九届五中全会站在"两个一百年"的历史交汇点上，科学擘画了我国未来发展的新蓝图，开启了全面建设社会主义现代化国家的新征程，明确了创新在我国现代化建设全局中的核心地位，要求将科技自立自强作为国家发展的战略支撑，加快建设科技强国。党中央确定的新战略新目标新要求，就是科技界奋进新时代、实现新作为的号角。面对新形势新挑战，未来的学会工作要胸怀"两个大局"，准确把握五中全会的深刻科学内涵，在把握新发展阶段、坚持新发展理念、构建新发展格局中找准历史方位、战略定位，找准科技社团服务党和国家工作大局的结合点、发力点，坚定走科技自立自强的创新发展道路，倡导科技共同体的使命感召和价值引领，努力把科技共同体的组织优势有效转化为高质量发展优势和现代化治理效能，把学术团体集聚的人才资源、创新资源势能有效转化为建设科技强国、实现"两个一百年"奋斗目标的强大动能，在构建新发展格局中与时俱进，构建"以理服人"的学术共同体、"以德服人"的价值共同体、"以人为本"的命运共同体，团结引领广大科技工作者在新时代创新建功。

第一章　近五年全国学会发展概览

本书基于 2015—2020 年中国科协全国学会的总体数据,对部分全国学会的调研走访、个人会员抽样调查,总结全国学会整体发展状况,分析影响全国学会发展的内部和外部因素,把握全国学会发展态势,以进一步总结经验,谋划未来。研究方法主要采用定性与定量相结合的方式,具体包括定量分析、案例研究、座谈与深度访谈等。基础数据主要依据《2016—2020 年中国科学技术协会统计年鉴》,并参考使用学会年检数据信息。个人会员调查共抽取 50 家全国学会,其中理科 12 家,工科 19 家,农科 4 家,医科 9 家,交叉学科 6 家。每家被调查的学会选取 100 名会员作为调查对象,共计发放问卷 5000 份,实际回收 4702 份。据此分析五年来各数据项的发展变化趋势,特别是会员对学会变化的主观感受及评价。同时,本报告还集成了对 70 余家学会的调研访谈资料。

一、全国学会的总体发展情况

据《中国科协 2019 年度事业发展统计公报》,中国科协所属全国学会 210 个。

(1)组织建设方面:全国学会理事会理事 3.1 万人,平均每家学会 148 人,规模缩小;团体会员 5.4 万个;个人会员 522.7 万人,为近年来最高;从业人员 3714 人,平均每家学会 18 人,总体保持稳定;年收入总额 49.6 亿元,保持持续增长。多个领域多家学会实现了从 0 到 1 的突破。如 140 家学会成立了监事会,30 余家学会首次在分支机构建立了党组织。

(2)学术交流方面:举办国内学术会议 4362 场次,其中举办学术年会 1915 场次。国内学术会议参加人数 1762085 人次,交流论文 644865 篇。

（3）为科技工作者服务方面：全国学会设立科技奖项 391 项。表彰奖励科技工作者 26920 人次，其中女性科技工作者 6188 人次，45 岁以下科技工作者 12996 人次。通过媒体宣传科技工作者 23719 人次，其中中央 / 省级媒体宣传科技工作者 9538 人次。宣传媒介呈多样化，通过电视宣传 1308 人次，通过纸质媒体宣传 7415 人次，通过网络与新媒体宣传 17196 人次。

（4）国际及港澳台地区民间科技交流方面：全国学会加入国际民间科技组织 590 个。在国际民间科技组织中任职专家 1170 人，其中担任主席、副主席、执委或相当职务的高级别任职专家 440 人，其他一般级别任职专家 596 人。参加境外科技活动 12732 人次，参加港澳台地区科技活动 1939 人次；接待境外专家学者 14384 人次，接待港澳台地区专家学者 2559 人次。

（5）科学普及方面：全国学会举办科普宣讲活动 87584 场次，其中专家科普报告会 7034 场次，专题展览 2756 场次，科技咨询 42114 场次。科普宣讲活动受众人数 85180.38 万人次。举办实用技术培训 2013 次，接受培训人数 20.06 万人次。推广新技术新品种 876 项。全国学会编著科技图书 388 种，印数 154.65 万册。制作科普挂图 1067 种，印数 123.5 万张。主办科普微信公众号 225 个，关注数 434.69 万个。主办科普微博 164 个，粉丝数 307.02 万个。在基层直接为公众提供科技攻坚、成果转化、人才培养、科技咨询、科学普及等方面专职科普工作者（科普工作时间占其全部工作时间 60% 以上的工作人员）689 人，兼职科普工作者 9574 人，注册科普志愿者 56585 人。

（6）青少年科技教育方面：举办青少年科技竞赛 124 项，参加竞赛的青少年 190.49 万人次，获奖人数 8.20 万人次。举办青少年科学营 51 次，参加人数 0.59 万人次。编印青少年科技教育资料 62 种，印数 92.53 万册。举办青少年科技教育活动和培训 604 场次，参加培训人数 37.83 万人次。通过中学生英才计划培养学生 702 人。

（7）科技决策咨询方面：全国学会举办决策咨询活动 883 场次，参与专家 1.23 万人次。开展科技评估 1927 项。组织参与立法咨询 71 次。组织政协科协界委员协商或调研活动 53 场次。提供决策咨询报告 661 篇，其中获上级领导同志批示的报告 203 篇。反映科技工作者建议 228 篇，其中获上级领导同志批示的建议 26 篇。答复人大政协代表（委员）提案 143 件。组织政策解读活动 142 场次。发布政策解读文章 378 篇。

二、学会发展的政策环境及其特点

1. 创新型国家建设目标为学会新时代功能定位提供重要依据

坚持创新驱动发展，全面塑造发展新优势。党的十九大报告提出，到 2035 年，我国要基本实现社会主义现代化，经济实力、科技实力将大幅跃升，跻身创新型国家前列；到 2050 年，把我国建设成富强民主文明和谐美丽的社会主义现代化强国。这为学会在新时代中国特色社会主义事业总体布局中的功能定位和目标使命提供了重要依据和方向。

当今世界正经历百年未有之大变局，我国正处于实现中华民族伟大复兴关键时期。党的十九届五中全会擘画国家未来发展新蓝图，强调把握新发展阶段、贯彻新发展理念、构建新发展格局。学会是党和政府团结联系广大科技工作者的桥梁纽带，具有团结人才、服务人才的组织优势，是国家创新体系的重要组成部分，是建设科技强国的重要力量。构建新发展格局，要求学会充分发挥其国家创新体系要素的主体功能，发挥其科技共同体优势，把学会集聚的人才资源、创新资源势能有效转化为建设世界科技强国的强大动能，积极把握未来科技产业革命发展大方向、大趋势，参与培育新技术、新产业、新业态、新模式进程，致力于构建与中国特色社会主义新时代相适应的科技创新体系，有效发挥科技创新对经济社会发展的驱动引领作用。

2. 改革政策创新为推动学会发展注入强大动力

中国科协 2016 年出台的《科协系统深化改革实施方案》指出，"全面推进会员结构、办事机构、人事聘任、治理结构、管理方式改革，提升服务能力……从根本上解决凝聚力不够、活力不强、组织松散等突出问题，真正把学会做实做强做好。"聚焦世界一流学会建设，围绕推动全国学会"四服务"工作创新发展，打造开放型、枢纽型、平台型组织，深化改革的政策创新为推动学会发展注入强大动力。经过多年的发展完善，目前全国学会已拥有一套比较完整的支持体系，为学会创新发展提供了强有力的支持。

第一，战略性引导。在学会创新发展进程中，中国科协扮演着推动者、倡导者的角色，为学会提供战略性引导和前瞻性指引。一方面，提供学会发展战略方向性引导，引导学会提升服务创新、服务社会与政府、服务科技工作者、服务自身发展的能力。2017年，中国科协修订了2007年通过的《中国科协全国学会组织通则（试行）》，印发《中国科学技术协会全国学会组织通则（试行）》，将"挂靠单位"改为"支撑单位"，调适政社关系，为学会依法依章自治提供制度保障。2018年发布《面向建设世界科技强国的中国科协规划纲要》，对学会发展提供方向性指引。2019年，中国科协印发的《中国科学技术协会全国学会组织通则》（科协发学字〔2019〕6号）强调了党的领导，进一步细化管理流程、优化内部治理，正式成为引领全国学会发展的纲领性文件。2020年12月，中国科协、民政部联合印发《关于进一步推动中国科协所属学会创新发展的意见》（科协发学字〔2020〕31号），为新时期促进中国科协学会高质量发展提供了政策保障。另一方面，支持学会开展特色和品牌工作，着力打造品牌学会，建设一流学会，推动好学会增多、强学会更强。如《关于开展"百千万"服务区域发展行动的指导意见》（科协办函学字〔2019〕84号），落实习近平总书记关于科协各级组织接长手臂、扎根基层重要指示的实际行动，动员和号召科技工作者挺进经济建设的主战场，引领学会学术工作转型升级、服务经济高质量发展，从而为建设创新型国家做出实质性贡献。

第二，政策性支持。为推进政府职能转移进程，中国科协积极沟通协调，探索学会有序承接政府职能转移试点工作。2015年7月，中共中央办公厅、国务院办公厅印发了《中国科协所属学会有序承接政府转移职能扩大试点工作实施方案》，引导和支持学会积极承接政府转移的社会化服务职能，广泛开展科技奖励、科技评价和科技人才评价活动，效果显著。着眼解决科技社团在新时代改革发展的难点问题并提出政策措施，2016年中国科协会同民政部联合出台《关于加强国际科技组织人才培养与推送工作的意见》（科协发外字〔2016〕31号），为全国学会适应新形势下国际科技组织工作的需要，完成国际科技组织人才的培养、推送和管理服务等相关工作，发挥发掘人才、联系服务、培养能力、对外交流等作用提供政策指引。按照《关于建设新时代文明实践中心试点工作的指导意见》以及《全民科学素质行动计划纲要实施方案（2016—2020年）》的有关要求，2019年，中国科协联合中央文明办出台《关于开展新时代文明实践中心科技志愿服务试点工作的通知》（科协发普字〔2019〕19号），统筹发挥科协系统的人才资源优势和文明办的组织协调优势，推进"党建带群建、群建促党建"，强化新时代科技工作者服务基层的社会动员机制，广泛开展科技志愿服务，充分发挥广大科技工作者在推动社会文明进步中的积极作用，广泛开展以科技惠民、科学普及等为主要内容的科技志愿服务，重点开展新时代文明实践中心科技志愿服务试点工作。随后，出台《中国科技志愿服务标识使用管理办法（暂行）》（科协办函普字〔2020〕62号）进一步规范科技志愿服务行动，为学会以志愿服务创新学会服务经济社会工作形式提供了政策指引。学会积极动员、激励并服务于广大科技志愿者，提供志愿服务岗位，建立了有效的志愿服务管理机制，推动了专业志愿服务的发展。

第三，平台型服务。中国科协与其所属学会的关系，类似于协会与会员，中国科协充分发挥组织优势，为会员提供全方位服务，特别是发挥平台功能，提供聚合沟通服务。同时，中国科协借鉴国际科学理事会（International Council for Science, ICSU）等国际组织的组织模式，提出在一些重点学科领域，由学科相近的学会自愿联合，组建非法人的学会联合体，通过它们来举办高水平学术交流研讨活动，明确我国在相应学科领域科技前沿的战略方向和重大选题，提出重大决策建议，促进学科发展和原始创新，提升国际影响力和话语权，提高会员凝聚力和学术权威性。学会联合体的打造，为学会之间的合作提供了重要平台，充分扩大了公共领域的空间。如果说学会的存在使得科技领域的社会自治有了载体，那么学会联合体的存在，则使得这种自治载体间形成了更大的网络结构。

第四，资源类支持。近年来，中国科协构建了以项目资助、政策扶持、诉求反映等为内容的全方位支持体系。一是为构建学会在有序承接政府转移职能基础上开展公共服务的新格局，塑造新时代全国学会服务国家治理的特色品牌和有为形象，持续开展学会公共服务能力提升项目。二是开展全国学会治理体系与治理能力现代化建设项目、中国科协科技期刊有关管理和基础建设项目、"科协组织凝心聚力工程"研究和建设项目、产学研融合技术创新服务体系建设项目等，通过以奖代补与支持重点活动相结合的方式，支持优秀学会和优秀科技期刊的发展。中国科协的支持力度逐年加大，有效减轻了学会财务压力，优化了学会收入结构，推动学会提高可持续发展意识，助力学会创新发展，为政府与社会关系调整起到打基础的作用。在政社分开的背景下，由于对学会承接社会化职能、服务创新发展等方面的长期全方位支持，中国科协作为业务指导单位，与学会之间已经向着良性互动的合作关系迈进。

第五，聚焦世界一流目标赋能学会。按照《中国科协 财政部关于深入实施学会能力提升专项的通知》（科协发学字〔2013〕51号），2012—2017年，中国科协、财政部联合实施的两期学会能力提升专项，支持打造一批社会信誉好、发展能力强、学术水平高、服务成效显著、内部管理规范的示范性学会，重点建设和形成影响力、凝聚力、公信力和创造力强，国内领先、国际知名的示范性学会集群，取得显著成效。2018年，在财政部支持下，第三轮学会能力提升专项启动学会能力提升与改革工程——世界一流学会建设项目，着力建设世界一流科技社团。该项目聚焦坚持中国特色的学会发展方向、提供精准多元的会员服务产品、打造世界知名的学术活动品牌、建设世界一流的科技期刊、设立具有国际影响力的科技奖项、建设国际权威的智库品牌、提供优质普惠的科普服务、构建开放共享的产学融合服务平台等"八个重点建设方向"，全面提升群众组织力、学术引领力、战略支撑力、文化传播力和国际影响力等"五大能力"，着力打造一批中国特色世界一流科技社团。

3. 现代社会组织体制建设为学会发展带来宝贵机遇

第一，坚持党的领导，探索中国特色的科技社团发展之路。党的十八大提出，要加大社会组织党建工作力度。党中央对社会组织党建工作高度重视。

习近平总书记明确指出，社会组织面大量广，加强社会组织党的建设十分重要。为全面加强社会组织党建工作，按照中央要求，中央组织部研究制定了《关于加强社会组织党的建设工作的意见（试行）》，对社会组织党建工作的一些重要问题作出了明确和规范。坚持党的领导，确保社会组织发展的正确政治方向，就要发挥党组织的政治核心作用，加强社会组织党的建设（党的组织和党的工作）全覆盖，注重加强对社会组织的政治引领和示范带动，充分发挥党组织和党员作用。我国推动将党的建设写入社会组织章程，党组织参与协会商会重大问题决策。中国科协积极实施党的建设（党的组织和党的工作）全覆盖，创新探索倡导学会在理事会层面建立功能性党委，强调分支机构党建工作，扩大党组织覆盖面，创新科技社团党建工作。

第二，推进脱钩改革，探索循序自治跨界协同的成长之路。脱钩改革标志政社分开进入新阶段。2007 年，国务院办公厅正式下发了《关于加快推进行业协会商会改革和发展的若干意见》（国办发〔2007〕36 号）；2015 年，中共中央办公厅、国务院办公厅印发《行业协会商会与行政机关脱钩总体方案》，民政部、国家发展改革委印发《关于做好全国性行业协会商会与行政机关脱钩试点工作的通知》（民发〔2015〕150 号）开启了我国行业协会从治理到管理、服务等全方位的政社分开改革。中国科协较早推动学会与挂靠单位脱钩，倡导从挂靠走向支撑，从依附走向自治，取得显著成效。

脱钩改革的同时，推进跨类型、跨领域、跨地域、跨行业协同。跨界协同的重点是政社合作，政社分开的目标和归宿是政府与社会的合作治理，构建政府、企业、社会的协同共治。跨界协同重要途径之一是通过政府职能转移和政府购买社团的服务进行的。京津冀三地社会组织登记管理机关 2016 年7 月签署了《共同推动京津冀社会组织协同发展合作框架意向书》，全国学会向基层延伸是跨地域协同的具体举措。产业技术联盟构建了政产学研中金销用的协同创新链，构建了跨领域的协同体系。中国科协鼓励学科相近、联系密切的学会成立学会联合体，推动条件成熟的全国学会与省级学会的协同整合，成立非法人联合组织，以突破条块分割的约束，推动跨学科跨行业间的协同，着力解决组织松散、资源分割、重复建设等突出问题。2016 年 6 月，中国能源研究会等 9 个中国科协所属全国学会共同发起成立中国科协清洁能源学会联合体；7 月，中国光学学会等 15 家中国科协所属信息科技领域的全国学会自愿发起成立中国科协信息科技学会联合体；12 月，中国机械工程学会等 11 家学会共同发起成立中国科协智能制造学会联合体，成员单位还包括 15 家企业、10 家科研机构和 11 家高等院校。截至 2020 年底，共成立学会联合体 8 家。

2020 年 5 月 28 日通过的《中华人民共和国民法典》明确了社会组织的法人地位，给予社会组织非营利法人分类的精准定位；引入"捐助法人"概念，为社会组织分类规范提供了明确依据；提出组织机构设置等治理要求，为社会组织治理重塑提供了法治保障。民法典的颁布为走好中国特色社会组织发展之路奠定了重要的法治基础，也对新形势下做好社会组织立法工作指明了新方向、提出了新要求。

4. 多部门协同综合监管体系建设提升学会发展规范化

2016 年中共中央办公厅、国务院办公厅印发《关于改革社会组织管理制度促进社会组织健康有序发展的意见》，强化了对社会组织的规范化管理，构建了内部自律机制、登记管理机关的监督、业务主管单位的监督、行业管理部门的监督、专业管理部门的监督（县级以上人民政府外事、发展改革、公安、财政、人力资源社会保障、审计、税务等有关职能部门的监督）与社会监督机制（包括公众监督和媒体监督）及行业监督机制（由行业组织进行行业管理和行业监督协同的综合监管体系），形成了多部门协同的综合监管体系。

第一，为社会监管提供渠道。2016 年民政部发布《关于推动在全国性和省级社会组织中建立新闻发言人制度的通知》（民发〔2016〕80 号），构建了社会组织新闻发言人制度与社会组织信息公开制度的相互补充、相互衔接的机制，通过新闻发言人制度强化社会组织信息公开、推动社会组织治理更加公开透明。

第二，构建了以社会组织信用为基础的新型监管机制。2018 年民政部出台《社会组织信用信息管理办法》，规范了社会组织信用信息管理，推进了社会组织诚信建设。2015 年 12 月民政部印发《社会组织统一社会信用代码实施方案（试行）》（民办函〔2015〕468 号）以及其后印发的《关于已登记管理的社会组织统一社会信用代码处理方式的通知》（民办函〔2016〕52 号）实现三证合一，为加强社会组织信息发布、推动统一代码的应用提供了方案，也进一步为社会组织信用建设提供了基础条件。

第三，加强对重点领域和重要活动的监管。《民政部关于进一步规范社会团体涉企收费等行为切实减轻企业负担的通知》（民发〔2017〕139 号）的出台，有利防范学会出现违规收取会费、借用评比达标表彰收费、利用政府名义收费、利用资格评价收费、收费标准不合理、"只收费没服务"等行为。2018 年出台的《民政部办公厅关于加强慈善医疗救助活动监管的通知》（民办函〔2018〕148 号）加强了慈善医疗救助活动监管。

第四，执法力度加大，年检与评估工作更加严格。2016 年 1 月 1 日至2020 年 12 月 31 日间，全国共有 3274 家社会组织受到行政处罚，被列入严重违法失信名单，其中全国性社会组织 14 家。

5. 创新培育扶持模式给予学会发展更多支持和空间

第一，加大政府职能转移和购买服务力度，拓宽学会发展空间。2015 年通过的《中国科协所属学会有序承接政府转移职能扩大试点工作实施方案》，具体落实了通过扩大试点推进学会承接政府转移职能工作，对科技领域政府职能改革与学会改革予以进一步肯定和保障。2016 年 12 月 1 日，财政部、民政部联合发布了《关于通过政府购买服务支持社会组织培育发展的指导意见》（财综〔2016〕54 号），进一步细化和深化了政府向社会组织购买服务的制度设计，是后脱钩时代的重要配套政策。2019 年政府工作报告中，引导社会组织发展，首次提出"支持社会力量增加非基本公共服务供给""引导支持社会组织、人道救助、志愿服务和慈善事业健康发展"，要求社会组织在职业教育、养老服务、托育服务、脱贫攻坚等领域发挥作用。

第二，明确团体标准的法律地位。2017 年 11 月，新版《中华人民共和国标准化法》修订发布，将标准分为国家标准、行业标准、地方标准、团体标准和企业标准五类，构建了政府标准与市场标准协调配套的新型标准体系。2017年12月，三部门联合发布《团体标准管理规定（试行）》（国质检标联〔2017〕536号），对团体标准的制定、实施和监督做了进一步明确。这为全国学会制定出台团体标准提供了法律依据和指导。

第三，确立社会智库建设模式。民政部等9部委印发《关于社会智库健康发展的若干意见》，肯定了以社会团体、社会服务机构、基金会等组织形式存在的中国特色新型智库——社会智库在服务党和政府科学民主依法决策、推进国家治理体系和治理能力现代化、提升国家软实力等方面的积极作用，并提出了具体政策措施优化社会智库发展的外部环境，为学会建设成为品牌智库提供了可行路径。

第四，社会组织薪酬自主权扩大。《民政部关于加强和改进社会组织薪酬管理的指导意见》（民发〔2016〕101号）赋予社会组织按照从业人员承担的责任和履职的差异，做到薪酬水平同责任、风险和贡献相适应；社会组织对内部薪酬分配享有自主权。

总之，秉承培育与监管理念的各项政策，有利推进改革鼓励创新的治理探索，加快建立政社分开、权责明确、依法自治的现代社会组织体制。

三、学会在国家创新发展中的重要作用

学会发挥学术共同体优势，对科技工作者的政治引领和政治吸纳能力显著增强，会员组织力、学术引领力、战略支撑力、文化传播力、国际影响力持续提升，现代化、国际化科技社团创新发展之势蓬勃兴起、生机盎然。全国学会在党的建设、学术交流与人才服务、服务科技与经济社会融合、科普事业与智库建设、组织建设方面进行了有益探索，多项工作有特色、有影响，取得了显著成效。

1.政治引领和政治吸纳能力显著增强，科技工作者团结奋斗的共同思想基础更加稳固

新时代强化科协组织和全国学会政治引领吸纳功能，是以习近平同志为核

心的党中央对科协组织和科技社团的政治要求和重大部署。五年来，学会以党的建设全面引领学会事业发展，凝聚科技界共识，牢牢把好发展"生命线"，学会党建工作日益完善。通过不断完善制度建设，持续推进党建强会计划、创建星级学会党组织等举措以党建促会建，对广大科技工作者的政治引领和吸纳能力显著增强，引导科技工作者与党同心同德，为夯实党在科技界的执政基础、践行新时代党的群众路线奠定牢固基础。学会打造理事会、办事机构、分支机构三级党组织体系，将"党的建设""坚持党的全面领导""社会主义核心价值观"写入学会章程，实现党的组织和党的工作"两个全覆盖"。党员队伍不断壮大，18 家学会党员数量实现"从零到一"的突破，超过 100 名党员的学会数量增幅达到 500%。2019 年党组织数量增幅达 58.27%，分支机构层面党组织建设稳步开展。2020 年，全国学会积极助力疫情防控。15 家学会党委成立抗击疫情工作小组，形成统一领导，充分发挥战斗堡垒作用，让党旗在疫情前线高高飘扬。191 家全国学会面向全国科技工作者发出倡议。170 多种期刊向世界卫生组织提供抗疫最新研究元数据成果。167 个全国学会与 254 个国际组织密切互动，向世界传递了凝聚合作共识、联手抗疫的积极信号。

2. 内部治理能力和创新发展水平有效提升，极大地激发学会内在活力

全国学会深入落实《科协系统深化改革实施方案》，不断深化全国学会治理结构改革，完善全国学会治理体系，形成会员代表大会、理事会、监事会、办事机构、分支机构职责明晰、位阶有序、运行规范的治理结构。学会办事机构职业化建设取得新进展，专职从业人员数量逐年上升。学会创新科技工作者联系服务机制，规范会员管理；全国学会个人会员数从 2015 年的 491.61 万增至 2019 年的 522.70 万。中国化学会会员数超过英国皇家化学会，位列全球第二。中国化工学会五年来个人会员增长 10 倍，单位会员数量翻番。

3. 学术引领能力稳步提升，形成层次清晰的学术交流矩阵

全国学会充分发挥科技共同体组织优势，强化前瞻性学术引领和创新策源，搭建多层次学术交流平台，形成层次清晰的学术交流矩阵。五年来，全

国学术会议举办场次总体呈现增长态势，100 余个全国学会的学术年会成为一流学术品牌。2019 年参会人数达到 1762085 人次，相较于 2015 年增长了 63.37%。打造世界机器人大会、世界交通运输大会、世界生命科学大会、世界新能源汽车大会等 30 多个主场国际交流品牌。会议交流形式更加多样化，创新会议成果呈现与传播方式，建设会议网络管理平台，强化会议过程管理。疫情防控常态化激发线上与线下相结合的会议形式，交流论文数量、会议特邀报告及论文质量逐渐提升。

4. 世界一流期刊建设实现跨越发展，社会影响逐步扩大

全国学会主办期刊的种类小幅波动，但整体保持稳定，2019 年为 993 种；期刊的数字化、集群化、网络化、社会化、市场化、国际化运作态势取得长足进步，专项资金支持发挥重要作用，办刊水平不断上升，社会影响逐步扩大。全国学会主办的 10 种期刊学科排名进入前 5%、30 多种期刊进入国际第一梯队，23 个全国学会面向国际创办英文期刊，数量和质量逐年提升。

5. 学会国际化水平不断提升，国际科技交流与合作渐成规模

全国学会汇聚国内外资源，广泛开展与国际科技组织合作，积极拓展国际科技交流合作渠道，学会国际化水平和国际科技交流合作能力不断提升。境内国际学术会议参加人数呈增长趋势，加入国际民间科技组织及任职专家数量稳步提升。149 个全国学会在中国科协备案加入了 367 个国际组织，推荐 359 名我国科学家在国际组织担任执委以上职务。2019 年学会加入国际民间科技组织的数量较 2015 年增长了 44.61%，任职专家数上涨了 42.68%；参加国外科技活动人次增长近三成。中国电工技术学会与美、英等 10 个国家的科技组织建立会员互认机制。

6. 科技人才服务能力明显提高，科技评价和人才培养成果显著

五年来，科技评价体系不断完善，科技评价数量可观，质量高。全国学会创新工作模式，探索在线评价，科技评价内容不断拓展，第三方评价拓展到第四方评估，科技成果评价工作卓有成效。中国计算机学会、中国图学学会等人才评价成为领域标准。以同行评价为内核，畅通促进科技人才脱颖而出的举

荐渠道，18 个全国学会获得国家科技奖励直推资格。学会注重青年人才早期成长培养，110 多个学会托举培养青年人才 1400 余名。10 余个全国学会承担国家专业人才知识更新工程，探索工程师能力标准国际互认试点。会员感知科技评价变化较大，与五年前相比，有 12.64% 会员认为变化非常大，有 24.17% 认为变化较大。

广泛开展创新人才培训，人才培训规模总体呈现上升趋势。继续教育培训结业人数 2019 年达到 46.10 万人次，较 2015 年涨幅为 22.61%。青年人才培养下沉至研究生和大学生，全国学会人才举荐渠道逐年增多，全国学会设奖数量总体上升，2019 年学会所设科技奖项数量比 2016 年增长了约 33.45%，学会奖励权威专业，声誉凸显。

五年来，人才宣传合计 30 万人次。其中，人数最多的一年为 2017 年，该年度宣传科技工作者人数高达 246340 人。科学道德和学风建设相关制度日渐完善，建立科学道德宣讲教育长效机制，逐步探索学术不端惩戒机制；弘扬科学家精神成效显著，全国学会科学道德与学风建设开展活动次数、受众人数以及参加宣讲专家人数总体都呈增长趋势。特别是 2019 年，较以往四年有了较大数量的增长，宣讲场次达到 299 场，比 2015 年增加了 1 倍多，科学道德与学风建设参加宣讲专家人数不断增长，2018 年比 2015 年增加近 6 倍。

7. 构建创新要素流动与聚合平台，促进科技与经济深度融合

学会积极开展科技成果鉴定、技术评价和技术成果转移转化服务，打通科技创新与产业融合通道，构建创新要素流动与聚合平台，促进科技经济深度融合发展。承接政府转移职能工作从试点走向常态化阶段，承接政府转移职能（承能）项目日益增多，经费不断加大，影响力不断提升。2018 年，全国学会承接 135 项政府转移职能项目，共涉及经费 11336 万元。学会积极承接科技评估、人才评价、技术标准等政府转移职能，在提供一流公共服务产品过程中，不断深化和延展新任务。

参与创新驱动助力工程的科技工作者规模不断扩大，2018 年是 2016 年的 3.76 倍，达到 31344 人。全国学会打造产学研融合的业态，以跨界融合的方式，

推动人才、技术、资本等创新要素高效配置，为科技工作者在新形势下的科技与产业创新打通道路。近年来，学会服务创新发展的创新驱动助力工程有效辐射国家经济社会和产业发展重点区域，基本形成了从点到链、结链成面，上下联动、各有侧重的"点状分布、链状延伸、面状辐射"工作格局。

学会通过多元化的组织平台提供常态化技术咨询。从2016年到2019年，全国学会为企业提供技术咨询服务的服务站、专家工作站、服务中心、专家服务团队及双创服务平台/中心呈现出稳步发展的态势。服务站逐年增加，专家工作站和服务中心成为重要补充，专家服务团队及专家数量增幅达20%左右，2016年到2019年全国学会动员团队专家101228人次参加企业的技术咨询服务。2019年参加服务团队的专家人数增加到76705人，增长率为729.33%。

就团体标准制定而言，2016年到2018年呈现逐渐增加的趋势，从378个增长到2018年的485个，累计发布团体标准3650余项。对于很多学会而言，标准创制实现了零到一的突破。学会不仅积极创制团体标准，同时，也参与行业标准、国家标准、国际标准的创制，标准制定体制与机制日益完善，标准创制社会效益显著。

8. 科学普及的社会化、信息化形式不断创新

学会充分发挥在公民科学素质建设中的重要作用，推进学会科普向社会化、信息化发展，创新科普工作体系建设，科普工作机制日益成熟。科普工作与学会其他业务活动有机融合，建设以院士为旗帜的科普人才队伍。26个全国学会加入中国公众科学素质促进联合体，122个全国学会建立512个科学传播专家团队，80余个全国学会开展特色科普基地建设。

2019年全国学会科普专职人员达到了689人，比2016年增长了68.05%。科普专职工作人员素质有所提高，2018年中级职称或本科学历以上人员占比达95.92%，这一比例在2016年仅占72.68%。科普活动覆盖基层能力增强，2018年覆盖社区数量为4952个，比2016年增长了11.68%。全国学会对农村科普工作较为重视，资源投入不断增加，有助于全面提高我国农民的科学文化素质，提升农民科普信息化服务水平和服务于国家乡村振兴战略。2018年举

办的科普活动覆盖的村数量是 2016 年的 7.59 倍。科普运作品牌化，应急科普催生了科普工作"平战结合"长效机制。

2019 年，科普宣讲活动场次比 2015 年增长 9 倍，达到 87584 次；受众增长近 8 倍，达到了 8.52 亿人次；青少年科普工作发展强劲，青少年科普宣讲效率大大提高，青少年科技竞赛权威性得到各界认可，青少年参加国际及港澳台科技交流活动次数创历史新高，2019 年举办的青少年科技教育活动和培训达到了 604 次，远超 2015 年至 2018 年四年的总和，并且参加教育活动和培训的青少年高达 37.83 万人次，创五年来新高。如中国核学会"魅力之光"系列科普活动吸引 234 万青少年参与竞答。2020 年疫情期间，中华预防医学会开展的抗疫网络直播受众超过 4000 万人次。中国药学会"两微九端"传播量超 1 亿人次。中国铁道学会编发铁路防控读本、开发科普动漫，受众 2 亿人次。

科普信息化建设成效显著，科普载体平稳迭代。科普网站数量和浏览人数增幅明显，科普网站的数量 2019 年与 2016 年相比，从 46 个增加到 392 个，增长率达 752.17%，浏览人数增加了 11669.42 万人次，增长率达 507.20%；2019 年科普微信公众号 225 个，比 2016 年增加了 14.21%；2019 年学会主办科普微博数量大幅增长，获得公众关注共 307.02 万人次，超过前三年总和。学会主办科普 APP 较快发展，2018 年比 2016 年增长 33.33%；下载安装次数从 2016 年的 18.15 万次，增加到 2018 年的 118.93 万次，增加了 100.78 万次，增长率为 555.26%，增速显著。

学会制作的科普节目播放时间猛增，2018 年播放时间比 2015 年增长了 15008198 小时，播放时长是 2015 年的 1833 倍；科普动漫作品数量和播放时长变化巨大，2018 年比 2015 年的 434 分钟增长了 63 倍；网络游戏成为科普新形式。

学会创新公益参与，科技志愿成建制参与。71 个全国学会成立并注册科技志愿者总队开展科技志愿服务活动。2019 年全国学会在基层直接为公众提供科技攻坚、成果转化、人才培养、科技咨询、科学普及等方面专职科普工作者（科普工作时间占其全部工作时间 60% 以上的工作人员）689 人，兼职科普工作者 9574 人，科技志愿者 5.66 万人，志愿服务时间累计 1324798 小时，人均志愿服务时长累计 28.79 小时，支撑助力脱贫攻坚获得显著成效，积极发挥网络中心结点的优势，服务疫情防控和复工复产的作用有目共睹。

9. 智库建设与服务社会优势日益显现

全国学会强化专业化智库建设，深度服务科学决策。智库核心竞争力特色鲜明，聚集高端人才，建设国际高端智库有优势，交叉学科学会创新优势明显，反映建议数量呈现持续上升态势。2016 年至 2019 年先后参与 30 余个重要立法咨询，共反映科技工作者建议 1012 篇，年均 253 篇。

智库管理规范化精细化，智库成果品牌化系列化，学会智库成果质量高。2016 年以来全国学会获得上级领导批示的建议和报告比例合计分别为 12.46% 和 14.95%；2016 年到 2018 年，全国三年间共发布智库品牌报告 168 个，年均 56 个。如中国兵工学会、中国动物学会相关建议得到习近平总书记重要批示，中国水力发电工程学会推动行业关键问题两次写入国务院政府工作报告，中国环境科学学会提出的居民环境与健康素养提升目标纳入《健康中国行动》。

第二章　学会党建

全国学会坚持以习近平新时代中国特色社会主义思想为指导，认真学习和贯彻党的十九大和十九届二中、三中、四中、五中全会以及中央党的群团工作会议精神，按照中共中央办公厅关于《科协系统深化改革实施方案》的通知要求，以有效增强政治性、先进性、群众性为目标，紧紧围绕"四个全面"战略布局明确改革方向和重点，按照走中国特色社会主义群团发展道路的总要求确定改革路径，努力把自觉接受党的领导，团结服务科技工作者，依法、依章程开展工作有机统一起来，使全国学会真正成为对科技工作者有强大吸引力和凝聚力的社会组织，突出党建促会建，以党建高质量服务，促进学会高水平发展，创新政治引领工作机制与方式，构建科协特色学会党建体系，推进科技界思想政治建设，引导广大科技工作者勇做新时代追梦人。

一、学会党组织体系日益完善

1. 顶层设计全国学会党建工作

为贯彻习近平总书记对社会组织党的组织和党的工作"两个全覆盖"（即党的组织覆盖和工作覆盖：为实现党对社会组织的全面领导，按照"应建尽建"的原则，具有 3 名党员以上的学会应单独建立党支部，不足 3 人的建立联合党支部，暂时不具备成立党组织条件的，应设立党建工作指导员，负责指导相关学会的党建工作）的重要批示精神，落实中共中央办公厅《关于加强社会组织党的建设工作的意见（试行）》，在中国科协学会党建工作领导小组的领导下，以落实学会党建"两个全覆盖"为重点，提高学会党建工作的针对性与实效性，推动学会党建工作制度化、规范化、科学化，中国科协制订了一系列关于加强党建方面的规定和措施，建立了全国学会党建工作的领导体制，制定了指导全国学会党建工作的规范文件，完善了全国学会党建工作的保障制度。中国科协于 2016 年出台《中国科协关于加强科技社团党建工作的若干意见》，成立科技社团党委，开创性建立学会功能性党委，带动学会党组织发展，有效推动学会党建工作"两个全覆盖"阶段性任务顺利完成。全国学会将党建工作和业务工作相结合，以党建促会建，不断创新工作方式方法，加强政治引领，实现了党的工作全覆盖。

2. 创新打造三级党组织体系

学会党组织包括理事会层面的党组织、办事机构层面的党组织、分支机构层面的党组织以及其他形式的党组织等。加大学会分支机构党建工作小组探索力度，逐步形成由学会理事会、办事机构、分支机构组成的学会党建工作三层组织体系。

（1）理事会功能性党委基本全覆盖

理事会层面的党委属于功能性党委。功能性党委的建设工作自 2016 年 9 月启动，截至 2019 年 10 月，理事会层面成立了功能性党委 200 个，其中 193 个有上级党组织，理事会党员共 20209 名；全国学会办事机构层面合计成立基层党组织 171 个（168 个有上级党组织），其中 9 个党委、13 个党总支、91 个党支部、8 个临时党组织、50 个联合党支部，共有党员 2112 名，其中全日制工作人员党员共 1782 名，党组织关系在机构党组织的党员共 1548 名。

（2）办事机构党组织关系逐步理顺

办事机构是学会的执行机构，是学会密切联系广大会员的载体。学会办事机构层面党组织发挥好战斗堡垒作用，对宣传和执行党的路线、方针、政策将起到重要作用。中国科协科技社团党委成立后，进一步加大了学会办事机构党组织的建设力度。针对学会办事机构规模不等、工作机制不同、人员流动性大等特点，中国科协科技社团党委主动与所属学会支撑单位党组织联系沟通，组织支撑单位、学会和科技社团党委进行三方会谈，共同协商在学会办事机构建立党组织的方式方法，明确学会党委与办事机构党组织以及办事机构支撑单位党组织之间的关系，努力实现无缝连接和全面覆盖。2019 年，通过单独组建和联合组建办事机构党组织的方式，实现党组织建设的全覆盖。

（3）分支机构党组织建设工作取得突破进展

分支机构党建层面，部分学会积极推进学会所属分支机构成立功能型党建工作小组。30 余个学会党委尝试在近 200 个分支机构成立党的工作小组。如中国人工智能学会在现有的 48 个分支机构中积极推进学会所属分支机构成立功能型党建工作小组，并于 2020 年 4 月成立了首批 14 个分支机构功能型党建工作小组；中国岩石力学工程学会截至 2020 年 11 月，已经在 31 个分支机构中建立了党小组。

（4）群团工作体系建设提上日程

中国科协党组及直属机关工会、科技社团党委开启在全国学会成立工会的试点工作，中国公路学会工会于 2020 年 11 月 15 日正式成立，标志着学会党群组织体系的全面完善。这是中国科协科技社团党委领导下的首个全国学会工会组织，对推动全国学会的党群组织体系建设具有重要的示范意义。

3. 党组织数量发展迅速

根据学会年检数据，全国学会党组织数量自 2016 年大幅上升后呈稳定态势，2019 年达到 203 个，比 2015 年增长了 57.36%（图 2-1）。全国学会党员人数（关系在学会党组织内）虽先升后降（与党政领导干部禁止在学会中兼职有一定关系），但党员数量发展速度加快，有 18 家学会的党员数量实现零的突破，超过 100 名党员的学会数量从 2015 年的 1 家增长为 2019 年的 6 家，没有党员的学会从 2015 年的 39 家减少为 2019 年的 21 家。党员人数在 0 ～ 10 人的学会数量始终最多，达到 100 家以上（表 2-1）。这反映出小微型的党组织在学会党组织中占大量比重。

图 2-1　2015—2019 年全国学会党组织和党员人数数量变化图
（数据来源：学会年检信息）

表 2-1 2015—2019 年全国学会党员人数分段统计

数量	2015年	2016年	2017年	2018年	2019年
>100（含）	1	14	13	9	6
50（含）～100	1	20	21	15	4
10（含）～50	49	62	59	59	53
0～10	114	105	111	115	126
0	39	7	6	12	21

（数据来源：学会年检信息）

4. 经费支持推进党建强会

在中国科协机关党委的领导和支持下，2011 年起由中国科协学会服务中心党委牵头组织实施了"党建强会计划"，创新性地提出了以党建促会建，把党建工作项目化、业务化的工作思路，围绕科协深化"1-9-6-1"战略布局，加强"党建强会计划"项目顶层设计，搭建党建平台，汇聚发展力量。经过几年的连续开展，该项工作得到了全国学会的积极参与，影响力逐年扩大，"党建强会"品牌效应逐步显现。2016 年起，中国科协科技社团党委每年通过申报评审的方式给予学会"两个全覆盖"专项党建活动经费支持，并严格过程考评，着力党建与业务融合，有效发挥党组织作用提升"两个全覆盖"质量，对学会党建发展起到促进作用。党建特色活动促进党建与业务相融，利用学会资源优势，引领科技人员弘扬爱国奋斗精神，开展科普、学术引领、助力创新驱动、精准扶贫等方面活动，充分发挥学会党组织的战斗堡垒作用，取得了较好的社会效果。

5. 创建星级学会党组织

2018 年起，中国科协科技社团党委面向 50 家学会党组织开展创建星级学会党组织试点评价工作。按照"统一创建、分级考核、星级评定、动态管理"的考评机制，把党建促进学会事业发展作为成效评价指标，以评促建、以评代导，把党的工作落实到学会治理结构和治理方式改革各个方面，为进一步发挥学会党委政治引领、政治吸纳和办事机构党组织战斗堡垒作用提供学习样板，为分类推进学会党组织建设提供了基础，为学会参与民政部、科协的评估工作提供了一定参考。

二、学会党组织建设成绩斐然

1. 学会党组织政治核心作用得到发挥

学会党组织的功能是参与学会重大事项决策，充分发挥政治功能，推动学会改革发展，提升学会创新和服务能力，提高治理水平，监督学会依法办会，保障会员权益。学会党委委员人选由理事会（常务理事会）中的中共党员民主推选产生，报中国科协科技社团党委审核，经中国科协学会党建工作领导小组批准成立。一般由理事长或副理事长中的党员任书记，党委委员按照"一方隶属，过多重组织生活"的原则参加学会党委活动。学会党委主要是发挥政治核心作用：一是引领政治方向，及时学习贯彻党中央重要指示精神和重大决策部署；二是注重引导监督，保证学会依法依章程开展活动，推动学会有序参与社会治理、提供公共服务；三是参与学会重大问题决策，对重要业务活动、大额经费开支、接收大额捐赠、开展涉外活动等提出意见；四是团结带领广大科技工作者听党话、跟党走，维护广大会员的正当权益。部分学会党委已制定相关工作制度，并在实践中不断完善。如，中国振动工程学会功能型党委由副理事长任书记，秘书长任副书记，常务理事任委员，党委委员全部参加常务理事会的所有会议，直接监督、保证学会依法依章程开展活动，直接参与学会的管理和重大问题决策。中华医学会理事会党委制定了《中华医学会理事会党委日常工作办事规则（试行）》，明确了理事会党委日常工作部门和经费渠道，落实了工作责任，完善了日常工作程序，并以学风建设为抓手，加强学会党的思想和作风建设，推动专科分会成立党的工作小组。中国康复医学会党委通过制定学会党组织建设工作制度，进一步加大党对学会廉政建设和纪律监督的力度。中国环境科学学会党委、中国针灸学会党委、中华口腔医学会党委、中国航海学会党委、中国能源研究会党委、中国老科技工作者协会党委等结合工作实际，制定了工作规则、议事规则和学习制度。中国水利工程学会党委会议前置审议"三重一大"事项共40多件，促进学会健康有序发展。

2. 政治引领作用不断提升

2020 年全国学会个人会员抽样问卷调查显示，对学会党建服务比较满意及非常满意的个人会员占比达 70% 以上。如图 2-2 所示，超过 88% 的个人会员认为功能性党委和秘书处党组织发挥了政治核心、思想引领和组织保障作用；87% 以上的个人会员认为党组织参与学会"三重一大"事项研究，对学会重要事项决策、重要业务活动、大额经费开支、接收大额捐赠、开展涉外活动等提出意见，起到了作用；超过 88% 的个人会员认为结合学会业务工作探索开展形式多样的党组织活动，充分发挥了党组织的战斗堡垒作用和党员的先锋模范作用；超过 88% 的个人会员认为学会党组织的会议制度、活动制度、组织制度、管理制度、责任制度和监督制度健全并有效执行。如中国公路学会按照"立足党建强会，推动改革创新"的工作思路，努力把党建优势转化为发展优势，把党建资源转化为发展资源，把党建研究成果转化为学会发展成果，聚焦国家和行业战略需求，发挥了对科技工作者政治引领、思想引领的作用。

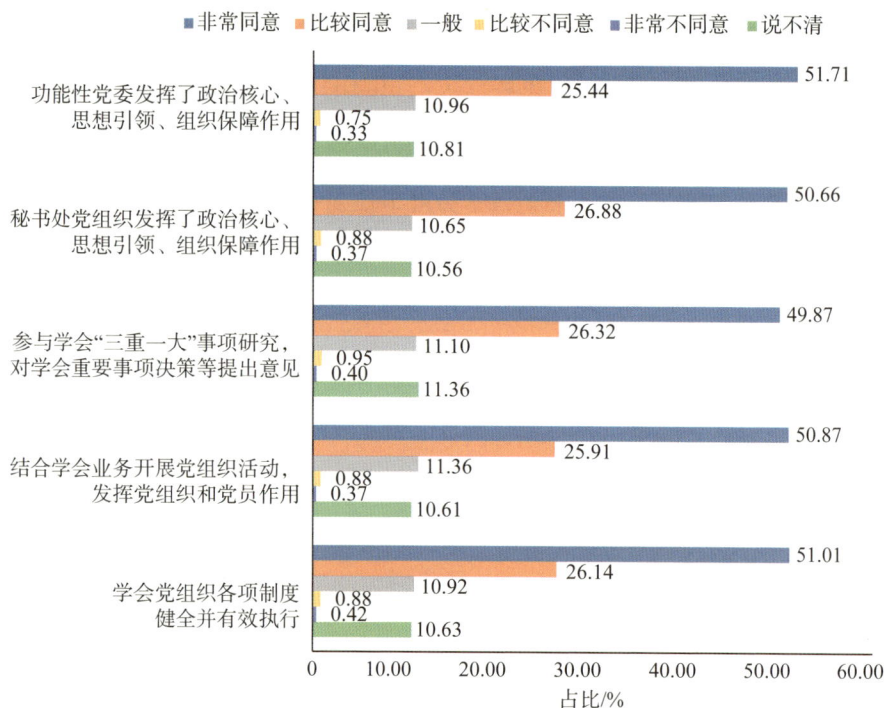

图 2-2 个人会员对所在学会党组织及党组织作用发挥情况认可度
（数据来源：2020 年学会会员问卷调查）

3. 政治吸纳能力增强

学会是科技工作者的组织，是知识分子特别是高级知识分子聚集的群体。五年来学会党建工作的政治吸纳能力大大提升。

第一，学会理事长党员比例超过 85%。依据 2019 年学会年检数据信息，全国学会中，理事长为中共党员的占 85.24%，其中有博士 111 人，硕士 32 人，本科 34 人，专科及其他共 2 人；理事长为民主党派的占 9.05%，其中博士 15 人，硕士 3 人，本科 1 人；理事长为群众的占 4.76%，其中博士 8 人，硕士 1 人，本科 1 人；理事长为无党派人士的有 2 人，两人均为博士学位（图 2-3）。

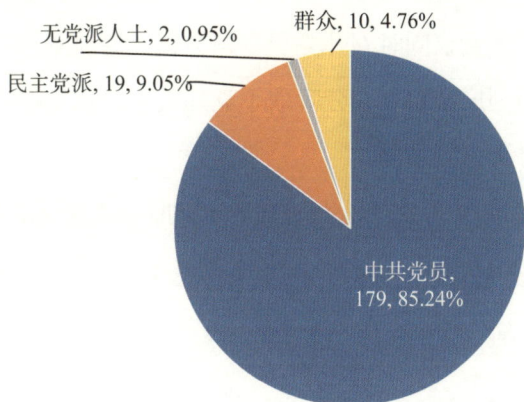

图 2-3 2019 年全国学会理事长政治面貌分布情况
（数据来源：学会年检信息）

第二，学会秘书长的党员比例达到 78%。如图 2-4 所示，210 个学会秘书长中，中共党员有 165 人，占 78.57%；秘书长为民主党派的占比 6.67%；秘书长为群众的占比 14.76%。

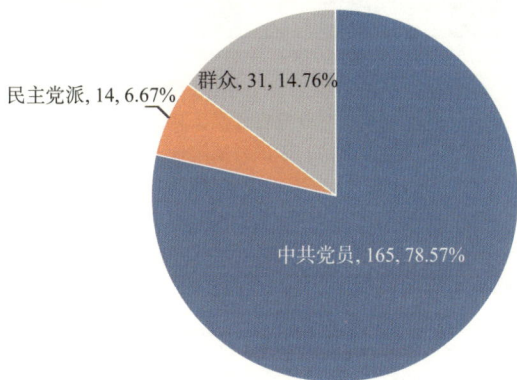

图 2-4 2019 年全国学会秘书长政治面貌分布情况
（数据来源：学会年检信息）

第三，建立了与民主党派、群众和无党派人士的协商沟通机制。学会通过成立理事会层面的党委和办事机构党支部，就工作和决策中的有关问题主动征求民主党派、群众和无党派人士的意见和建议，欢迎他们提出批评。学会党委有针对性地加强思想引导，做到政治上充分信任，广泛听取党外专家的意见，凝聚高知识群体思想认同。中国环境科学学会理事长黄润秋同志为民主党派，学会党委主动建立与理事长沟通协调机制，定期共同研究学会党建工作，得到理事长的高度关注，积极支持学会党委把握正确政治方向，扎实抓好新时期学会党建工作。中国振动工程学会理事长苏义脑院士高度重视学会党委工作，召开常务理事会扩大会议同时召开党员专题会议，特别邀请常务理事中的民主党派和无党派人员列席会议，充分听取了党外人士的意见建议，为学会党委发挥思想引领作用打下良好基础。

第四，会员中党员人数占比有所提升。如图 2-5 所示，2019 年党员会员占比 29.83%，比 2015 年的 21.57% 增长了约 8 个百分点。

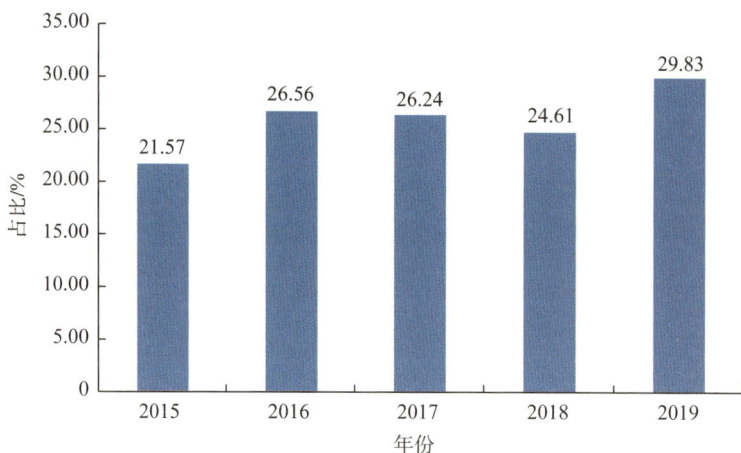

图 2-5　2015—2019 年全国学会党员会员人数占个人会员比重变化趋势
（数据来源：中国科协统计年鉴）

4. 党建活动规范有序，方式不断创新

学会党组织能够按照党章和党内有关规定开展活动，不断推进党组织标准化规范化建设，如修订完善学会党务工作制度，严格执行"三会一课"要求，等等。学会党组织，从学会实际出发，在工作中不断探索，创新党建工作方式。

第一，开辟党建微课堂。如中国药学会自2018年以来，积极推进学习型党组织建设，采取"专家请进来、支委上讲台"的方式来组织讲好党课，利用培训、座谈、集中学习、自学等多种方式，通过党建网络、QQ群、微信群、党建工作APP、墙报、板报、文件等载体开展学习，并加强学习效果的考核。

第二，开展智慧党建工作。学会用好智慧党建工作平台，升级学会党建信息管理系统，集成学会党建信息资源，运用科协智慧党建的数据平台，实现了党建工作智能分析、动态展示，配合科协系统大党建工程，提升精准服务能力。

第三，通过党建凝聚学会价值认同。学会充分利用党建网站、新媒体、宣传栏等宣传平台媒介，加强党建工作宣传和成果提炼，建立党建工作信息定期报送机制，提高信息报送质量，选树先进典型，营造宣传教育的良好氛围。如，汇集疫情防控中涌现的典型事迹和先进人物，进行集中宣传；支持弘扬科学精神、凝练价值认同，形成宣传作品；推进专家讲党课，宣传新思想，宣讲科学家爱国奋斗精神、国家发展战略以及科技创新成果，用科学家的言传身教引领科技工作者。2020年5月，中国科协与中央文明办联合印发《关于组织实施科技志愿服务"智惠行动"的通知》（科协发普字〔2020〕10号），共同打造"智惠行动"服务品牌。

第四，重视党建活动规范性。学会党建工作体制机制逐步理顺，建立学会党建制度体系，推动学会党建规范化科学化发展。逐步推动建立学会党建工作"四同步"制度，把学会党建纳入学会评估的重要指标；推进把党的建设和社会主义核心价值观的内容写入学会章程工作；完善学会党建制度规范，形成学会党建制度汇编；启动"全国学会理事会党委职责任务清单分类试点工作"。如中国岩石力学与工程学会2018年在学会章程总则第四条中，增加"本会根据中国共产党章程的规定，设立中国共产党的组织，开展党的活动，为党组织的活动提供必要条件"的表述；同时制定了《中国岩石力学与工程学会党委工作条例（试行）》，使党建工作制度化、规范化得到保障。

5.党建促进会建成效显著

全国学会搭建党建特色活动平台，丰富学会党建供给，学会党组织联合开展党建活动，集成党建资源，在增强基层党组织凝聚力、充分发挥党员作用、服务广大科技工作者、服务学会会员、服务国家经济建设和基层群众等方面做了积极的探索和有益的尝试，推动学会党建工作融入智库、学术、科普等重点业务工作，促进党建和业务双融合，服务基层发展，提升学会"四服务"能力。

一是充分发挥学会专业优势，开展下基层、解民忧、帮发展、促和谐活动。如中国生理学会、中华护理学会、中国麻风防治协会等多家学会党支部深入山区为 100 余位麻风病患者义诊送药；中国抗癌协会党支部、中国老科技工作者协会党支部组织老专家、老党员深入老少边穷地区开展惠民义诊活动；中国水产学会党支部在村镇党支部建立"党员先锋示范岗"，向广大渔民宣传科学的渔业生产理念，推广先进健康养殖技术；中国通信学会党支部主办的数字普惠金融云端大讲堂，直播观看人数达 12.3 万人次，为中小企业送政策、送专家、送技术、送服务、送温暖。

二是积极建言献策，为党和政府科学决策提供智力支撑。如中国环境科学学会党总支、中国城市科学研究会党支部、中国建筑学会党支部等支部采用"党政领导负总责，党员干部挑大梁，青年同志抓落实"的工作方式，联系发动科技工作者紧紧围绕经济社会发展中的热点难点问题，深入调查并建言献策，在我国司法建设、环境保护、资源开发利用等研究领域取得较好成果，得到了国家部委和地方政府的充分认可。

三是保障党建活动阵地。如 2018 年，中国煤炭学会党支部、中国标准化协会党支部、中国法医学会党支部，利用现有办公场所建立起学会党建活动阵地，设立会议室、图书室，为学会党员和会员提供学习活动场所。

四是集成党建资源，促进党建和业务双融合。学会积极搭建党建特色活动平台，丰富学会党建供给。如中国航空学会党组织牵头中国兵工学会、中国核学会、中国造船工程学会等十余家"创新融合联合体"成员学会党组织，搭建党建强会服务平台，进一步整合资源扩大活动影响，先后赴宁夏、广西、四川等 8 个省（区、市），开展"党建强会国防知识科普行"活动 20 余场，总计开展科普报告 120 余场、科技咨询活动 5 场、捐赠图书 2990 本（册）、航模 2000 余架、电子实验套件 20 套、医疗物资 4 套、体育器械 110 套，活动直接受众超过 201500 人次，受到广大师生和当地政府的高度评价。在创新驱动发展服务方面，中国国土经济学会党委开展地方基层党组织结对共建工作，与全国中小城市生态环境建设实验区、全国低碳国土实验区、全国国土空间优化发展实验区和"百佳深呼吸小城"等团体会员单位党支部的共建联动工程，与云南省双江县勐库镇冰岛村党支部 7 个基层党支部签署党支部共建协议，每年邀请共建党支部书记到北京参加全国实验区工作会议和部委政策信息对话会，开辟党建与业务工作深入融合新阵地。

五是开展党建和业务双融合。2015—2020 年中国科协累计资助"党建强会"项目 306 项，对于学会党建工作的开展和学会党建工作理论研究发挥了重要作用（图 2-6）。2020 年 5 月，中国科协资助全国学会 67 个党建强会项目，其中团结引领助力经济发展类项目 21 项，科技志愿服务基层类项目 21 项，弘扬科学家精神、宣传典型事迹类项目 16 项，汇聚人才推动学会建设类项目 5 项，试点建立中国科协全国学会党校类项目 3 项，启动"初心不忘、献礼百年"庆祝建党 100 周年纪念活动类项目 1 项。

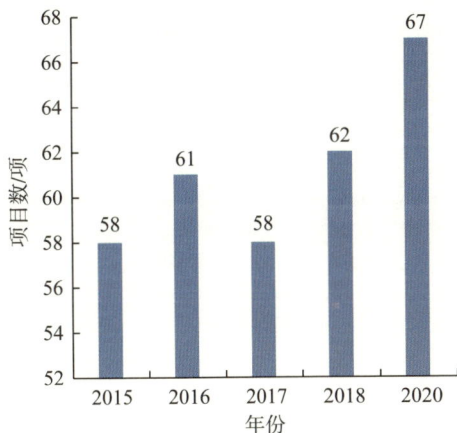

图 2-6 2015—2020 年党建强会项目立项情况

注：数据根据 2019 年《中国科协全国学会发展蓝皮书》和中国科协科技社团党委网站资料整理

6. 学会党建理论研究取得一定成果

中国科协学会党建研究会是全国党建研究会和中直机关党建研究会的单

位会员。为进一步加强学会党建工作的理论研究与探讨，中国科协学会党建研究会搭建起了学会党建工作的学术交流及工作经验交流平台。结合中国科协学会党建工作实际，每年确定并发布年度学会党建调研参考课题，开展学会党建课题研究，提升学会党建理论水平，总结学会党建工作经验。2018—2020 年累计确定学会党建调研参考课题 54 项（图 2-7），先后有 70 个全国学会基层党组织及相关单位参与调研工作。同时，党建研究会还编辑印发《学会党建动态》等内部刊物，搭建党建理论探索与工作交流平台。

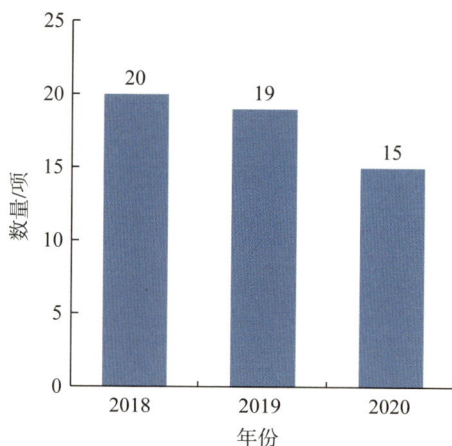

图 2-7 2018—2020 年党建调研项目立项数
注：根据中国科协科技社团党委网站资料整理

第三章　学术建设与人才服务

全国学会是国家创新体系的重要组成部分，是国家推动科技事业发展的重要力量。根据国家发展需求和科技前沿布局，全国学会坚持学术引领、凝心聚力，围绕中心、服务发展，搭建高端学术交流平台，大力推进世界一流学会、世界一流期刊建设，服务国家科学技术的创新发展。近年来，全国学会充分发挥专家密集的优势，开展面向未来的科技趋势研判和重大问题难题凝练，组织领域技术预见、强化前瞻性学术引领和创新策源；国内学术会议参会人数和论文数量稳步上升，高端前沿学术年会持续增长，国际学术交流积极开放，加入国际民间科技组织及任职专家数量稳步提升，参加国外科技活动人次增长了近三成；以七部门名义联合启动实施的"中国科技期刊卓越行动计划"为指导，科技期刊质量实现跨越发展，期刊数字化、信息化水平提高，集群化、规模化建设成效显著，英文期刊数量与质量逐年提升，国际影响力进一步扩大；科技评价体系创新推进，探索新型工作模式，科技成果评价卓有成效；人才服务工作广泛开展，全国学会人才举荐渠道逐年增多，青年人才培养下沉至研究生和大学生，设奖数量总体上升，学会奖励权威专业，声誉凸显；建立科学道德宣讲教育长效机制，探索学术不端惩戒机制，科学道德和学风建设相关制度日渐完善，弘扬科学家精神成效显著。全国学会正以饱满的精神状态和扎实的工作成效，以全方位、多层次、宽领域的创新创造，服务科技工作者创新争先建功立业，服务国家高质量发展。

一、学术引领能力高瞻前端

近年来，全国学会充分发挥科技共同体组织优势，与国际科技组织合作，强化前瞻性学术引领和创新策源，开展面向未来的科技趋势研判和重大问题难题凝练。2019年，在中国科协的组织下，81家全国学会、学会联合体，动员近万名科学家、科技工作者，遴选75个重大科学问题和工程技术难题，在第二十一届中国科协年会上发布20个重大问题难题，找准前沿科技领域布局方向，为我国在科技领域实现跨越式发展、掌握新一轮全球科技竞争战略提供支撑，并将2018、2019年两年入选的175个问题集中形成科技创新"问题库"，引导科技工作者关注研究，推动关键技术联合攻坚。

全国学会成为举办系列性"世界大会"的重要平台。2018世界机器人大会、2018世界交通运输大会、2018绿色发展科技创新大会等一系列学术活动，围绕世界科学发展前沿和技术发展趋势、国家重点发展领域和难点问题，以及科技工作者的学术需求，搭建国际交流平台，鼓励优秀科技工作者与国际同行同台竞技，激荡自主创新的源头活水，学术影响力不断提升，打造代表科技界面向国内外发声、发力、发布的重要平台。

发挥学科集成的特点，引领学科发展。近五年来，25家全国学会开展前沿热点问题研究，60余个全国学会组织领域技术预见、学科基础方向研究和技术路线图编制，持续发布生命科学、智能制造等领域年度十大进展，不断完善以总结学科成果、研究学科发展规律、预测学科未来趋势为脉络的学科发展研判体系，繁荣学科发展，引领产学研协同创新，推进学科交叉融合和转型，相关建议得到多位中央领导同志的充分肯定。其中，2016年，共有110个全国学会开展了220次学科发展研究，编辑出版系列学科发展报告220卷，发行超过22万册；先后有500余位中国科学院和中国工程院院士、12000余位专家学者参与学科发展研讨，8000余位专家执笔撰写学科发展报告；1056种科技期刊主管、主办和出版单位，200个全国学会及其支撑单位、所属会员为年度研究报告提供了丰富的案例和数据；落实《关于优化学术环境的指导意见》，共向19个部委提交了190项重点举措。2017年，各学会共开展材料、核技术等重大领域的学科发展研究30项，分子生物学、网络与大数据等前沿领域的学科发展预测与技术路线图研究15项，新能源汽车、复合材料等交叉领域的学科创新协同研究 15 项，为科技工作者把握研究方向提供指导，为国家规划科技战略布局提供支撑。2018 年，多达 134 个全国学会累计开展学科发展研究 245 项、学科史研究 28 项、学科方向预测及技术路线图研究 36 项，新设年度学科热点综述研究项目完成 25 个学科研究计划。树立"全球标杆"。2019 年，各全国学会召开 70 场重大科学问题难题座谈会，形成 72 份研究报告，持续追踪重大问题难题研究进展、问题挑战和发展趋势。DNA 存储技术、高水平放射性废物等重大问题已纳入有关部委重大工程、重大研究计划项目。

二、学术会议水平稳步提升

学术会议是重要的学术交流平台，在学科建设方面发挥着重要的作用。近五年来，全国学会在学术会议的数量和质量方面取得良好进展。

1. 国内学术会议参会人数和论文数量稳步上升

第一，五年来国内学术会议举办场次小幅波动，但是参会人数增长了63.37%。2015 年全国学会共举办国内学术会议 4407 场，2019 年相比 2015 年下降了约 1.02%，举办会议次数小幅波动，但整体保持稳定（图 3-1）。

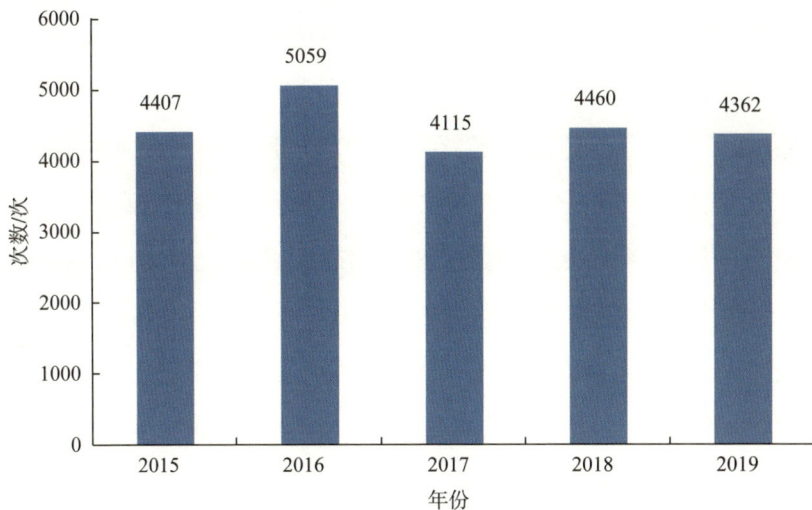

图 3-1 2015—2019 年全国学会举办国内学术会议次数

（数据来源：中国科协统计年鉴）

全国学会国内学术会议 2015 年共有 1078565 人次参会，2015—2018 年增幅较大，2018—2019 年增幅放缓，到了 2019 年参会人次达到 1762085，相较于 2015 年增长了 63.37%（图 3-2）。表明越来越多的学者通过参加学术会议来交流学术成果。

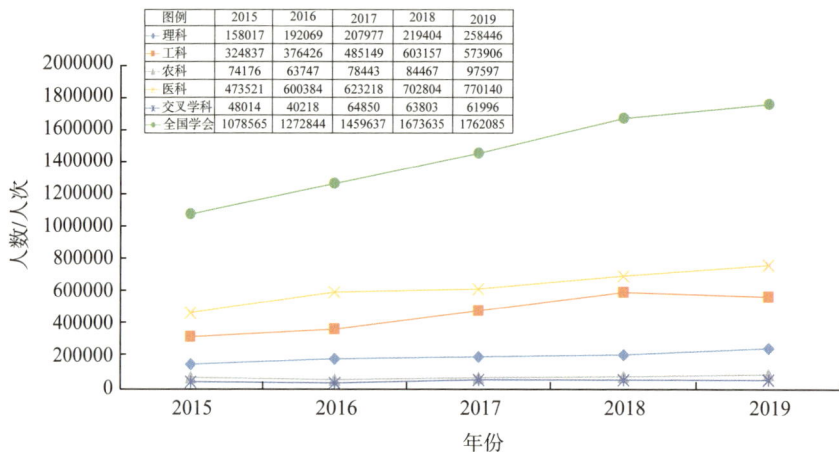

图例	2015	2016	2017	2018	2019
理科	158017	192069	207977	219404	258446
工科	324837	376426	485149	603157	573906
农科	74176	63747	78443	84467	97597
医科	473521	600384	623218	702804	770140
交叉学科	48014	40218	64850	63803	61996
全国学会	1078565	1272844	1459637	1673635	1762085

图 3-2 2015—2019 全国学会及五类学会国内学术会议参加人数
（数据来源：中国科协统计年鉴）

学术会议作为学术引领的主要方式，是科技创新的重要源头，是连接各学术实体、学术资源的重要桥梁，是科技工作者实现知识共享、活跃学术气氛、启迪创新思维的重要平台。2019 年 10 月，由中国光学学会青年工作委员会、北京光学学会、山东师范大学共同主办的"第十一届全国光学青年学术论坛暨第十届《饶毓泰基础光学奖》专题报告会"在山东师范大学召开。会议吸引来自全国科研院所、大专院校共 50 多个单位、近 200 名青年专家、学者及研究生代表参加会议。论坛安排了 3 个大会邀请报告，8 个《饶毓泰基础光学奖》专题邀请报告，40 个分会邀请报告，12 个口头报告，28 个张贴报告。报告内容涵盖了介观光学、光通讯及器件、拓扑光学及光探测、非线性光学、量子光学与光场调控和超快光学与光束等研究领域。本次论坛的成功举办，为我国光学领域年轻学者搭建了交流学习平台，对促进该领域青年人才的培养具有深远意义。

第二，全国学会国内学术会议交流论文数稳步提升，如图 3-3 所示，2019 年共交流论文 644865 篇，相比 2015 年增加了约 81.04%；其中 2015—2016 年增速较快，约为 19.18%；2016—2018 增速有所放缓；而在 2019 年大幅增长，增速达 31.24%。虽然学术会议举办数量小幅下降，但是参会人数和论文数量呈现持续上升趋势。这意味着会议的规模在不断扩大，会议的影响力和吸引力逐步提升。

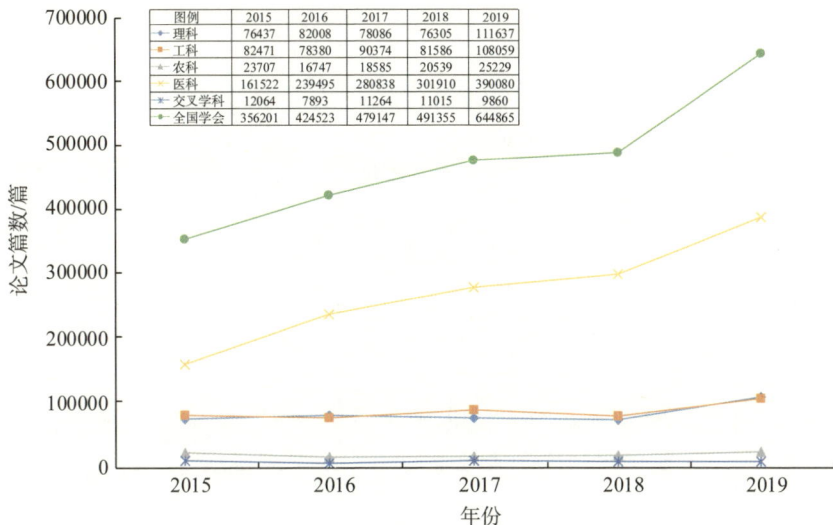

图例	2015	2016	2017	2018	2019
理科	76437	82008	78086	76305	111637
工科	82471	78380	90374	81586	108059
农科	23707	16747	18585	20539	25229
医科	161522	239495	280838	301910	390080
交叉学科	12064	7893	11264	11015	9860
全国学会	356201	424523	479147	491355	644865

图 3-3 2015—2019 全国学会及五类学会国内学术会议交流论文篇数
（数据来源：中国科协统计年鉴）

2. 学术年会数量持续增长

学术年会数量持续增长，2019 年达到 1915 次，是 2015 年的 1.30 倍，如图 3-4 所示。2015—2019 年五类学会举办国内学术年会均有所增加，其中农科学会 2019 较 2015 年增长了 74.49%，医科学会增长了 46.82%。从五类学科对比来看，工科学会举办国内学术年会最多：以 2019 年为例，工科学会开展场次约占总场次的 40.31%。

3. 工科学会举办会议数量最多，医科学会参会人数最多

在国内学术会议次数上，从五类学会对比来看，工科学会举办的国内学术会议数量最多，明显领先于农科、理科、医科、交叉学科，其 2019 年举办会议次数约为交叉学科的 7.89 倍，如图 3-5 所示。从增长趋势来看，这五类学科的学术会议参会人数在近五年都有一定幅度的增长，其中增长速度最快的也是工科，其 2019 年的国内学术会议参会人数相较于 2015 年增长了 76.68%（图 3-2）。

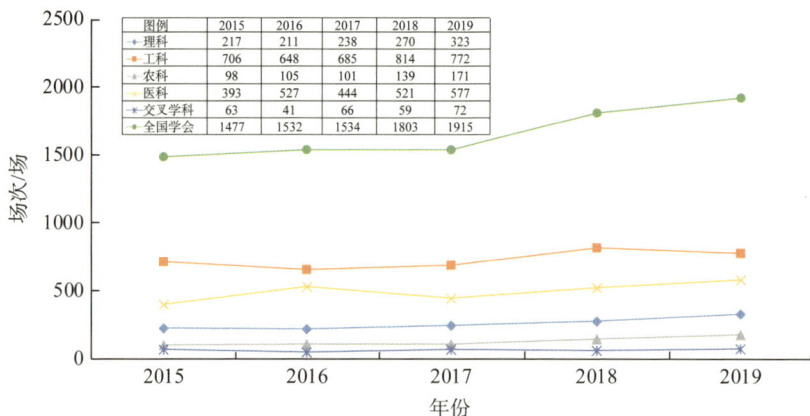

图例	2015	2016	2017	2018	2019
理科	217	211	238	270	323
工科	706	648	685	814	772
农科	98	105	101	139	171
医科	393	527	444	521	577
交叉学科	63	41	66	59	72
全国学会	1477	1532	1534	1803	1915

图 3-4 2015—2019 全国学会及五类学会国内学术年会趋势图
（数据来源：中国科协统计年鉴）

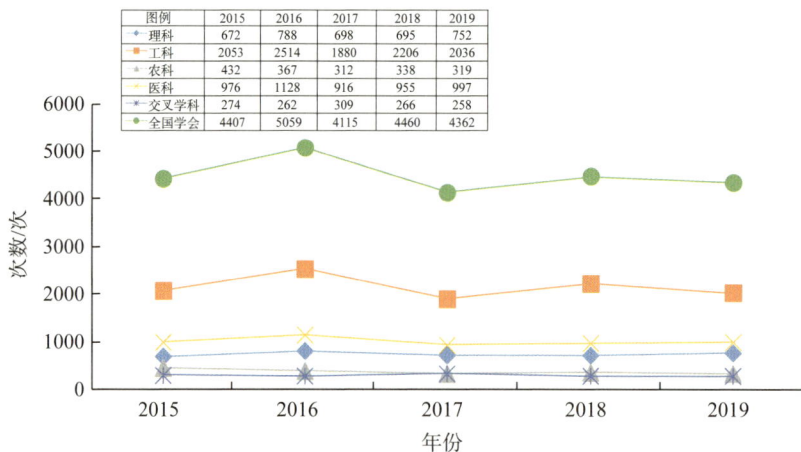

图例	2015	2016	2017	2018	2019
理科	672	788	698	695	752
工科	2053	2514	1880	2206	2036
农科	432	367	312	338	319
医科	976	1128	916	955	997
交叉学科	274	262	309	266	258
全国学会	4407	5059	4115	4460	4362

图 3-5 2015—2019 全国学会及五类学会国内学术会议次数
（数据来源：中国科协统计年鉴）

从五类学会对比来看，医科的参会人数最多，其次分别是工科、理科、农科、交叉学科，如图 3-2 所示。相应地，医科交流的会议论文数量占比也最大，且明显领先于工科、理科、农科、交叉学科。从发展趋势看，医科近五年来交流会议论文数量大幅提升，有力地带动了全国学会交流论文总数，而其他四类学科的论文数量波动较小。

4. 采取多种措施保障会议质量

第一，五年来全国学会对于会议特邀报告及论文质量的把控变得更加严格。中国科协学会服务中心《2017 学术会议质量报告》专门调查显示，仅有 3.60% 的会议特邀报告人学术水平得分较高，大部分集中在中等得分，甚至还有 16.80% 的会议特邀报告人学术水平较低，一定程度上说明特邀报告人环节流于形式。2018 和 2019 年，此现象有所改善，会议论文及特邀报告质量把控更加严格。2019 年在会议论文方面，六成以上会议论文投稿数和收录数与 2018 年保持一致，三成以上会议实现了会议论文投稿数和收录数的增长，且收录数增长的会议比例（33.33%）高于投稿数增长的会议比例（30.00%）。这表明部分学术会议为提升会议论文汇报环节的水平和保证会议论文集的质量，对会议论文遴选标准和收录要求越发严格。

另一方面，全国学会高水平会议邀请报告数量有所增长（图 3-6）。相较于 2018 年，2019 年的高水平会议邀请报告数量呈增长态势。

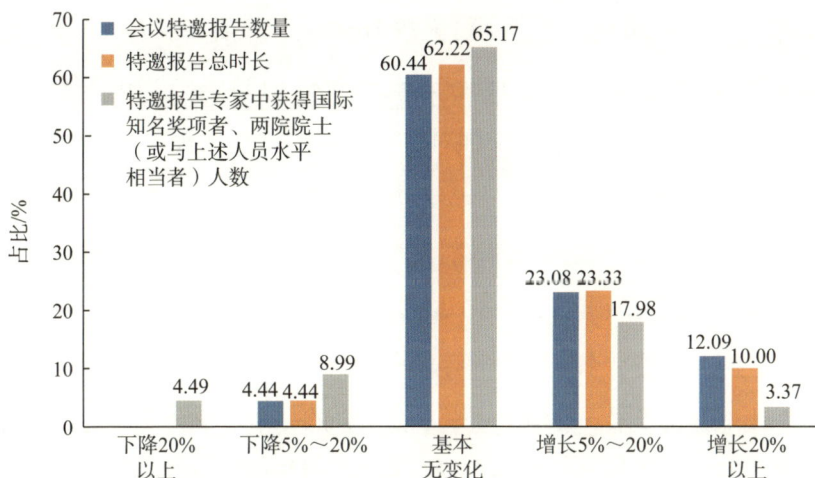

图 3-6 2018—2019 年度连续会议特邀报告数量、总时长及高水平专家人数变化情况
（数据来源：《2019 年学术会议质量报告》）

第二，丰富会议交流形式。中国科协学会服务中心《2017 学术会议质量报告》中显示，会议交流形式部分权重得分约为 70.00%，说明会议交流形式普遍单一；2018 和 2019 年不仅会议互动交流时长占比有所提升，而且在沟通交流方式上更加多元，超过一半的会议采取了两种以上的沟通交流方式，其中圆桌会、论文交流、网络讨论、热点论坛、壁报交流是较为常见的方式。

第三，创新会议成果呈现与传播方式。2017 和 2018 年会议成果呈现与传播方式相对单一。中国科协学会服务中心《2017 学术会议质量报告》问卷满意度显示，会议成果传播不受重视，全部参评学术会议的学术成果表现形式权重得分仅为 61.10%，结果不理想。说明会议的学术成果表现形式还是相对单一，学术会议大多都提供会议论文集，此外还提供学术备忘录或学术综述，其余成果较为少见。2018 年仍是如此，学术论文集、学术论文数据库为参评会议中最普遍的成果呈现形式和传播渠道；但在 2019 年，此现象有所改善，一批学会增加了公开视频资料或政策建议等交流方式，使得会议呈现与传播方式有所创新。

第四，建设会议网络管理平台，强化会议过程管理。一方面，学会建立并优化会议网络管理平台，会议注册、管理、运行全部通过平台操作，从而提升了工作效率。如中国金属学会会议管理平台 2020 年 1—11 月使用统计数据显示，建立会议 20 场，注册平台人数 1664 人，注册会议人数 1781 人，缴费人数 879 人，电子发票开具 158 张，论文投稿 613 篇，共 10 个分会使用会议管理平台。另一方面，学会加强对主办会议的过程化管理。如中国化学会在现有会议管理系统的基础上，升级和增设四大功能：（1）增加新的通用会议展示模板；（2）新上线英文会议管理和审稿系统；（3）增加问卷调查功能，为严格把控会议质量做准备；（4）增设学会分支机构线上申报会议的功能。

第五，疫情防控常态化推动学会采用线上与线下相结合的会议形式。受疫情影响，线下会议受限。如中国力学学会主办的多个学术会议延期或取消，但是学会很快适应新情况，积极应对危机。学会一方面主动联络各个会议组委会，在多个渠道提前发布会议变更信息，一方面探索线上学术交流，通过视频会议方式组织召开青年学术沙龙、首届博士生论坛等。截至 2020 年 11 月底，学会全年共计举办学术交流活动 45 次，线上、线下参加交流 13 万人次，交流论文 2400 多篇。中国仪器仪表学会联合国务院学位委员会仪器科学与技术学科评议组、教育部高等学校仪器类专业教学指导委员会成功举办"2020 中国仪器仪表学会学术年会"，会议采取线上 + 线下方式进行，线下参会者 200 人，线上播放量总计 14 万次。

三、国际学术交流积极活跃

1. 境内国际会议规模增长显著，但各学科学会间表现出较大差异

第一，境内国际学术会议参会人数激增。虽然，境内国际学术会议的举办场次有所波动（图3-7），在2016年大幅增长之后，2018年下降到474场，2019年略有上升，较2015年，下降了9.40%。但是，境内国际学术会议参加人数呈增长趋势（图3-8），2018年参会人数激增，相较于2017年增长了109.87%，企业科技工作者虽然在2015至2017年间不断下降，但在2018年人数有了较大增长，相较于2017年增长了169.52%。

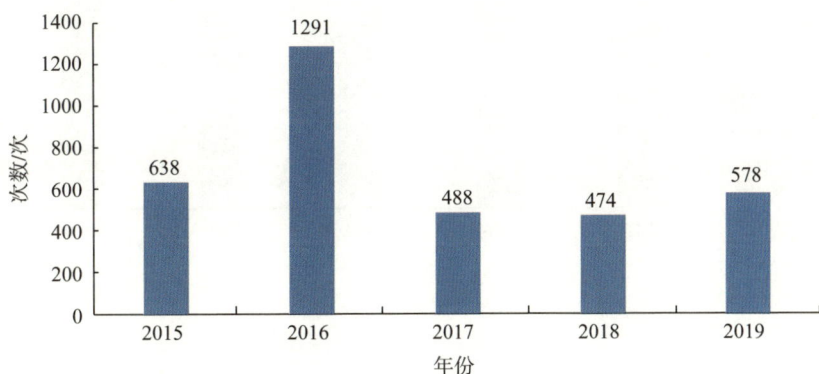

图 3-7 2015—2019 年境内国际学术会议次数
（数据来源：中国科协统计年鉴）

图 3-8 2015—2019 年境内国际学术会议参加人数
（数据来源：中国科协统计年鉴，其中企业科技工作者缺少2019年数据）

第二，境内国际学术会议交流论文数量增长显著。由图3-9可见，2015至2019年境内国际学术会议论文交流数量波动较大，其中2015至2016年论文数量有所增长，2016至2018年不断下降，下降率约为45.04%，2019年论文数量开始有所回升，但并未超过五年内最大值。2019年相较于2015年论文数量约增长了67.89%。

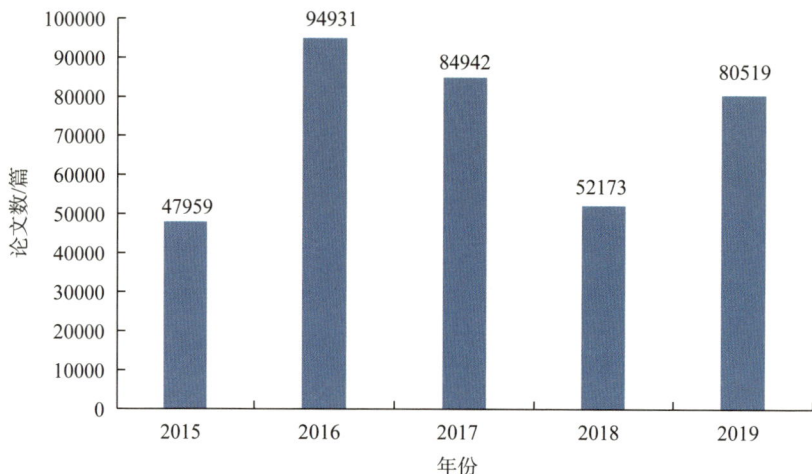

图3-9 2015—2019年境内国际学术会议交流论文数
（数据来源：中国科协统计年鉴）

第三，港澳台地区举办学术会议次数整体呈下降态势（图3-10），2019年仅举办学术会议33场，相较于2015年下降了53.52%。中国航海学会在2015年至2018年四年间，组织举办或参加国际、国内的学术交流活动200余次，学术交流人数15000余人次，会议交流论文300余篇；征集航海类学术论文3000余篇，评选优秀论文500余篇，评选航海科技优秀期刊论文300余篇，年会交流论文210余篇。四年来，学会各专委会着眼技术前沿、围绕航海领域热点，开展了丰富多彩的学术交流活动。

学会加强与港澳台地区组织的交流与合作，与台湾省中华海洋事业协会形成互访机制，每年定期召开"海峡两岸海上安全与船舶交通管理"研讨会，并已经形成机制。学会与中国造船工程学会和中国造船暨轮机工程师学会（台湾）等单位共同主办的海峡科技专家论坛·海峡两岸航海技术与海洋工程研讨会，为海峡两岸搭建起了航海技术与海洋工程领域的交流与合作平台，进一步推动了海峡两岸同行科技专家的技术交流。

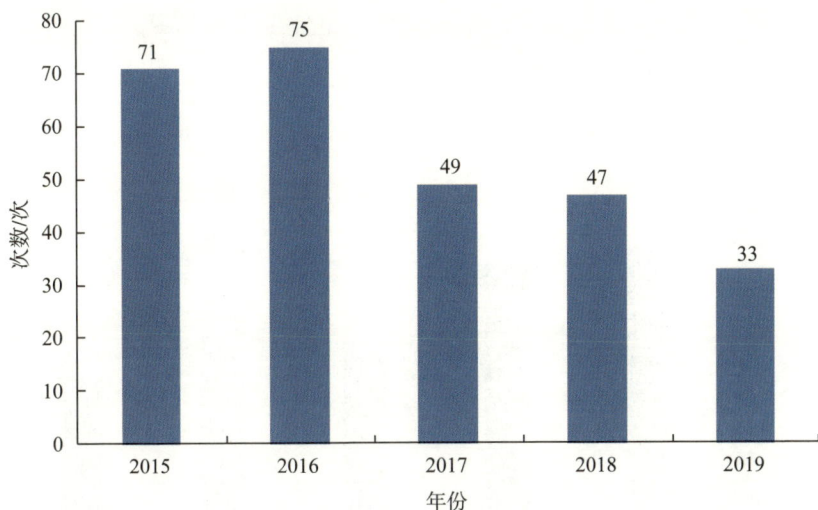

图 3-10 2015—2019 年港澳台地区学术会议次数
（数据来源：中国科协统计年鉴）

2015—2019 年港澳台地区学术会议参加人数波动较大（图 3-11），2015 至 2019 年参会人数有所下降，其中 2016 年相较于 2015 年参会人数下降了 21.87%，虽然在 2017 至 2018 年所有回升，但 2019 年参会人数跌至五年来最低点，相较于 2015 年下降了 28.95%。

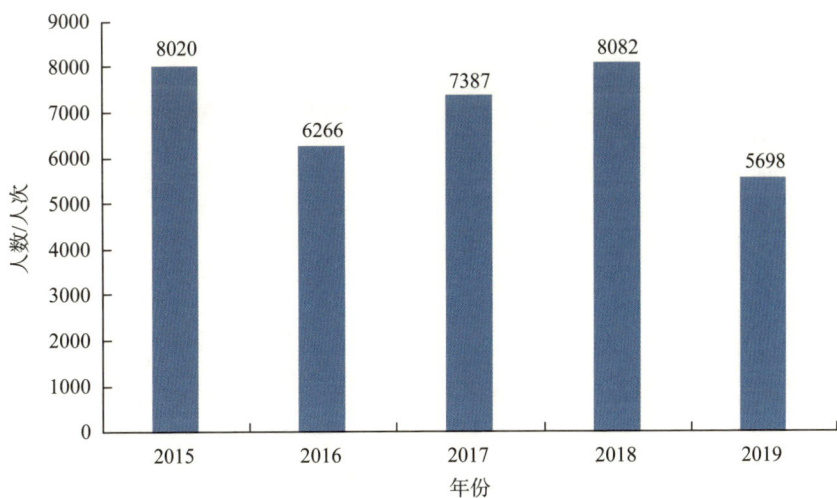

图 3-11 2015—2019 年港澳台地区学术会议参加人数
（数据来源：中国科协统计年鉴）

从图 3-12 可以看出，2015—2019 年港澳台地区学术会议交流论文数除在 2018 年有较大提升且达到五年内最大值外，整体呈下降趋势。2019年港澳台地区学术会议交流论文数较 2015 年下降达 40.36%。

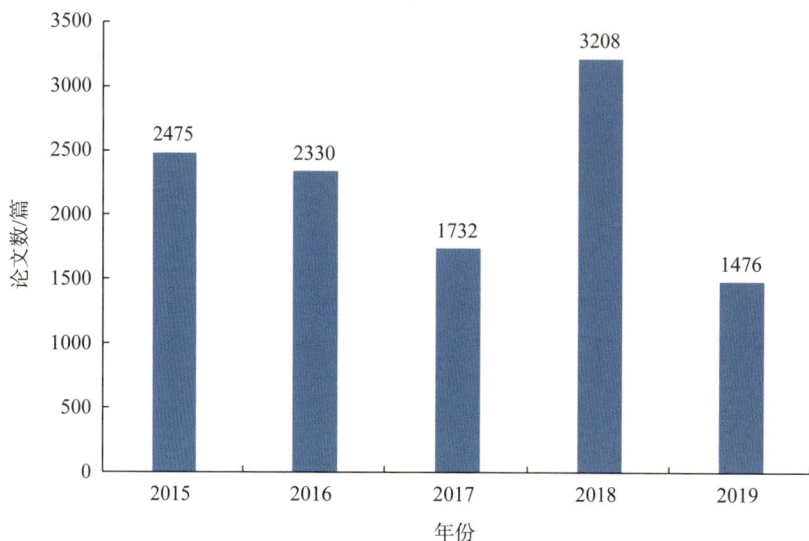

图 3-12 2015—2019 年港澳台地区学术会议交流论文数
（数据来源：中国科协统计年鉴）

第四，五类学科学会间近五年举办境内国际学术会议数量差别较大（图 3-13），最多的为工科学会，其在 2016 年一度达到 929 次；理科、工科学会基本持平或有小幅增长，而农科、医科、交叉学科学会都有不同程度的下降，其中农科学会下降达到 48.94%，医科学会下降达到 43.31%。

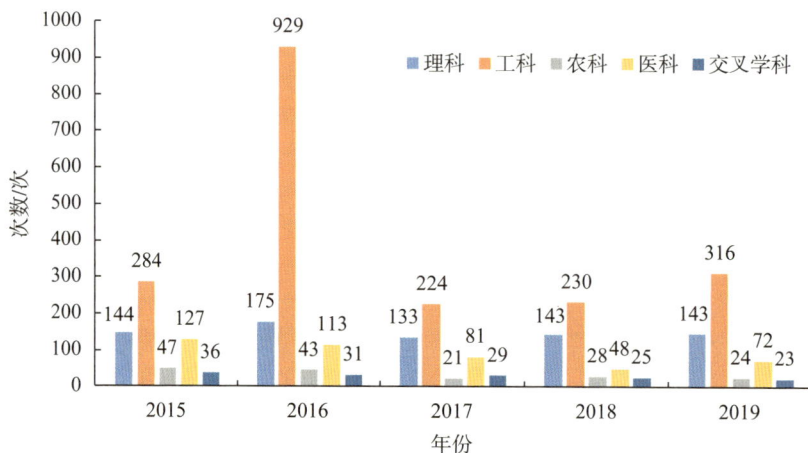

图 3-13 2015—2019 年五类学科举办境内国际学术会议情况
（数据来源：中国科协统计年鉴）

2015—2019 年以来，五类学科学会境内国际学术会议参加人数增减不一。理、工、农三科学会境内国际学术会议参加人数获得了较大增长，医科与交叉学科学会参会人数有所下降（图 3-14）。其中，工科学会涨幅达到 297.94%，农科学会增长 39.29%，理科学会增长 11.88%。各学科学会间也存较大差距，以 2019 年为例，境内国际学术会议参加人数最多的工科学会是人数最少的农科学会人数的近 72 倍，是交叉学科学会的近 56 倍，是理科学会的近 10 倍，不同学科学会间发展的规模差异持续拉大。

图例	2015	2016	2017	2018	2019
理科	35471	42028	44016	38537	39684
工科	99947	92559	107810	405146	397733
农科	3965	11747	7586	13001	5523
医科	67867	89410	75291	47262	57641
交叉学科	9141	8018	9071	7670	7113

图 3-14 2015—2019 年五类学科境内国际学术会议参加人数
（数据来源：中国科协统计年鉴）

2. 加入国际民间科技组织及任职专家数量稳步提升

全国学会加入国际民间科技组织的数量明显增加（图 3-15）。2019 年学会加入国际民间科技组织 590 个，相较 2015 年增长了 44.61%，任职专家数则上涨了 42.68%（图 3-16）。其中，一般级别的任职专家比 2016 年增加了 16 人，成为高级别职务的后备力量。中国机械工程学会积极推荐我国科技人员到国际组织任职，近三年国际科技组织担任职务的会员数量增加 40 人，较 2017 年提高七成。

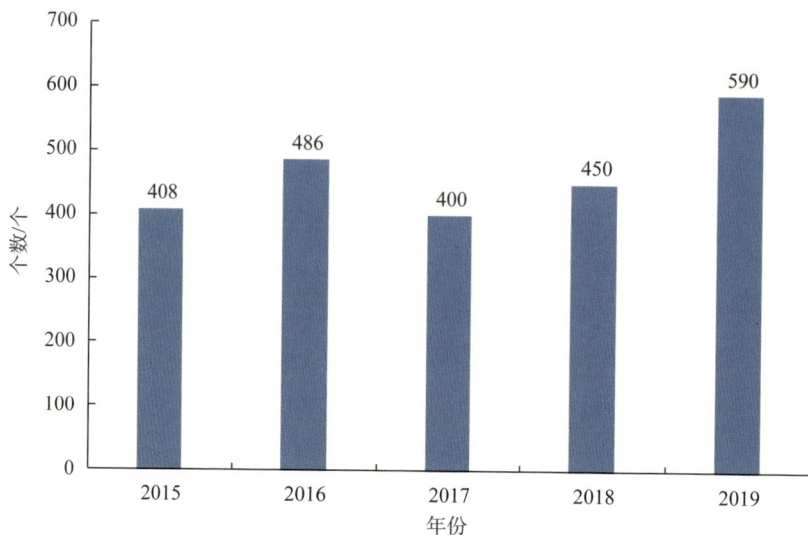

图 3-15 2015—2019 年加入国际民间科技组织个数
（数据来源：中国科协统计年鉴）

图 3-16 2015—2019 年任职专家人数
（数据来源：中国科协统计年鉴，其中高级别任职专家和一般级别任职专家人数缺少 2015 年数据）

在加入国际民间科技组织数量上，从五类学科学会对比来看，工科学会相较于其他四类学会数量最多，增长态势强劲，2019 年达到 315 家，是 2015 年的 2 倍多；其次为医科学会，达到 105 家（图 3-17）。

从图 3-18 可见，五类学科学会任职专家人数差异较大，其中工科学会人数最多，2018 年达到 728 人次，2019 年较 2015 年增幅达到 55.53%，交叉学科任职专家虽数量较少，但增幅达到 387.50%。其次是理科和医科学会，二者保持基本持平或有轻微增长，而农科学会专家人数则下降了 21.25%。

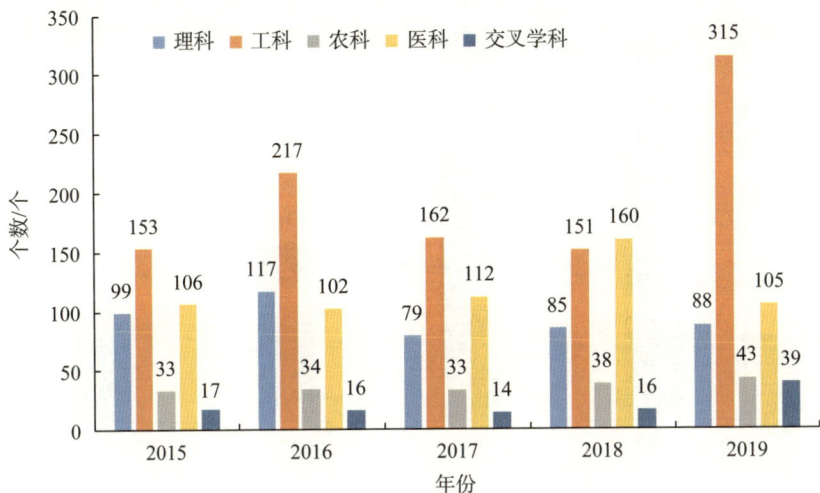

图 3-17 2015—2019 年五类学科加入国际民间科技组织个数
（数据来源：中国科协统计年鉴）

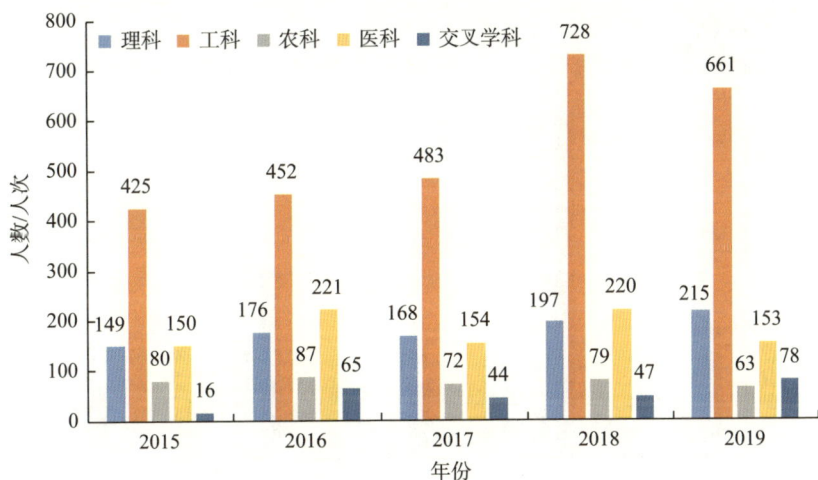

图 3-18 2015—2019 年五类学科任职专家人数
（数据来源：中国科协统计年鉴）

3. 参加国外科技活动人次增长了近三成

2015 至 2018 年参加国际科技计划项数呈下降趋势（图 3-19），特别是 2018 年仅为 22 项，比 2015 年下降了 77.32%，工科较 2015 年下降最大（图 3-20）。但是参加国外科技活动人次显著增长，2019 年为 12732 人次，比 2015 年的 9589 人次增加了近三成（图 3-21）。

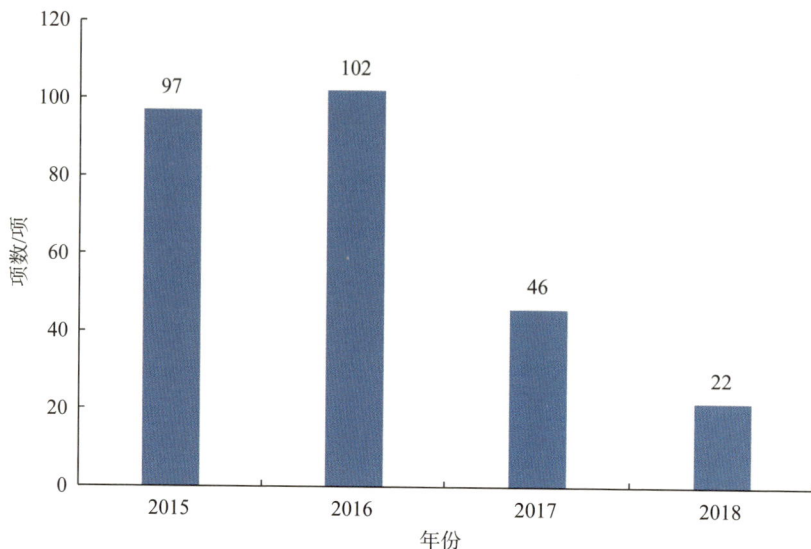

图 3-19 2015—2018 年参加国际科学计划项数
（数据来源：中国科协统计年鉴）

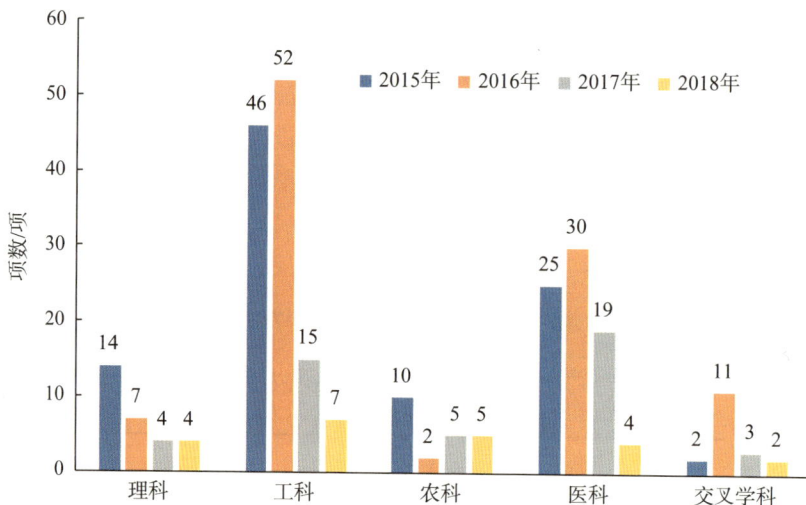

图 3-20 2015—2018 年五类学科参加国际科学计划项数
（数据来源：中国科协统计年鉴）

2015—2019 年接待国外专家学者人次总体上保持增长，2019 年比 2015 年增长了 24.94%（图 3-22）。

近五年，理、工、农、交叉四类学会接待国外专家学者人数均获得增长，如图 3-23 所示。其中交叉学科虽总体数量不多但增幅最大，达到 93.43%；接待人数最多的学科为工科。医科数量有所下降，2019 较 2015 年下降了 37.43%。

图 3-21 2015—2019 年参加国外科技活动及参加港澳台地区科技活动人数
（数据来源：中国科协统计年鉴）

图 3-22 2015—2019 年接待国外专家学者人数及接待港澳台地区专家学者人数
（数据来源：中国科协统计年鉴）

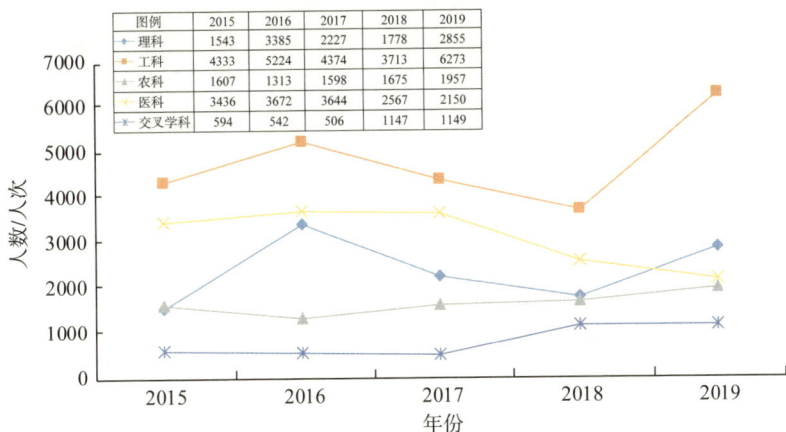

图例	2015	2016	2017	2018	2019
理科	1543	3385	2227	1778	2855
工科	4333	5224	4374	3713	6273
农科	1607	1313	1598	1675	1957
医科	3436	3672	3644	2567	2150
交叉学科	594	542	506	1147	1149

图 3-23 2015—2019 年接待国外专家学者人数
（数据来源：中国科协统计年鉴）

四、科技期刊质量跨越发展

近年来，学会科技期刊健康发展。2016 年中国科技期刊年度百篇优秀论文遴选推介活动首次启动，按照"统筹安排、分类实施，价值导向、综合评价，公平推荐、公正遴选，激励创新、示范引导"的原则，进行论文推荐和遴选工作。2019 年突出改革导向和目标导向，以七部门名义联合启动实施"中国科技期刊卓越行动计划"，按照尖兵突破、梯次培育的原则，以五年为一个周期，对科技期刊发展给予持续专项支持。2019 年中国科协、中宣部、教育部、科技部联合印发《关于深化改革 培育世界一流科技期刊的意见》，为推进世界一流科技期刊建设确立行动纲领和目标任务，成为贯彻落实中央全面深化改革委员会第五次会议精神、推动我国科技期刊改革发展的重要文件。此外，2019 年面向全国 5000 多种科技期刊公开遴选，确定 22 种领军期刊、29 种重点期刊、199 种梯队期刊、30 种高起点新刊，共计 280 种期刊的重点期刊建设目录。坚持一刊一策、精准建设，与入选期刊逐一确定建设目标，逐一制订改革方案。通过强化科技期刊发展导向，分梯次建设优秀科技期刊方阵，通过实施中国科技期刊国际影响力提升计划、登峰行动计划，创新实施中文科技期刊精品建设计划，优化办刊环境，为科技期刊提供目标指引，给予经费支持，并鼓励创新，取得显著成效。

1. 英文学术期刊增长近三成，数量和质量逐年提升

近年来，全国学会主办科技期刊的种类小幅波动，略有下降。如图 3-24 所示，2019 年主办科技期刊共 993 种，相较于 2015 年下降了约 6.05%。2019 年五类学科主办期刊种类数量由多到少排序依次为医科、工科、理科、农科、交叉学科。

学会主办英文期刊数量稳定增长。1978 年以前，全国学会共创办有 12 种英文期刊；1978—1985 年新创刊数量与改革开放前英文期刊总数基本持平；1986—1999 年，全国学会新创办了 27 种英文期刊；2000 年以后，新创办英文期刊的数量大幅增加，尤其是 2012 年以来，学会创办英文学术期刊快速增长，其中 2017 年增长数量最多，之后保持稳定；至 2018 年，学会主办英文

期刊已增长至 154 种，相较于 2015 年增长了 29.41%，增长接近三成，占学会主办全部科技期刊的 14.82%。从学会学科分类来看，理科学会办刊数量最多，共创办英文期刊 66 种，比排名第二的工科学会多 22 种，占比 42.86%；其次是工科学会和医科学会，占比分别为 28.57% 和 21.43%；农科学会和交叉学科学会办刊数量最少，分别创办 9 种和 2 种（图 3-25）。

图例	2015	2016	2017	2018	2019
理科	224	228	227	217	210
工科	367	353	393	351	316
农科	68	51	47	51	53
医科	345	322	365	368	364
交叉学科	53	61	50	52	50
全国学会	1057	1015	1082	1039	993

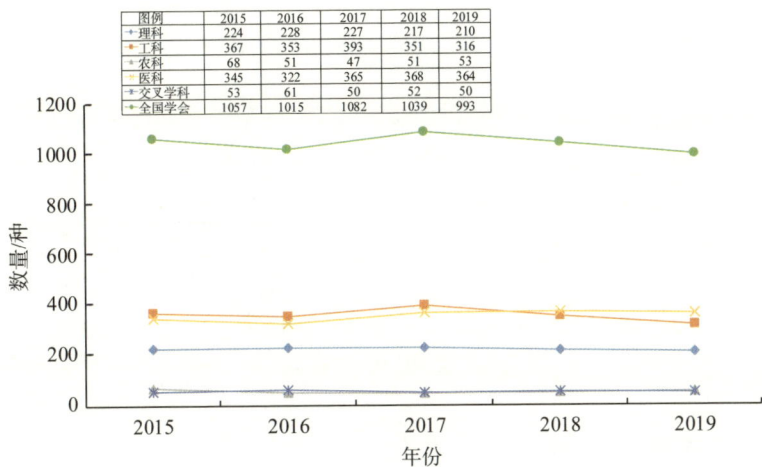

图 3-24 2015—2019 年全国学会及五类学会主办科技期刊变化趋势
（数据来源：中国科协统计年鉴）

图例	2015	2016	2017	2018
理科	64	64	68	66
工科	27	37	46	44
农科	6	7	7	9
医科	20	26	30	33
交叉学科	2	1	2	2
全国学会	119	135	153	154

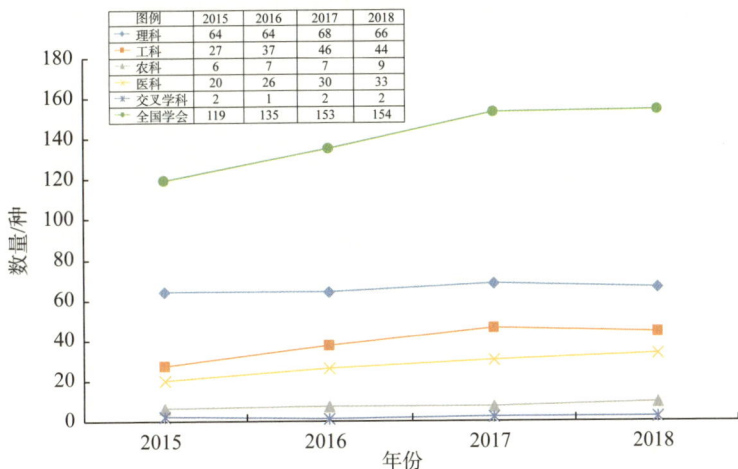

图 3-25 2015—2018 年全国学会及五类学会英文学术期刊变化趋势
（数据来源：中国科协统计年鉴）

相应地，理科类英文期刊发表论文数量也最多，2018 年达到 8186 篇，远超其他类学科，如图 3-26 所示。

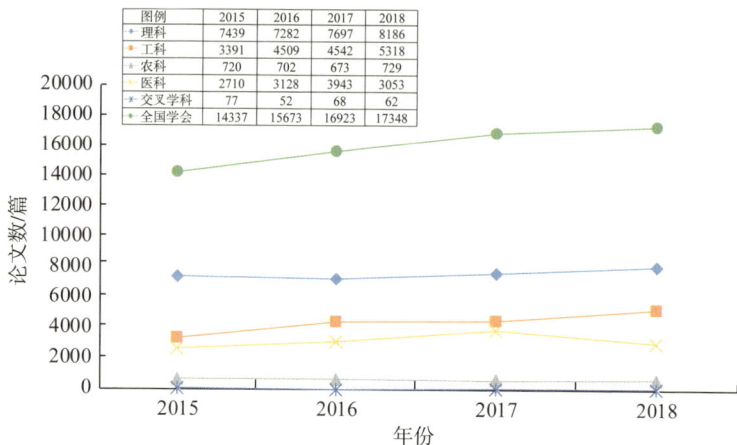

图例	2015	2016	2017	2018
理科	7439	7282	7697	8186
工科	3391	4509	4542	5318
农科	720	702	673	729
医科	2710	3128	3943	3053
交叉学科	77	52	68	62
全国学会	14337	15673	16923	17348

图 3-26 2015—2018 年全国学会及五类学会英文期刊发表论文数变化趋势
（数据来源：中国科协统计年鉴）

截至 2019 年底，由中国相关机构主办并已经取得 CN 号的英文科技期刊共计 359 种，其中全国学会主办约为一半。2019 年，中国科协等七部门联合实施中国科技期刊卓越行动计划，受资助的英文类期刊共计 180 种（其中领军期刊类 22 种，重点期刊类 29 种，梯队期刊类 99 种，高起点新刊类 30 种），其中由全国学会主办的科技期刊占比分别为 27.27%、24.14%、27.27% 和 13.33%，共计 44 种，占入选英文类期刊总数的 24.44%（表 3-1）。从入选期刊的类型来看，全国学会主办期刊在领军类、重点类和梯队类占比较大，在高起点新刊中的占比相对较小。从国际学术影响力来看，在 2020 年科睿唯安发布的期刊引证报告（Journal Citation Reports，JCR）中，由全国学会主办的领军期刊和重点期刊均入选，由全国学会主办的 27 本英文梯队期刊中有 22 本入选，期刊影响因子表现如图 3-27 所示。由图 3-27 可见，全国学会主办英文期刊的影响因子及学科排名表现最好的是领军类期刊，其次为重点期刊，梯队类期刊表现较差。从国际出版模式来看，全国学会主办的英文期刊大多通过与施普林格·自然（Springer Nature）、爱思唯尔（Elsevier）、威立（Wiley）等国际出版平台合作出版，即"借船出海"的模式，实现国际化发展（图 3-28）。

表 3-1 2019 年中国科技期刊卓越行动计划入选英文类期刊情况

	全国学会主办	总数	占比（%）
领军期刊	6	22	27.27
重点期刊	7	29	24.14
梯队期刊	27	99	27.27
高起点新刊	4	30	13.33
总计	44	180	24.44

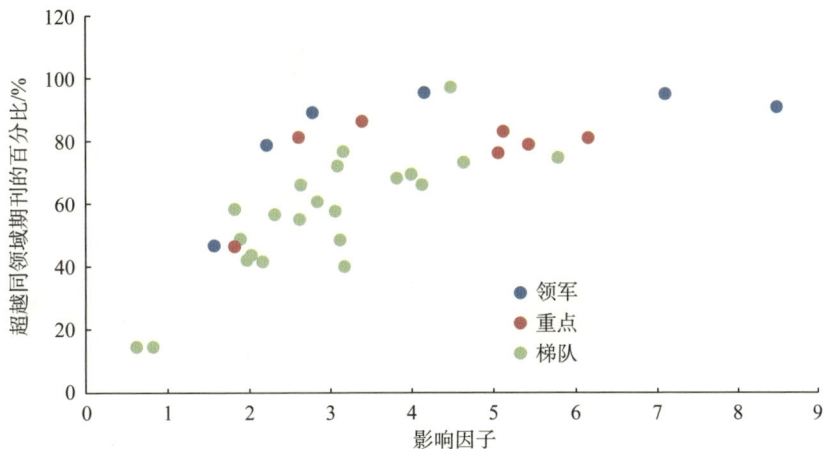

图 3-27 全国学会主办英文期刊影响因子表现

（数据来源：Journal Citation Reports 2020）

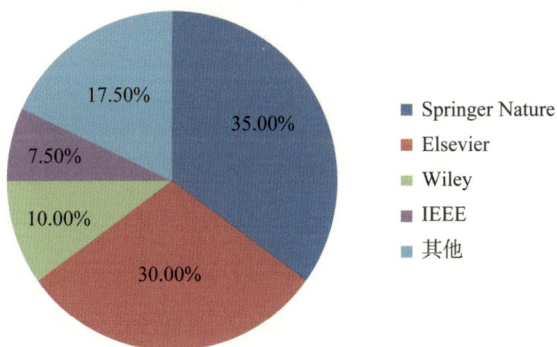

图 3-28 全国学会主办英文期刊国际合作出版平台情况

（数据来源：Journal Citation Reports 2020）

2016 年，科技期刊重大项目支持体系进一步完善继续实施中国科技期刊国际影响力提升计划二期项目。联合财政部、教育部、新闻出版广电总局、中国科学院、中国工程院等 5 部委遴选推出 105 种国际化程度较高、具有较大发展潜力的优秀英文科技期刊，覆盖了国际主流学科和中国在国际上有影响有优势的特色学科，遴选出 20 种新创办期刊，有效填补了我国相关领域英文科技期刊空白。科技期刊的国际化程度不断提升，影响力也大大增强。

2. 期刊数字化、信息化水平提高

2019 年，全国学会主办科技期刊共 993 种，实行开放存取的期刊所占比例将近 20%，比 2016 年增长了 324.64%。作为 ChemRxiv 全球化学领域预印本系统的合作方之一，中国化学会代表定期参加 ChemRxiv 会议，参与战略决策制定。2020 年 ChemRxiv 全球化学领域预印本系统的月投稿量比照 2019 年数量提升 100%，自公开发布以来累计提交超 7000 篇文章。2020 年阅读和下载量单月最高超过 300 万次，累计超过 930 万次。

期刊的信息化建设力度不断提高。如中国电子学会加强《电子学报》和《电子学报（英文）》（*Chinese Journal of Electronics*）两刊能力建设，开展中英文采编系统建设、中英文网站建设和中文智能排版组刊系统建设等工作，强化期刊信息化系统建设；同时变革科技期刊宣传方式，扩大期刊的影响力，吸引作者，增加曝光度，开展邮件推送、网页推送、数据库推广、搜索平台合作等科技期刊宣传推广工作。出版质量和学术影响力整体进一步提升。

3. 集群化、规模化建设成效显著

为了促进产学协同发展，聚合优质资源，创新传播机制，提升科技期刊规模化、集约化办刊水平，推进科技期刊集团化建设，搭建新型传播平台，有效提升我国科技期刊的国际传播力影响力，强化刊群支撑、平台托举，5 家出版单位成为集群化改革试点，对接国际标准启动数字生产、运营、传播平台建设，开展高水平办刊人才选育工作，同步推进科技期刊专业化、数字化、集团化进程。2020 年着力增强数字出版服务能力，对接国际标准，同步推进数字生产运营传播平台建设，引导国内期刊免费试用，不断优化用户体验。积极推进集群化改革，提升刊群规模质量，完善数字资源体系，推进自有平台建设。开发科学出版数据汇交仓储和应用服务平台，加强科学数据资源的规范管理和共享使用。

中国化工学会推进一流科技期刊集群化建设，组织学科引领丛书出版，取得显著成效。一方面推进其主办四个期刊的一流科技期刊建设，实施《化工学报》《化工进展》《中国化学工程学报（英文版）》三刊的卓越行动计划梯队期刊建设项目。另一方面提升分支机构主办《石油化工》等 11 个科技期刊的学术组织力和创新引领力，进一步引导并做精做强一批基础和传统优势领域期刊。

4. 中外期刊同质等效，国际影响力进一步提升

2020 年中国科协推进中外期刊同质等效试点工作，遴选 15 家全国学会试点发布高质量期刊分级目录，对试点成果进行应用推广。联合教育部、科技部等部门，选取若干高校、科研机构试点推进中外期刊同质等效，对国内优秀期刊特别是中文期刊给予充分认可。遴选推介国内科技期刊发表的优秀论文，引导高水平成果在本土期刊集聚。中国仪器仪表学会发挥同行评议功能，筹划建立仪器仪表领域全面、客观反映期刊水平的期刊分级目录。推动高质量中国科技期刊与国外高水平期刊在科技评价中等效使用，吸引高水平论文在中国科技期刊首发，推动我国科技期刊高质量可持续发展。2020 年底已经通过专家推荐和关键词检索筛选出仪器仪表领域相关期刊 50 本。

为了提升期刊国际化水平，促进研究成果的国际交流，为作者和读者提供更好的国际交流平台，同时也便于国外读者阅读浏览，吸引海外作者投稿，中国农业机械学会主办的《农业机械学报》于 2016 年制作了英文网站，自 2016 年第 1 期起，编辑部从每期《农业机械学报》刊发论文中优选约 10.00%，提供英文全文内容。

海外编委比例提高，重视全球推广平台建设。如中国力学学会各期刊编委会海外编委占比均在 50.00% 以上，《力学快报（英文）》（*Theoretical and Applied Mechanics Letters*）的全部文章实施 OA 开放获取模式，多个期刊同国际出版商施普林格合作，进行在线优先（Online First）出版，与 TrendMD 合作，对文章进行全球推广；与 AMiner 开展合作，在全球范围内进行定向推送，成效显著，如《力学学报（英文版）》（*Acta Mechanica Sinica*，AMS）的海外访问量在 2020 年提升了 10.00%。在 2020 年最新公布的影响因子中，AMS 为

1.897，AMM 的为 2.017，AMSS 的为 2.008，尤其是 AMSS 的影响因子具有 33.20% 的涨幅。

中国化学会各主办期刊不断加强稿源建设，优化出版流程，扩展作者读者服务渠道，加大期刊品牌宣传，使期刊国际影响力得到稳步提升。根据科睿唯安发布的期刊引用报告（2019 年），中国化学会主办的 13 种期刊影响因子实现增长，9 种期刊影响因子超过 2.0，5 种期刊影响因子突破 5.0。《催化学报》影响因子持续稳步增长，目前已达 6.146，在国际应用化学、化学工程和物理化学学科中居 Q1 区；《化学学报》达到 2.759，为中文 SCI 期刊之最；与英国皇家化学会合作期刊《无机化学前沿（英文）》（*Inorganic Chemistry Frontiers*）和《有机化学前沿（英文）》（*Organic Chemistry Frontiers*）继续保持高质量高水准的国际刊物水平；"前沿"系列期刊的第三本——《材料化学前沿（英文）》（*Materials Chemistry Frontiers*）首个影响因子即达到 6.788。

期刊集群化、数字化战略在特殊时期发挥了优势。2020 年，因新冠肺炎疫情，学会纷纷搭建科研成果学术交流平台。如中华医学会组建了由钟南山、李兰娟、王辰、张伯礼院士领衔的学术委员会，汇聚了国内近百名一线权威专家，严把学术质量关口，充分利用系列期刊群及数字化出版平台优势，动员所属期刊参与，快速搭建了集中展示国内医学期刊的优秀科研成果的交流平台（中英文），充分发挥了国家级学术交流平台作用，供医学科技人员发布成果、发表观点、参与讨论、开展述评，为新冠肺炎的临床诊治和疫情防控发挥学术支撑和智库支持作用。平台英文版于 4 月 1 日正式上线，向全球各国抗击疫情提供学术支持。截至 2020 年 11 月，平台已上线 124 种期刊的学术论文 1366 篇，英文平台上线 81 种期刊的论文 620 篇，累计阅读量超过 360 万次，最大单篇文献阅读量超过 18 万次。文献国际阅读量占比由疫情前的 7% 升高至 17%。该平台被国家"新冠肺炎疫情防控网上知识中心"收录，被 PubMed、世界卫生组织、世界医学会等多个国外数据库收录，并被爱思唯尔、威科等多家世界知名出版平台纳入资源目录。平台被写入《抗击新冠肺炎疫情的中国行动》白皮书，并在人民网、新华网上宣传报道。

中国自主创办的学术期刊影响因子首次超越 20。中国细胞生物学学会现有 5 本期刊,其中《细胞研究(英文)》(*Cell Research*)于 2019 年入选中国科协期刊卓越行动计划,获得每年 300 万元支持,2019 最新影响因子为20.507,继续领跑亚太地区生命科学学术期刊,是中国自主创办的学术期刊影响因子首次超越 20。

五、科技评价体系创新推进

习近平总书记在全国科技创新大会、两院院士大会、中国科协第九次全国代表大会上指出,"要改革科技评价制度,建立以科技创新质量、贡献、绩效为导向的分类评价体系,正确评价科技创新成果的科学价值、技术价值、经济价值、社会价值、文化价值"。《国家中长期科学和技术发展规划纲要(2006—2020 年)》指出,当前的"科技评价制度不能适应科技发展新形势和政府职能转变的要求",因此,要"改革科技评审与评估制度","完善同行专家评审机制,建立评审专家信用制度,建立国际同行专家参与评议的机制,加强对评审过程的监督,扩大评审活动的公开化程度和被评审人的知情范围"。

科技成果评价是科技成果转移转化的重要环节,从组织体制层面上来讲,由于第三方本身所具有的独立地位,由第三方来承担科技评价职能,能够进一步体现科技评价本身所需要的公正性和客观性;由于科技社团所具有的专业性,在这方面具有充足的优势。从中国科协积极推进全国学会承接政府转移职能工作以来,各学会积极探索,主动展开了多种科技评价工作,并取得良好的进展,充分展示了学会智力密集、客观中立的特点。近 5 年来,全国学会开展国家重点实验室评估、科技政策评估、重大项目评估、科技成果和新产品鉴定评价等科技评价,推进工程教育专业认证和专业技术人员职业资格认定试点工作有序进行,工程师资格认证试点工作充分发挥全国性学会的作用,遵循同行认可、业内认可、社会认可原则,对探索我国专业技术人才评价方式有着重要意义,同时为开创我国工程技术继续教育工作的新局面,促进我国加入工程师国际互认体系奠定基础。《中国科学技术协会专业技术资格认证试点工作行为规范》出台后，认证工作更加规范化。如中国电工技术学会稳步开展电气工程师资格认定工作，主动参与工程能力评价国际互认体系建设，进一步完善工程能力评价工作管理平台建设与运维。

1. 科技成果评价卓有成效

2019 年是中国科学共同体改革向"深水区"推进的一年，以"三评"（项目评审、人才评价、机构评估）改革、反"四唯"（唯论文、唯职称、唯学历、唯奖项）工作为代表的科研管理、科技评价变革正全面且彻底地改写着中国科学共同体的文化生态、精神面貌和价值取向。

第一，科技评价数量可观。中国电机工程学会 2020 年完成科技成果评价 230 项、成果登记 508 项。中国航空学会 2020 年度完成 45 项科技成果鉴定工作。中国航海学会围绕航海领域及经济社会发展中的重要问题，积极开展科技评价工作，2020 年完成 97 项科技成果评价。

第二，科技评价质量高。中国兵工学会通过学会第三方学术社团专家专业、学科交叉和公正公平的优势，组织开展兵器和机械类工程教育认证，以及军工安防与应急相关评估工作，达到以评促建、以评增强的目的，并取得了突出成绩，向 8 个单位颁发了《军工安防与应急设计制造施工维护检测企业能力评价》资质证书，对相关企业进行了复评和重新发证工作；111 人申请"军工安防与应急从业人员水平评价"，经专家组评审，共有 57 人获得相应资格。中国动物学会组织专家对广东长隆集团有限公司完成的"世界珍稀野生动物资源库创建的关键技术与应用"项目进行科技成果评价，发挥了学会专家库的资源优势，体现了学会作为科技社团的第三方科技评价作用。中国金属学会在《冶金工程技术领域科技新进展——基于 2013—2018 年冶金科技成果评价情况的报告》中，对其所评价的 118 项科技成果进行了评估，据不完全统计，以上成果先后获得国家发明奖、国家科技进步奖、冶金科技进步奖及有关省级科技进步奖等共计 72 项，占所评价的科技成果项目总数的 63.7%。这些成果集中反映了我国钢铁行业在绿色化、智能化和高质量发展转型过程中，技术创新发展的脉络、技术发展重点、取得的新科技进展和科技成就。中国地球物理学会 2019 年完成注册地球物理工程师考试、考核答辩，最终 47 人通过，通过率 95.00%；开展职称资格认证（试行）工作，有关专业委员会、地方学会按试行办法开展评审工作，2019 年度会员职称评审评定正高 4 人，副高 5 人，中级 19 人。

2. 科技评价创新工作模式

一是全国学会探索在线评价模式，不断提高科技评价的便捷性。中国电工技术学会推进年度电子信息与电气工程类专业认证工作，开展线上评审、线上入校工作。年内收到认证专业申请 374 个，受理专业认证 235 个，受理数量比 2019 年增长 54%。中国公路学会 2020 年采取线上线下相结合的方式，不间断地开展成果评价工作，全年共完成科技成果评价 225 项。

在疫情防控形势下，中国化工学会结合工作实际，按照上级的要求和部署，积极调整工作方式，确保疫情防控和业务工作"两手抓、两不误"，采取远程视频、同城会议等形式积极开展科技成果评价工作。2020 年 5 月，中国化工学会在北京 - 上海（视频）主持召开了中国石化上海石油化工研究院完成的"超薄层状分子筛材料创制及低苯烯比乙苯催化剂工业应用"项目科技成果评价会；在北京 - 青岛（视频）主持召开了中国石化青岛安全工程研究院与南京工业大学合作研发的"微通道尺度效应作用下传递 - 反应机制研究及本质安全化调控"科技成果评价会；在北京 - 大连（视频）主持召开了中国石油化工股份有限公司大连石油化工研究院研发的"低硫船用燃料油优化调合技术开发及应用"科技成果评价会，均取得了良好成效。

二是不断拓展和丰富科技评价的内容。从承担评价人才、成果为主向评价机构、项目延伸，有的甚至从承担第三方评价拓展到承担第四方评估工作。随着改革的推进，一些学会由于在科技评价中的良好表现，其学术地位得到政府和社会的认同，开始接受委托，开展针对第三方评价质量的评估工作。例如，中国药学会受国家药监局科标司委托，开展了针对监管科学项目的科技评估工作。

3. 会员感知学会的科技评价方式变化较大

科技部印发《关于破除科技评价中"唯论文"不良导向的若干措施（试行）》的通知，对学会转变工作模式，提升评价质量提供了方向性指导。一些学会秉承服务宗旨，转变工作机制，不断改革评价方式。根据中国科协学会服务中心委托课题组 2020 年全国学会个人会员问卷调查，有 12.64% 的会员认为学会的科技评价与五年前相比变化非常大，有 24.17% 认为变化较大，有 34.12% 认为有些变化，认为没有变化或变化不大的仅占比 29.18%（图 3-29）。

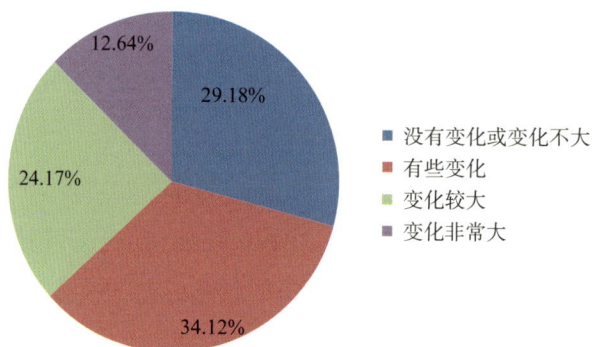

图 3-29 会员科技成果评价变化情况
（数据来源：2020 年学会个人会员问卷调查）

一些学会还积极帮助会员提高参评项目的质量和水平。例如，近年来石化和化工产业发展迅速，科研机构、高等院校、企事业单位向中国化工学会咨询和申请科技成果评价、申报中国化工学会项目数量不断增加。中国化工学会举办"中国化工学会科技成果评价、奖励申报指导专题培训班"，邀请有关专家详细介绍和解读，进一步帮助有关单位深入发掘本单位科技创新及所承担工程项目中的亮点、创新点，规范申报材料撰写，提高申报材料编写质量，提供有效的证明材料，更好地了解项目评审流程和评分指标等，更好地为科技工作者服务。

六、人才服务工作广泛开展

1. 继续教育培训结业人数增长超过两成

与 2015 年相比，近五年全国学会虽然举办继续教育培训场次数量有所减少，2019 年达到了 1982 场次，未达到 2015 年水平（图 3-30）。但是培训规模总体呈现上升趋势，培训结业人数在经过 2017 年的拐点之后开始回升，到 2019 年已经超过 2015 年水平，达到 46.11 万人次，涨幅为 22.61%。

这与学会对人才发展的重视及日渐多样化的继续教育培训形式密不可分。全国学会开展的继续教育模式，除通过举办专业技能培训班、研修班、讲座、论坛、研讨等形式进行面授教学外，在创新现代化继续教育模式方面进行了进一步的尝试，建设了专门的继续教育网站，采取在线教育、网络课程等新形式进行教学，在线教育能容纳更多的学员，投入产出比大大增加。新冠肺炎疫情期间，学会创新继续教育模式，开展线上教学。中华护理学会已实现培训项目在线报名、审核、缴费、发票、在线观看视频及管理评价等功能，PC端和移动端同步观看视频，保障了全年百万人次在线学习网络顺畅。中华口腔医学会将继续医学教育重心转到线上教学，推出免费口腔继续医学教育"云课堂"和"云讲坛"，显著提升广大口腔医务工者的临床诊断能力和操作技能，为复工复产做好知识和技能储备。2020 年 3 月中华口腔医学会与美国哈佛大学 Forsyth 研究院合作，请防疫专家讲述"特殊时期——如何做好口腔防护和感染防控"，首播成功，约 1.1 万人次在线观看。中国人工智能学会以线上直播课程的形式举办了第六期全国高校《人工智能导论》师资培训班，吸引了超过 31 万人次的观众在线观看。

图 3-30 2015—2019 年继续教育培训班场次及人数
（数据来源：中国科协统计年鉴）

　　2015 至 2019 年五类学会在继续教育培训场次数量上有所波动，但波动不大（图 3-31）。对比五类学会，医科学会及工科学会相较于其他三类学会的培训场次较多，从五年发展趋势来看，农科及交叉学科的总体波动不大，理科及医科的培训场次数量有所下降。其中，理科学会 2019 年继续教育培训班次相较于 2015 年下降了 49.36%，医科学会 2019 年相较于 2015 年则下降了20.28%，工科学会在经历下降后于 2017 年开始回升。

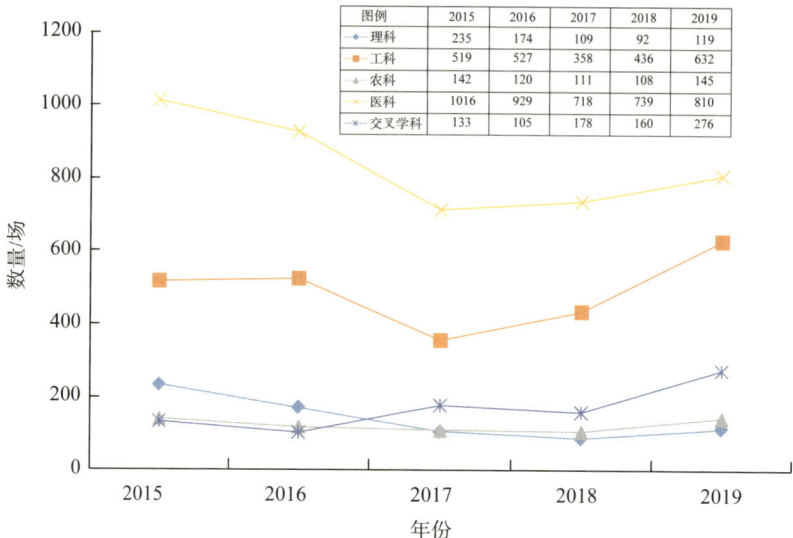

图例	2015	2016	2017	2018	2019
理科	235	174	109	92	119
工科	519	527	358	436	632
农科	142	120	111	108	145
医科	1016	929	718	739	810
交叉学科	133	105	178	160	276

图 3-31 2015—2019 年继续教育(培训)班
（数据来源：中国科协统计年鉴）

在五类学会继续教育培训人次上，医科学会培训人次远高于其他四类学会，其 2019 年培训人次约为培训人次最少的理科学会的 18.84 倍（图 3-32）。从五年发展趋势来看，医科学会培训人次波动较大，2017 较 2015 年间下降了25.49%，2019 相较于 2017 年则增长了 51.06%，农科及理科的总体波动不大，交叉学科 2015 至 2019 年间培训人次上涨 96.95%，而工科学会在降至最低点后于 2017 年培训人次开始持续回升，2019 年相较于 2015 年增长了 22.56%。

图例	2015	2016	2017	2018	2019
理科	13775	15265	10680	19300	14450
工科	70904	66519	41289	49114	86900
农科	13068	14262	14049	13801	16037
医科	241927	197405	180262	229103	272304
交叉学科	36267	31096	27053	30479	71429

图 3-32 2015—2019 年继续教育(培训)人数
（数据来源：中国科协统计年鉴）

2. 青年人才培养的对象开始延伸至研究生和大学生

近五年来，一些全国学会更加重视对学生会员的发展和服务工作，同时也采取有效措施积极培养在校的大学生。中国复合材料学会后备青年人才培育工作已下沉至研究生与大学生群体。2020年，学会与山东产研先进材料研究院合作，筹措专项经费，设立先进材料研究生创新争先专项，发掘研究生具有产业化价值的创新创意、成果，入选后可在山东产研先进材料研究院等平台进行快速孵化。面向大学生群体，学会于2019年起将复合材料研究生学术峰会与会员单位组织的中国大学生高性能复合材料科技创新竞赛合并，在全国范围内开展"光威杯"大学生科技创新竞赛活动。2020年第五届赛事吸引了来自77所高校的205支队伍参赛，参与人员2000余人。竞赛品牌获得相关高校的高度关注与支持，成为具有广泛影响力的专业领域全国性赛事，有效激发了材料、化学、力学等复合材料相关学科领域大学生的兴趣和潜能，提高了参赛大学生的综合素质、创新思维、实践能力与团队协作意识。

3. 人才举荐渠道逐年增多

全国学会充分发挥学术共同体的同行评价作用，积极向国内外重要奖项、重大工程推荐优秀人才，坚持在创新实践中凝聚人才、发现人才、举荐人才、培养人才，成为人才举荐的重要通道，发挥着不可替代的作用。近年来，全国学会人才举荐人数、渠道虽然有所波动，但总体上保持稳定，向省部级（含）以上科技奖项推荐项目数虽然在2017年骤降，下降率达37.30%，但又在2018年迅速回升（图3-33）。

图3-33 2016—2019年向省部级(含)以上科技奖项、人才计划(工程)举荐人才数及科技奖项推荐项目数
（数据来源：中国科协统计年鉴）

根据中央关于改进和完善院士制度的工作部署和要求，中国科协制定了《中国科协推荐（提名）院士候选人工作实施办法（试行）》，自 2015 年起实施。有条件的全国学会负责组织本学科（专业）领域的中国科学院院士和中国工程院院士候选人推选工作。2018 年学会共举荐院士 22 人（图 3-34），其中理科学会举荐院士数量最多，达 15 人，占总数的 68.18%。

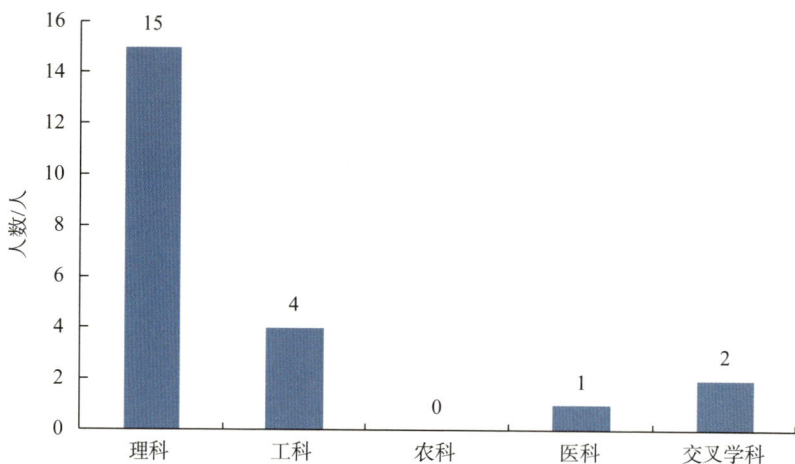

图 3-34 2018 年举荐院士人数
（数据来源：中国科协统计年鉴）

青年人才托举工程补齐青年科技人才扶持的结构短板。2014 年 12 月，中国科协办公厅下发《中国科协关于实施学会创新和服务能力提升工程的意见》，明确提出设立"青年人才托举工程"。2016 年 5 月出台《中国科协贯彻落实〈关于深化人才发展体制机制改革的意见〉的实施方案》，采用以奖代补、稳定支持的方式，连续三年共资助 45 万元，大力扶持有较大创新能力和发展潜力的 32 岁以下青年科技人才，帮助他们在创造力黄金时期做出突出业绩，成长为国家主要科技领域高层次领军人才和高水平创新团队的重要后备力量。截至 2020 年，项目已执行五届。这对加强青年人才培养举荐，帮助青年科技人才在创造力黄金时期做出突出业绩，使之成长为品德优秀、专业能力出类拔萃、社会责任感强、综合素质全面、具有国际视野的学术技术带头人，成为国家主要科技领域高层次领军人才和高水平创新团队的重要后备力量，提升我国的科技实力至关重要。中国兵工学会推荐的 9 位青年科技工作者入选中国科协第五届青年人才托举工程。2017 年，中国抗癌协会推荐的 2 名候选人均入围获得中国科协青年人才托举工程项目资助，帮助其成为肿瘤领域高层次领军人才，此外，协会还作为两院院士推选单位向中国科协推荐 3 名院士推选人，推荐 2 名第 15 届中国青年科技奖候选人。

中国岩石力学工程学会建立了全方位、全年龄段覆盖的人才强会体系，如图 3-35 所示。为了更好地完成青年托举工程质量，中国岩石力学与工程学会开发青托项目评审系统，拓展学会官网青托宣传平台，发起并策划"青岩学术沙龙"系列视频讲座，2020 年，成功推荐 10 人入选第五届中国科协青年人才托举工程项目。

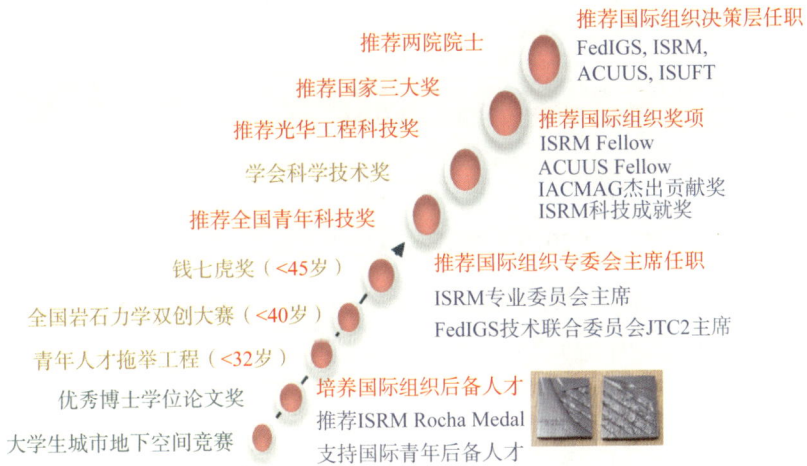

图 3-35 中国岩石力学与工程学会人才强会体系

在五类学会省部级（含）以上科技奖项、人才计划（工程）举荐人才数上，五类学会对比来看，工科学会举荐人才数量最多，2019 年约占全国总数的 42.04%（图 3-36）。从发展趋势来看，2015 至 2019 年间工科及医科数量有所下降，其中工科下降 8.01%，医科下降 41.95%，理科、农科和交叉学科总体上保持增长趋势。

学会人才举荐质量较高。中国力学学会在 2015 年启动第一届青年人才托举项目，为有志于从事力学科研的青年人才铺设了一条成长的快车道，在遴选出来的 25 位学会青年托举项目受助者中，已有 5 人获得国家自然科学基金委员会优秀青年基金项目，有1人斩获2019年"科学探索奖"和MIT中国区"35岁以下科技创新35人"奖项，在国内力学界树立了良好口碑。

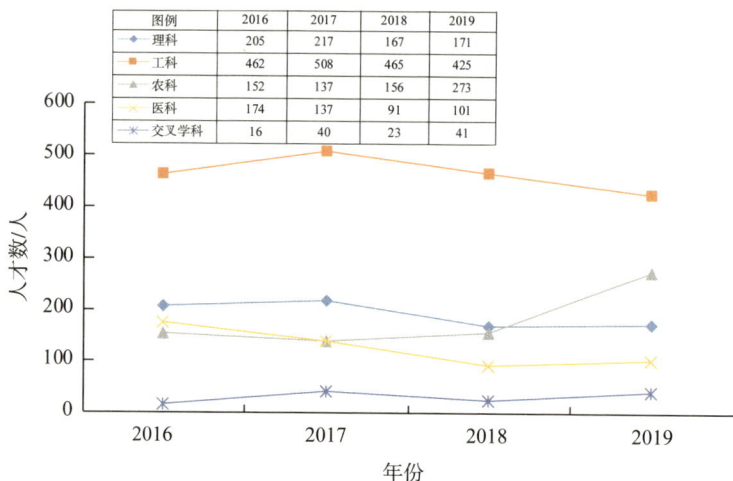

图例	2016	2017	2018	2019
理科	205	217	167	171
工科	462	508	465	425
农科	152	137	156	273
医科	174	137	91	101
交叉学科	16	40	23	41

图 3-36 2016—2019 年五类学会向省部级(含)以上科技奖项、人才计划(工程)举荐人才数
（数据来源：中国科协统计年鉴）

在五类学会向省部级（含）以上科技奖项推荐项目数上，工科学会推荐项目数量最多(图3-37)，其2019年推荐数量约为推荐最少的交叉学科学会的9.88倍。从发展趋势来看，工科波动较大，理科、农科、交叉学会总体为上升趋势，医科推荐项目数则呈下降趋势。

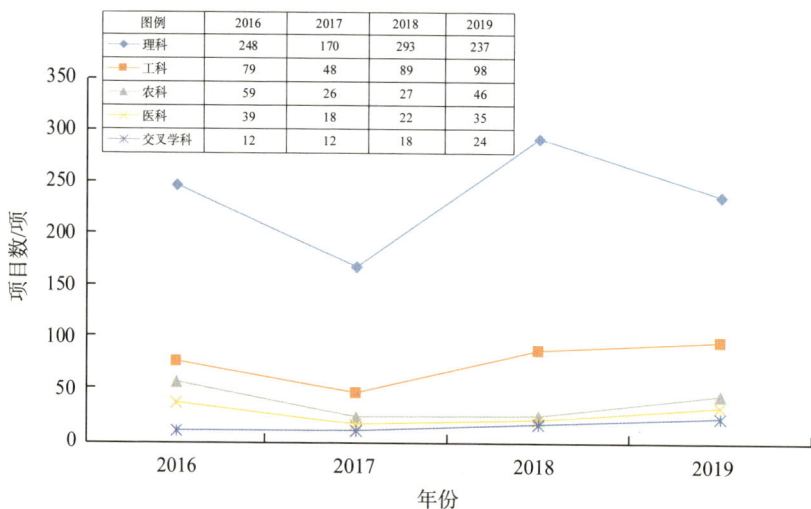

图例	2016	2017	2018	2019
理科	248	170	293	237
工科	79	48	89	98
农科	59	26	27	46
医科	39	18	22	35
交叉学科	12	12	18	24

图 3-37 2016—2019 年向省部级(含)以上科技奖项推荐项目数
（数据来源：中国科协统计年鉴）

4. 针对科技人员的设奖数量总体上升

学会设立的科技奖励是我国科技奖励体系的重要组成部分。中国科协2019 年度事业发展统计公报显示，2019 年全国学会设奖 391 项，表彰奖励科技工作者9.1 万人次，其中女性科技工作者2.5 万人次，45 岁以下科技工作者4.8万人次。2019 年学会所设科技奖项数量比 2016 年增长了约33.45%（图3-38）。中国生物医学工程学会为发挥激励科技创新作用，探索具有学会特色的评奖办法，根据九届六次常务理事会精神，设立了"中国生物医学工程学会学术奖"，包括中国生物医学工程学会"终身成就奖""杰出贡献奖"及"青年学者奖"等奖项。

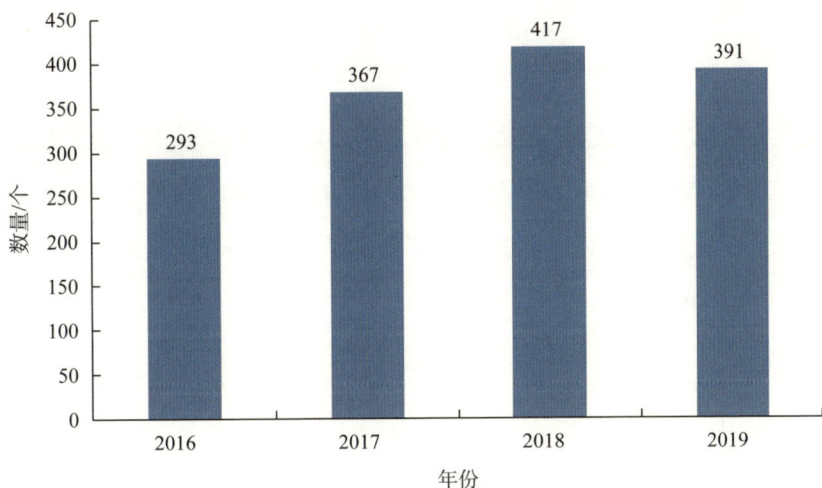

图 3-38 2016—2019 年全国学会所设科技奖项数量
（数据来源：中国科协 2015—2019 年度事业发展统计公报）

2015—2019 年，每年获得表彰奖励的科技工作者数量小幅度下降，40岁以下的科技工作者获奖数量总体上升（图3-39）。2019 年表彰奖励人数为26920 人（其中女性获奖占比 22.99%，40 岁以下科技工作者获奖占比48.28%），比 2015 年减少了1305 人，但是止住了连续 2 年的下降态势，相比 2018 年上升了9.10%。获得表彰奖励的40 岁以下科技工作者虽然波动较大，并在 2017 年数量有所下降，但随后获表彰人数逐年增加，呈明显上升趋势，这说明学会奖励在向中青年科技工作者逐步倾斜。

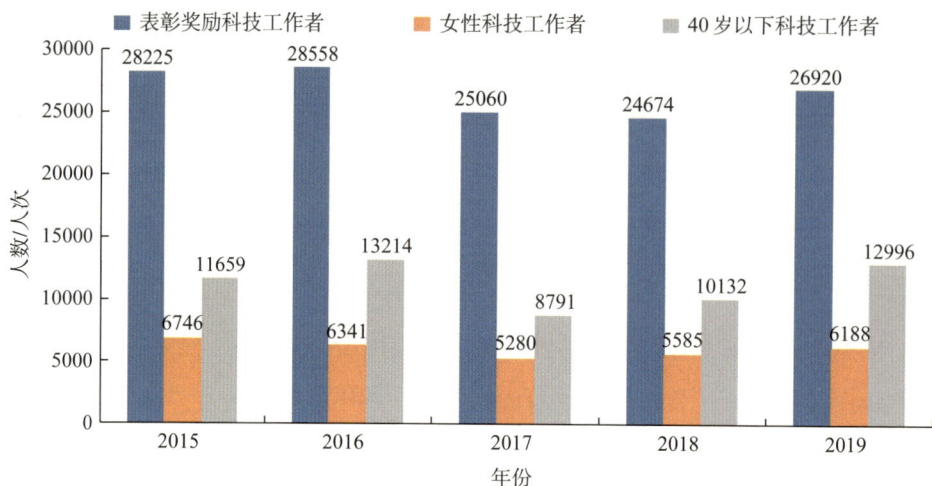

图 3-39 2015—2019 年表彰奖励科技工作者及女性、40 岁以下科技工作者人数
（数据来源：中国科协统计年鉴，其中 2019 年为 45 岁以下）

在表彰奖励科技工作者、女性科技工作者以及 40 岁以下科技工作者的人数方面，工科学会领先于其他四类学会。2019 年，工科学会受表彰科技工作者、女性科技工作者及 40 岁以下科技工作者分别是交叉学科的 20.58 倍、18.37 倍、23.34 倍（图 3-40—图 3-42）。

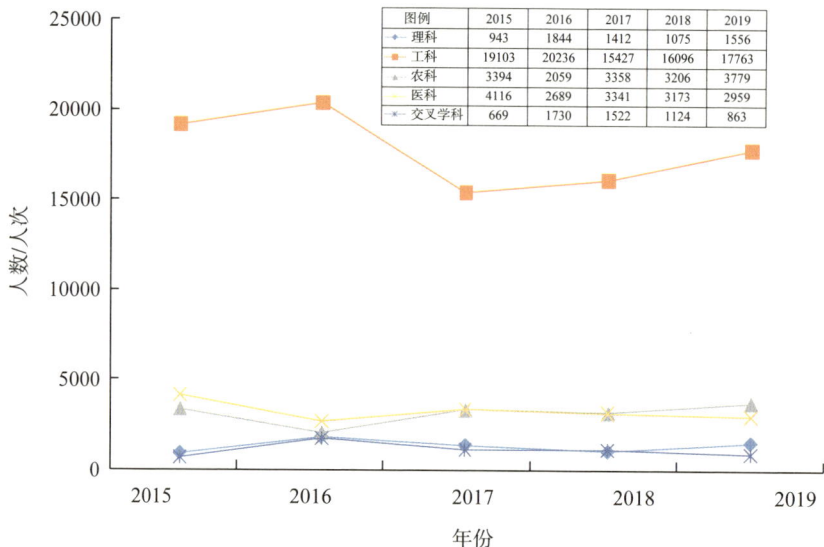

图例	2015	2016	2017	2018	2019
理科	943	1844	1412	1075	1556
工科	19103	20236	15427	16096	17763
农科	3394	2059	3358	3206	3779
医科	4116	2689	3341	3173	2959
交叉学科	669	1730	1522	1124	863

图 3-40 2015—2019 年表彰奖励科技工作者
（数据来源：中国科协统计年鉴）

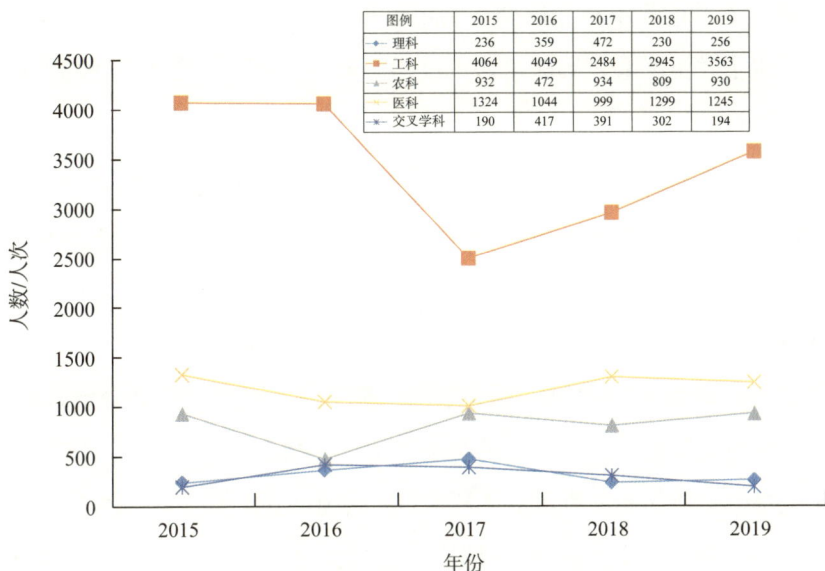

图例	2015	2016	2017	2018	2019
理科	236	359	472	230	256
工科	4064	4049	2484	2945	3563
农科	932	472	934	809	930
医科	1324	1044	999	1299	1245
交叉学科	190	417	391	302	194

图 3-41 2015—2019 年表彰奖励女性科技工作者
（数据来源：中国科协统计年鉴）

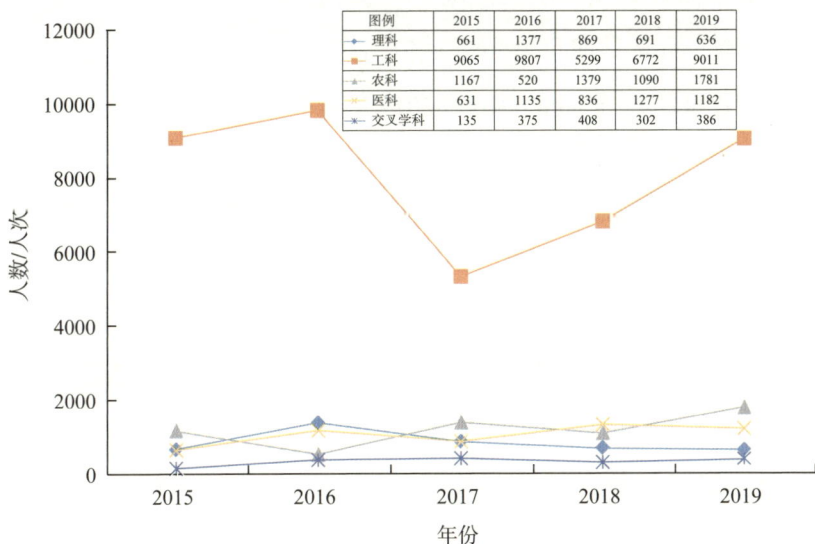

图例	2015	2016	2017	2018	2019
理科	661	1377	869	691	636
工科	9065	9807	5299	6772	9011
农科	1167	520	1379	1090	1781
医科	631	1135	836	1277	1182
交叉学科	135	375	408	302	386

图 3-42 2015—2019 年表彰奖励 40 岁以下科技工作者人数
（数据来源：中国科协统计年鉴，其中 2019 年为 45 岁以下）

5. 学会奖励的权威性、专业性逐步显现

多数全国学会的评奖组织机构与机制健全，展现出一定的公信力。例如，中国水利学会设立"大禹奖"，2020 年完成了大禹奖奖励委员会换届，健全了组织机构，增设监督委员会、仲裁委员会。完善制度体系，修订大禹奖奖励

办法，确立了评审改革制度依据；制定评审细则、各项工作规则等 10 项工作制度，强化了政策配套，确保了评审过程的公平、公正、公开，获得科技工作者的一致好评。

学会积极建立多种形式和层次的奖励设置，表现出多元化和系统性。如中国自动化学会全面启用奖励申报系统，首次采取会评（现场答辩）方式。组织评选 2020 年度 CAA 青年科学家奖、CAA 科学技术奖、CAA 优秀博士学位论文奖、CAA 自动化与人工智能创新团队奖，最终表彰成果奖 30 项、人物奖 22 位、团队奖 3 个。许多学会均建立了 5 个以上的奖项。据统计，2018—2020 年，各全国学会科技奖励等相关奖项数呈逐年上升趋势。

一大批学会的表彰奖励确立了权威性和专业性的地位。中国生物医学工程学会设立的"黄家驷生物医学工程奖"已成功举办三届，实现了本领域最高科技奖励的突破。学会制定了不同于政府奖励、具有学会特色的章程与评审办法，激励本领域科技工作者开展原创性科学和技术研究，并取得突破性成果。2015—2019 年三届评奖期间，参与申报的学者累计达 400 余人，共申报 56 项。2014—2015 年度（首届）和 2016—2017 年度（第 2 届）"黄家驷生物医学工程奖"一等奖获得者李路明教授和程京院士带领的团队，所获奖项目分别荣获 2018 年国家科学技术进步奖一等奖和国家技术发明奖二等奖，充分彰显了学会学术奖励平台向国家举荐顶尖人才和项目的精准性及权威性，扩大了学会的影响力及公信力。中国抗癌协会科技奖是我国肿瘤医学领域唯一的社会力量设奖，2020 年度，评选获奖项目 15 项中有 12 项获得国家科技进步奖（其中一等奖 1 项，二等奖 11 项）。

充分利用现有的备案政策逐步扩大奖励范围。由于关于社会组织评比表彰达标政策限制，学会设置奖项需要履行一定程序进入国家奖励办奖励目录方可评奖。因此，各学会纷纷规范奖励流程，遵循政策规定，积极实施奖项备案。如中国复合材料学会于 2019 年设立中国复合材料学会科学技术奖，积极向科技部奖励办申请社会力量设立奖项备案。该奖项定位为学会最高水平的奖项，代表了国内复合材料领域最新学术与应用水平，标志着学会具有了垂直对标国家科技奖的奖项，对于复合材料学科发展具有重要意义。中国茶叶学会将原有的《中国茶叶学会科学技术奖奖励办法》《中国茶叶学会青年科技奖评选办法》《中国茶叶学会优秀茶叶科技工作者评选表彰办法》《中国茶叶学会优秀女茶叶科技工作者评选表彰办法》《中国茶叶学会陆羽奖评选办法》进行整合，形成总的奖励章程——《中国茶叶学会科学技术奖奖励章程》，并修订各个子奖项的实施细则，规范奖励制度，经常务理事会审议通过，提交"国家科学技术奖励工作办公室"备案，作为今后学会评奖的依据。

6. 人才宣传工作得到学会的重视

近年来，各学会更加重视针对会员中先进人物的宣传，不断弘扬科学家精神，激励科技工作者投身建设科技强国的伟大事业。2018年，学会利用中央媒体宣传科技工作者2909人次，省级媒体宣传科技工作者5047人次，电视宣传科技工作者456人次，纸质媒体宣传科技工作者7558人次，网络与新媒体宣传科技工作者17244人次。2019年全国学会通过媒体宣传科技工作者共计23719人次。

各学会根据自己特点，通过多种形式开展活动，宣传优秀案例。中国核学会党委组织实施"院士专家党建行"活动，近年来先后联系核领域30名院士，面向全国二十多个省市自治区的政府、企业、学校、社区举办"两弹一星，科学精神"传承讲座100余场，李冠兴、杜祥琬、钱绍钧等院士的报告深受欢迎，累计3000余名核科技工作者和50000余人次社会各界人士参加报告会，有效凝聚起核领域高知识群体。一大批中青年核科技工作者在"两弹一星"精神的影响下，将自己的理想与祖国的需要相结合，为我国核事业的发展做出贡献。

加强宣传工作，有利于弘扬正气，振奋精神，激励广大科技工作者进一步做好新时代科技志愿服务工作，也有利于扩大学会的社会影响力。如中国药学会在2020年5月30日第四个"全国科技工作者日"主场活动中通报表扬评选出的"优秀科技志愿服务队"和"优秀科技志愿者"，将其典型事迹通过学会官方网站、微博、微信等平台扩大宣传，发挥优秀典型的示范引领效应。

七、科学道德和学风建设工作得到强化

自中国科协、教育部2011年起联合开展科学道德和学风建设宣讲教育活

动以来，各全国学会在宣传科技工作者最新科研成果、普及科学知识的同时，开始更加重视加强科学道德和学风的宣传引导，大力宣传科技工作者胸怀祖国、淡泊名利、开拓创新、团结协作的科学家精神，引导广大科技工作者践行学术道德规范，营造良好科研生态和舆论氛围。

1. 科学道德和学风建设的机制日渐完善

（1）建立科学道德宣讲教育长效机制

全国学会积极贯彻落实中国科协关于科学道德和学风建设宣讲教育活动的要求，积极参与组织宣讲科学精神、科学道德、科学伦理和科学规范，逐渐摸索形成了一系列规范性文件和一整套卓有成效的工作制度。五年来，全国学会以"全覆盖、制度化、重实效"为目标要求，主动面向广大研究生、高年级本科生、新入职教师和青年科技工作者，在全国范围内广泛开展科学道德和学风建设宣讲教育活动，着重引导广大科技工作者强化诚信意识和社会责任，正确行使学术权力，自觉抵制学术不端行为。如中国农业工程学会开展了学会"院士专家校园行"活动，服务学风道德建设；中国生物医学工程学会启动了与教育部生物医学工程教学指导委员会、高校生物医学工程院系、科研院所等单位联合开展生物医学工程学术道德、学术诚信和学风建设宣讲系列活动。一大批全国学会建立健全了科学道德和学风建设宣传的制度。

（2）探索惩戒学术不端的工作机制

全国学会注重不断加强学风建设和科研诚信管理，健全学术不端惩戒机制。

第一，加强组织建设。2020年6月，中国计算机学会成立了计算机伦理和职业道德委员会，委员会实行双主席制，由来自计算领域和哲学领域的专家担任。委员会围绕建立职业伦理与学术道德委员会的意义，委员会的宗旨与近期工作目标，信息伦理与工程师的职业伦理，构建稳健敏捷的人工智能伦理与治理框架，和大学计算机类专业开展伦理教学的实践分享等进行探讨，规划了3个层次的工作。一是通过聚焦计算机信息技术伦理领域重要且带有争议性的问题，对其梳理并探讨，产出报告，引导社会对IT行业伦理方面更关注，同时吸引更多感兴趣的人士加入，推动进一步的深入研究。二是广泛收集行业内涉及职业伦理的相关案例，深入讨论，产出基于实际案例的"行业规范"。三是关注普及与教育，研究关于计算机伦理学相关的课程，争取产出课程设计建议性指南。

第二，建立诚信档案。中国电机工程学会探索建立学会诚信档案制度，将学术规范和学术道德内化为自身科学活动的行为准则及价值取向，营造良好的学术风气和创新氛围。

第三，制定学术行为规范。中华中医药学会通过专家论证，基本确立了《中华中医药学会学术行为规范》内容，围绕中医药学术道德规范体系建设专门组织召开学风道德建设专家座谈会；中国力学学会理事会从期刊管理、学风建设、发展规划、质量管理等方面建立了完善的管理体系和工作制度，规范学术作风。

2. 弘扬科学家精神宣传活动的规模不断增加

为激励和引导广大科技工作者追求真理、勇攀高峰，树立科技界广泛认可、共同遵循的价值理念，加快培育促进科技事业健康发展的强大精神动力，在全社会营造尊重科学、尊重人才的良好氛围，全国学会落实《关于进一步弘扬科学家精神 加强作风和学风建设的意见》文件精神，积极弘扬科学家精神。

（1）科学道德与学风建设活动次数和受众人数成倍增长

2015—2019年全国学会共举办科学道德和学风建设活动977场次，受众人数逾29.4万人（图3-43），2015—2019年我国科学道德与学风建设开展活动次数、受众人数以及参加宣讲专家人数总体都呈增长趋势。特别是2019年，较以往四年有了较大数量的增长，宣讲场次达到299场，比2015年增加了1倍多，受众人数达10.1万人次，是2015年的2倍多。通过积极倡导、持续推进学风建设活动，增加活动人次与专家数量，多措并举维护学术尊严，多策并用引领学术风范，进一步弘扬科学家精神，持续提升宣教效果，有力推动了我国学术生态的进一步优化。

（2）工科学会科学道德与学风建设宣讲活动开展活跃

在五类不同学科类型的学会科学道德与学风建设宣讲活动场次上，从五类学会对比来看，工科学会宣讲活动最多，2019年其活动场次约为理科学会的10.2倍（图3-44）。从发展趋势来看，五类学科在2018至2019期间均有了较大增长。工科学会、交叉学科学会总体上呈上升趋势，宣讲活动场次 2019 年较 2015 年分别增长了 206.00%、340.00%。其他三类学科总体发展较为稳定，波动不大。

图 3-43 2015—2019 年科学道德与学风建设宣讲活动场次及人数
（数据来源：中国科协统计年鉴）

图例	2015	2016	2017	2018	2019
理科	10	19	10	15	15
工科	50	159	101	70	153
农科	17	31	17	17	28
医科	46	38	13	21	37
交叉学科	15	14	8	7	66

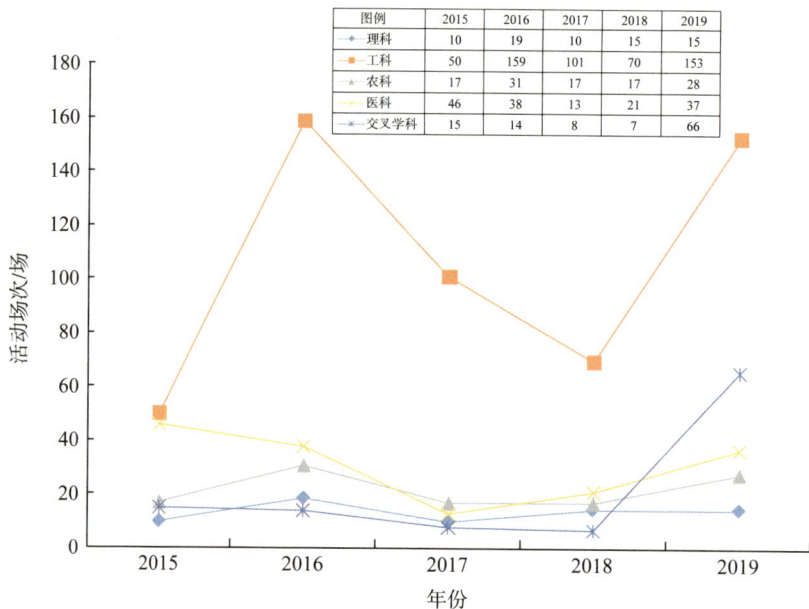

图 3-44 2015—2019 五类学会科学道德与学风建设宣讲活动场次
（数据来源：中国科协统计年鉴）

（3）参加宣传的专家数量增长近 6 倍

根据科协统计年鉴，2015 年至 2018 年，科学道德与学风建设参加宣讲专家人数激增（图 3-45），2018 年比 2015 年增加了 597.15%，显示出科学道德和学风建设的力度以及专家参与的积极性。

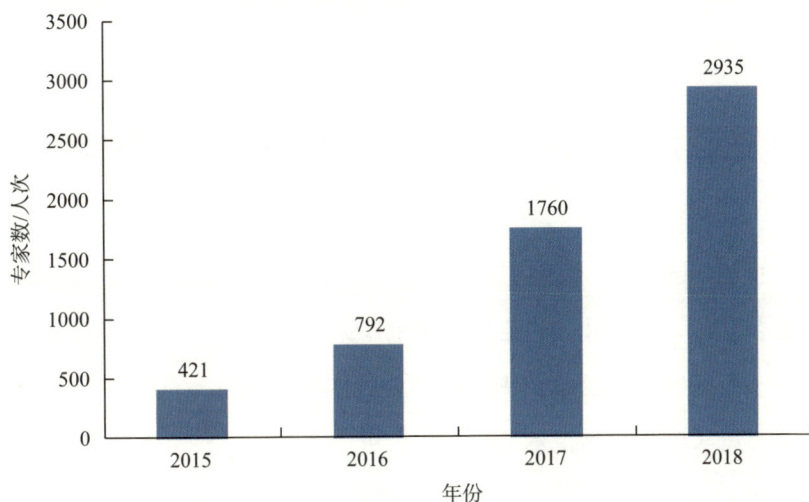

图 3-45 2015—2018 年参加科学道德与学风建设宣讲专家数
（数据来源：中国科协统计年鉴）

（4）行动与倡议并举

2020 年 4 月，中国岩石力学与工程学会党委发布《关于进一步弘扬科学家精神加强作风和学风建设倡议书》，引导广大岩石力学与工程科技工作者践行社会主义核心价值观，大力弘扬科学家精神，加强学术诚信和学风建设，不断激发创新发展活力，服务国家重大工程，助力川藏铁路建设，争做高尚品德的模范、良好科研作风和学风的标兵。学会走进校园，举行"关于加强科研诚信作风学风建设宣讲会暨 RFPA 数值实验辅助教学改革进百校"网络视频会议，来自清华大学、武汉大学、中国矿业大学、大连理工大学、昆明理工大学、成都理工大学等高校与科研院所的代表共计 1039 人参加会议。学会党委举办"弘扬科学家精神，加强作风和学风建设"专题讲座，学会监事长、国家最高科技奖获得者钱七虎院士主讲，观众超过 20 万人次。此外，学会还编写了岩石力学老科学家的"爱国奋斗精神"读本。中国通信学会、中华医学会等一批学会向广大科技工作者发布《关于弘扬科学家精神加强作风和学风建设的倡议书》。

第四章　服务科技与经济社会融合

当今世界，随着新一轮科技革命和产业变革持续推动，科技与经济、社会的融合逐步加深，科技社团也正以一种前所未有的姿态融入国家经济建设主战场和国家及社会治理体系。2016 年 6 月 1 日中国科学技术协会第九次全国代表大会通过的《中国科学技术协会章程》进一步明确了科协为科学技术工作者服务、为创新驱动发展服务、为提高全民科学素质服务、为党和政府科学决策服务的职责定位。其中为创新驱动发展服务就是要服务科技与经济社会的融合发展。近五年来，全国学会在科技成果转化、技术咨询、标准建设及公益参与等四个方面展现了学会服务科技与经济社会融合的可喜成绩。特别是 2020 年新冠肺炎疫情发生以来，各全国学会积极投身防疫抗疫斗争，取得了良好的成绩，充分展示了我国科技共同体的良好形象。

一、发挥智力和专业优势积极服务疫情防控和复工复产

在疫情防控中，全国学会充分发挥专业优势，在疫情知识信息的科普宣传以及复工复产过程中积极发挥服务作用。

第一，学会积极发挥网络中心结点的优势，发布传播疫情防控的知识信息。如中国微米纳米技术学会联合东方象科技信息（北京）有限公司根据疫情情况共同发起主题为"科技赋能、共克时艰"防疫公益线上讲座，吸引了来自高校、企业、科研院所等不同领域的 100 多人共同参与；中国煤炭学会官方平台发布"新型冠状病毒传播及防护系列科普讲座——口罩分类与中低风险人群呼吸防护"，帮助人们科学地认识病毒，科学地防控疫情。中华预防医学会联合中国演出行业协会网络表演（直播）分会，邀请中华预防医学会职业病专业委

员会主任委员、中国疾病预防控制中心职业卫生与中毒控制所副所长孙承业研究员,在淘宝、快手、抖音、爱奇艺、腾讯等30余家平台同步直播讲解《复工请注意!一线专家带你科学防疫》,直播观看人数近千万,触达人数达上亿人次。

第二,学会积极动员所在学科和行业的力量,为疫情防控筹集物资、提供技术支持。例如,中国机械工程学会标准化工作委员会与中医药科学院开展合作,并与相关专家和企业积极接洽,努力推进 KN95、KN99、中医药口罩等项目的研制和生产工作。中国实验动物学会动物模型鉴定与评价工作委员会组织我国长期从事实验动物、临床前药效评价、临床病毒学研究和中医药领域的专家,按照动物模型模拟三效度(表观效度、结构效度和预测效度)制定并发布《新型冠状病毒等病毒传染性疾病动物模型鉴定与评价规范(试行)》,为我国开展以新型冠状病毒(2019-nCoV)为重点的病毒传染性疾病动物模型进行鉴定与评价提供技术支持,为我国从事新型冠状病毒(2019-nCoV)等病毒传染性疾病基础研究、新药和疫苗研发机构提供参考。中国纺织工程学会与华夏特纺(北京)新材料研究院成立抗击新冠肺炎应急小组,针对在疫情防控一线的非医护人员,尤其是武警、公安、保安、志愿者等执勤安保和服务人员等的特殊需要,紧急组织研发设计和生产与防护口罩配套,兼与人檐帽、作训帽相配套的一次性应急执勤辅助防疫盾,并向湖北地区捐赠 10000 副。

第三,各类学会发挥专业优势,为科学抗疫和复工复产出谋划策。例如中国环境科学学会充分发挥专业优势,开展专项行动,固体废物分会整理编制了《新冠肺炎疫情固体废物处理与管理相关政策文件汇编》。在国家卫健委的指导下,中国心理学会、中国心理卫生协会、中国社会心理学会联合发布《新型冠状病毒肺炎疫情防控期间网络心理援助服务指南》。中国数学会则通过建立动力学、统计学等模型,以数据和机理为驱动,对疫情的发展趋势进行预测,对各种防疫措施进行相关评估,探究各项因素对疫情发展的影响;通过建立数学与统计学模型,分析疫情对我国经济的影响,并根据相关数据提出了相应政策建议。中国药学会发布《新型冠状病毒感染:医院药学工作指导与防控策略专家共识(第一版)》,为医院药学部门和社会药房开展新型冠状病毒肺炎疫情防控工作提供指导。全国学会围绕疫情防控建言献策 560 多条，出台团体标准 149 项。

二、有序推进承接政府转移职能

1. 承能工作从试点逐步走向常态化

有序承接政府转移职能是全国学会主动服务创新型国家建设的重要举措。2015 年 5 月，《中国科协所属学会有序承接政府转移职能扩大试点工作实施方案》提出围绕简政放权和放管结合、科技创新等中心工作，以科技评估、工程技术领域职业资格认定、技术标准研制、国家科技奖励推荐等适宜学会承接的科技类社会化公共服务职能的整体或部分转接为重点。2016 年 10 月 20 日，中国科协所属学会有序承接政府转移职能试点工作总结电视电话会召开，标志着扩大试点工作主要任务基本完成，学会承接政府转移职能进入常态化开展阶段。2017—2019 年，中国科协深入贯彻党的十九大和十九届二中、三中全会精神，围绕建设创新型国家和世界科技强国战略目标，引导学会充分发挥科技社团独特优势，积极进军经济建设主战场，通过研制满足市场和创新需要的技术标准、自主设立国际化的科技奖项、建设面向技术经济深度融合的"问题库""成果库""人才库"、以第三方身份开展相关科技评估等工作，不断丰富科技类公共服务产品供给，推动形成学会承接政府转移职能工作的常态化、规范化、制度化格局，进一步激发学会活力，提升学会战略支撑力和社会影响力，建设公共服务一流的现代化科技社团。

2. 承能项目影响力不断提升

2017 年，中国科协所属学会承接了 97 项政府和相关机构转移的职能项目，共涉及经费达 3562 万元。其中，承接项目最多的是中国食品科学技术学会和中国科技新闻学会，分别为 11 项和 10 项。2018 年，中国科协所属学会承接 135 项政府转移职能项目，共涉及经费达到 11336 万元。一批学会承接的项目取得良好的效果，得到有关方面的充分肯定。例如，中国食品科学技术学会 2017 年开始接受市场监管总局委托，组织开展益生菌类保健食品申报与评审的研究工作，进一步明确了益生菌定义，扩大了益生菌的菌种使用范围以及产品类型，并将益生菌安全性与功效性评审聚焦于菌株水平，使我国益生菌类保健食品逐渐与国际接轨。中国图书馆学会承接文化和旅游部"公共图书馆评估定级"工作，研制评估标准和系统平台，完成对 2994 家图书馆评估定级，权威性和公信力持续提升，得到政府和社会广泛好评。

3. 承能内容有新的深化和延展

学会在积极承接政府委托的科技评估、人才评价、技术标准等公共服务的过程中，不断深化和延展新任务和新内容。中国公路学会在承担交通运输部高速公路服务区服务质量等级评定的基础上取得新进展，2020 年又承担了交通运输部和中华全国总工会"司机之家"服务质量等级评定工作，并按照《交通运输部办公厅 中华全国总工会办公厅关于开展 2020 年"司机之家"建设工作的通知》要求，对全国"司机之家"建设运营情况进行现场考评，共评出 5A 级"司机之家"44 家，4A 级 51 家，3A 级 9 家。中国生物医学工程学会承接国家药品监督管理局创新医疗器械特别审批专家评审，有序推进承接政府职能转移工作，2014—2020 年承担 1000 余项创新医疗器械的评审，对推动国产医疗器械的发展起到了重要作用。中国地质学会承接自然资源部中国地质调查局党组赋予的地质文化村（镇）和天然富硒土地评选、授牌、监督和管理工作。中华中医药学会承接国家中医药管理局人教司继续教育管理职能，在研发国家级中医药继教项目与学分管理平台、中医师承继教平台基础上，整合继教管理、在线学习与会员服务三大功能，实现会员管理与人才培养、继续教育的联动化服务，为广大会员中医临床能力的提升提供信息化、数据化支持，同时为面向全行业开展基层中医药适宜技术培训、名老中医药学术传承等专项服务奠定了基础。

三、通过"科创中国"平台促进科技经济融合

中国科协打造"科创中国"新品牌，目的在于营造创新、创业、创造的良好生态，构建资源整合平台、供需对接平台、技术服务和交易平台，实现人才聚合、技术集成和服务到位，探索产学融合的组织制度和激励机制，

以发掘企业需求与价值、提升产业园区产业链为重点，推动技术服务和交易的规范化、专业化、市场化和国际化，让科技更有效地服务经济社会高质量发展。

全国学会是推动"科创中国"品牌建设的重要力量，积极参与创新驱动助力工程，坚持试点先行，探索出经验，探索出路子，通过与地市合作，探索打造一批创新枢纽城市，形成一批科技经济融合的工作样板间，为构建符合国情的创新生态、打造中国特色的技术创新模式，积极探索并积累可复制、可推广的经验和机制。

（一）探索和创新科技服务经济的新组织和新机制

五年来，中国科协所属学会搭建了系列为企业提供技术咨询服务的组织化平台，开展"科创中国"科技服务团活动，组织动员了一大批科技工作者参与到技术咨询服务之中，承担了大量技术咨询服务项目，有效促进了科技经济融合。从 2016 年到 2019 年，全国学会为企业提供技术咨询服务的专家服务团队、服务站、专家工作站、服务中心及双创服务平台 / 中心呈现出稳步发展的态势。通过这些组织化平台常态化为企业提供技术咨询服务，促进科技经济融合。

1. 积极组建科技服务团深入产业和区域发展前沿

2020 年，在中国科协学会服务中心的组织下，近百家全国学会、近 170 家地方科协纵横联动，对标国家重大战略区域规划纲要，积极回应区域发展实际需求，明确因地因需分类指导服务方向。确定医药健康、高端装备制造、人工智能、新一代信息技术、智能网联汽车、新材料、能源化工、地理信息、乡村振兴、生态修复、专业技术服务、智慧海洋共计 12 个服务领域，形成了对新兴产业、传统产业与特色化领域的全面覆盖。按照有设计、有任务、有机制、有节点、有成效"五有思路"，跨学科、跨领域、跨区域、跨层级组建 75 位院士领衔的"科创中国"科技服务团，形成对地方学会、科研院所、高等院校、行业管理部门、产业园区与企业等社会各领域创新主体的有效联动，14012 个次单位创新主体共同组成的科技服务团打造出了具有科技社团特色的、服务经济社会发展的有效格局。

2020年在新冠肺炎疫情严重期间，科技服务团和全国学会积极拓展"云服务"，搭建线上资源汇集平台、协同服务平台；疫情得到有效防控后，组织动员科技服务团和全国学会及时奔赴基层一线，多措并举统筹开展科技服务。创设提级191个产学融合组织（其中试点53个），2个组织跨区域横向型联合着力服务长三角一体化国家战略，164个会地合作垂直型有效拓展资源下沉通道，推动建立常态化服务机制。汇聚智力资源，围绕区域、领域、前沿探究等形成70余项智库报告，其中33项行业报告基本覆盖12个重点服务领域，30余项面向地方的规划建言报送地方政府。5000余次技术服务（其中试点2000余项）包括对接咨询891项，"会展赛"791项，联合技术攻关172项，技术鉴定789项，科普传播650余项，团标制定171项，线上线下培训近900场，科技扶贫26项，推动7个方面的技术交易与13个项目落地，形成全方位、立体化服务格局。联合北京大学国家资源经济研究中心组建科技金融服务团，召开"科创中国"（铜陵）科技金融沙龙，为优化区域创新资源配置打通金融链条，探索科技经济融合新模式。

2. 构建不同形式的平台促进技术咨询服务

全国学会2016年建立117个服务站，2018年增加到196个服务站。各全国学会还建设双创服务平台或中心140个。工科学会建立服务工作站的数量最多，尽管交叉学科所建立的服务站数量最少，但是在2016到2018年间一直处于平稳增长的状态（图4-1）。中国兵工学会在宁波、余姚、保定、石嘴山、长沙、芜湖、上海、重庆市（永川区和九龙坡区）、吉林、佛山、洛阳，建设12家学会服务站，并且在北京、西安、昆明、重庆建设4家院士专家工作站，形成"三轮"驱动融合发展、精准落地工作格局，建成可以开展军民融合落地工作服务的实际工作模式。

除了服务站之外，全国学会推动在企业建立专家工作站或服务中心，通过专家工作站或服务中心将科技工作者服务的触角递送到企业内部。全国学会2018年专家工作站和中心数量略有下降，专家进站人数相应下降，但是，这两种平台成为学会服务企业的重要补充载体。详细情况参见表4-1所示。

图例	2016	2017	2018
理科	19	36	35
工科	66	126	87
农科	19	17	19
医科	65	44	44
交叉学科	8	8	11
全国学会	177	231	196

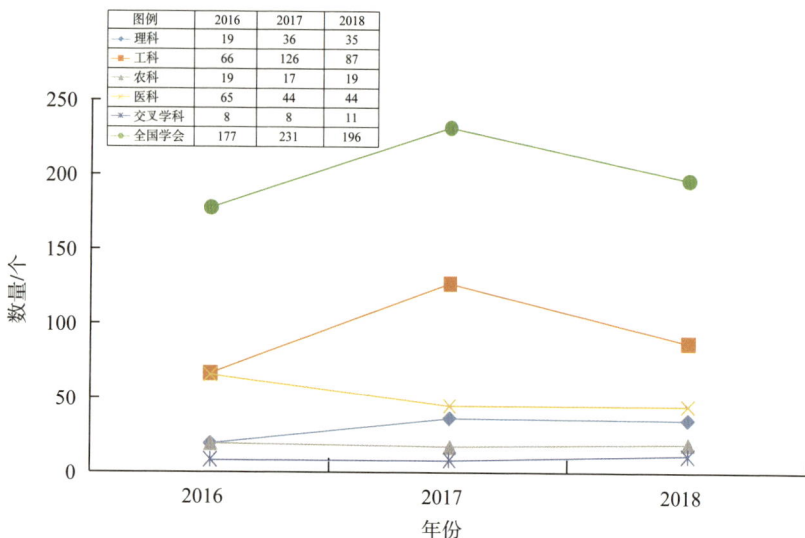

图 4-1 2016—2018 年建立学会服务（工作）站

（数据来源：中国科协统计年鉴）

表 4-1 学会建立专家工作站或服务中心情况

指标	2016年	2017年	2018年	2017年相比2016年变化幅度	2018年相比2017年变化幅度
签订创新驱动助力工程项目合同（个）	339	—	—	—	—
参与创新驱动助力工程的科技工作者	8336	22993	31344	175.82%	36.31%
建立学会服务（工作）站	177	231	196	30.50%	−15.15%
建设双创服务平台/中心	140	38	44	−72.85%	15.78%
开展推进大众创业万众创新活动	597	155	147	−74.03%	−5.16%
举办双创竞赛、论坛、展览等	349	—	93	—	—
开展双创咨询、教育、培训等	121	—	37	—	—
开展双创投融资、成果转化等	113	—	32	—	—
技术标准研制数量	493	378	310	−23.32%	−17.98%
团体标准研制数量	378	449	485	18.78%	8.01%
专家工作站（服务中心）	146	119	109	18.36%	−8.40%
经济技术开发区	—	—	27	—	—
高新开发区	—	—	29	—	—
专家进（站、中心）人数	1119	954	919	−14.74%	−3.66%
专家服务团队	403	516	472	28.03%	−8.52%
参加服务团队专家人数	9249	6758	8 516	−26.90%	26.01%
技术创新方法培训班	383	118	128	−69.19%	8.47%

3. 通过跨界融合实现创新资源有力配置

全国学会打造产学研融合的治理结构，以跨界融合的方式，推动人才、技术、资本等创新要素高效配置，为科技工作者在新形势下的科技与产业创新打通道路。如中国兵工学会建立京津冀军民融合产业协同创新共同体，开展经济融合服务和"科创中国"品牌建设，深入服务京津冀区域、长三角区域、长江经济带西南区域，推动12个学会服务站所在省市的科技经济融合发展；组建安徽省电缆产业协同创新联合体，围绕"科创中国""科创安徽"品牌，促进长三角科技经济融合。中国城市规划学会联合清华大学、同济大学、山东大学、西安建筑科技大学、哈尔滨工业大学、重庆大学、深圳大学、东南大学、天津大学九所知名高校做实"中国低碳生态城市大学联盟"工作。中国林学会成立抗疫情促发展林业产业科技服务团，组建中国林学会甬黔延林业科技经济联合体，打造《乡人乡品·品味乡土》全新视频栏目，编辑出版《主要林木及林下资源产业化栽培及利用》，以产学研融合平台推动产业高质量发展。中国复合材料学会与温州市科协等共建"科技经济融合（泵阀产业）学会产业联合体"，助力温州市泵阀产业科技创新和转型升级。这些联合体整合政产学研用等资源，整合产业链资源，打造了科技与经济社会融合的多元治理体系。

（二）参与创新驱动的科技工作者规模不断扩大

学会作为科技工作者的共同体，积极发挥了桥梁纽带作用，组织和带动了一大批科技工作者积极参与到技术咨询服务活动之中。从 2015 年推出创新助力工程活动之后，全国学会积极组织动员广大科技工作者参与创新驱动助力工程。过去五年来，随着创新助力工程活动的深入开展，参与创新驱动助力工程的科技工作者人数逐年增加，中国科协统计年鉴数据表明，2018年参与创新驱动发展的科技工作者数量是 2016 年的 3.76 倍，达到 31344人。其中，工科参与创新驱动助力工程的科技工作者最多，一直为增长趋势，2017 年为 20273 人，2018 年为 25585 人，2018 年比 2017 年增长了26.20%，如图 4-2 所示。

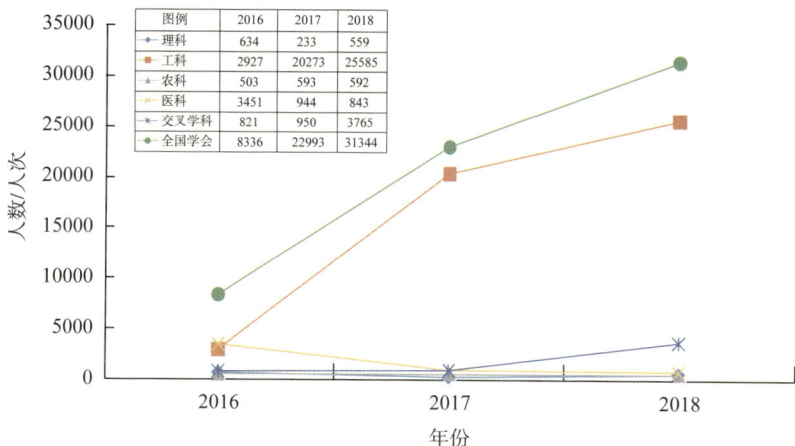

图例	2016	2017	2018
理科	634	233	559
工科	2927	20273	25585
农科	503	593	592
医科	3451	944	843
交叉学科	821	950	3765
全国学会	8336	22993	31344

图 4-2 2016—2018 年参与创新驱动助力工程的科技工作者人数

（数据来源：中国科协统计年鉴）

（三）学会参与产学融合服务工作格局基本形成

2016 年到 2019 年，学会服务创新发展的创新驱动助力活动有效辐射国家经济社会和产业发展重点区域，基本形成了从点到链、结链成面，上下联动、各有侧重的"点状分布、链状延伸、面状辐射"工作格局。2016 年，以专家评审方式确定 30 个创新驱动示范市作为"点"，30 个全国学会示范单位作为"链"，10 个省级副省级示范单位作为"面"，覆盖面和影响力进一步扩大。全年累计推动组织 90 个全国学会开展地方对接，促成签订合作协议近 1200 项，在地方新建学会服务站（专家工作站、基地等）800 余个，累计落地项目 1800 余项，探索形成了产业创新联盟、项目联合攻关等 15 种工作模式，建立了一批创新创业服务基地。2017 年，创新驱动助力工程深入发展，各类创新示范城市进一步增多。确定创新驱动示范市 40 个，省级副省级试点 14 个，参与的全国学会超过 100 个，各类专家超过万名，建立学会服务站（专家、院士工作站、基地）近 2000 个，落地项目 2000 余项。2019 年，协同创新驱动助力工程和创新资源共享平台等进一步前移服务。100 余家科协组织创设服务品牌，50 家全国学会与地方共建产学联合组织和产业前沿科技智库，组建 38 支全国学会科技志愿服务队，30 家全国学会会同地方科协开展"全国专家走进国家重大战略区域和重点产业领域"示范活动。

学会设立多种技术研发平台作为服务创新驱动的载体。如中国复合材料学会 2017 年建立的泰安中研复合材料产业技术研究院，是学会与地方政府及领先国企合作平台，2020 年已建成复合材料产业园区，完成固定资产投资 2000 万元，开展工程化项目 7 项，并引进了多家产业化公司，形成了产业链优势互补。相关科研团队已开展基础研发项目 3 项，申报专利 23 项，已授权专利 12 项。项目团队多人获得省、市人才称号与奖励。6 月，中研复材院与山东产业技术研究院及泰安市政府签署协议，共建山东产研复合材料研究院。中国复合材料学会利用自身智库及科研院所体系资源，结合地方发展特色，结合各项服务职能，逐步形成"纵横融合""聚合交叉""极点带动"三种模式，涵盖华北、长三角、粤港澳等地，实现学会资源下沉，初步形成了"点状分布、链状延伸、面状辐射"工作布局。

在新时代新形势，特别是在数字经济逆势上扬的背景下，启动"科创中国"品牌建设后，服务工作格局开始升级迭代。在驱动模式上，从创新助力工程的单向发力，发展到"科创中国"的供需对接双向驱动；从面向国内到面向全球，通过技术路演等方式汇聚国内外优质创新资源，建立国际技术交易合作机制，形成双循环；从仅仅面向企业到面向产业集群或区域经济，提升区域特色经济竞争力；从仅仅是线下服务，发展到线上线下共同推进；从由专家提供个体服务，发展到通过全国学会组建科技服务团进行集团化的服务。

一批学会长期围绕学科、行业和经济社会发展中的热点和难点问题开展学术研究和学术交流，实现了学科拉动和引领。如中国食品科学技术学会持续数十年深耕于方便食品行业和益生菌行业，于 2020 年分别召开第十五届益生菌与健康国际研讨会、第二十届中国方便食品大会两大品牌会议，并将会议成果进行拓展和工业化实践，加大对行业关键科学问题的梳理和凝练，有效推进行业创新加速，对行业创新形成科学的拉动和引领，发布了《益生菌的科学共识（2020 年版）》《益生菌科学研究十大热点及行业发展建议》《中国方便食品产业十大科学技术问题》《中国方便食品行业八大创新趋势》等报告，科学家与企业家在有效对接中，夯实了中国食品工业的基础，产业发展的空间被不断释放，以科技支撑助力我国益生菌和方便食品行业从弱到强，行业呈现健康、高质量发展态势。相关统计数据显示，截至 2019 年，全球益生菌补充剂行业规模达 61.00 亿美元，中国益生菌补充剂行业规模达 42.40 亿元人民币，同比增长 18.00%。2020 年疫情期间，一季度我国益生菌产业"逆势上涨"，销售额增速达到 20.00% 以上。

中国电工技术学会坚持按照习近平总书记"广大科技工作者要把论文写在祖国的大地上，把科技成果应用在实现现代化的伟大事业中"的指示要求，全面服务产业科技创新，致力提升企业软硬实力，积极推动科技经济融合发展。面向新冠肺炎疫情及常态化管控模式，学会坚持中国科协"科创中国"战略引领，以打造"信息交流对接窗口""政产学研用金合作桥梁""科技服务综合平台"和"产业高质量发展助推器"的服务型学会为抓手，立足我国电气装备行业特点，全面服务产业科技创新，致力提升企业软硬实力，积极推动科技经济融合发展。2020 年 2 月成立"电气装备科技专家服务团"，面向 22 个试点城市和国家重大经济建设区域，开展了 200 余场跨学科、跨领域、跨区域的"线上 + 线下"科技服务，内容涵盖高端产业论坛、技术培训、国家级成果鉴定、新产品云发布、技术金融尽调、技术成果对接、前沿技术云沙龙等 10 余种科技服务品牌，形成了区域覆盖、产业覆盖、组织覆盖、服务覆盖"四位一体"的科技经济融合工作新体系，建立了科技经济融合常态化的长效服务机制，累计受众 20 余万人次，让企业广大科技人员与管理人员认清技术短板和差距，以及国内外相关产业领域的最新技术进展，明确高质量发展的创新之路。

组织化的平台为向企业提供常态化的技术咨询服务提供了组织保障。除此之外全国学会还推动了一些灵活机动的服务团队作为补充，为企业提供灵活性的技术咨询服务，以解决企业随时面临的技术难题。2016 年到 2019 年全国学会动员团队专家 101228 人次参加企业的技术咨询服务。其中 2016 年成立专家服务团队 403 个，2019 年的专家服务团队达到 453 个，增长了 12.41%。2016 年参加服务团队的专家为 9249 人，2019 年参加服务团队的专家人数增加到了 76705 人，增长率为 729.33%。详细情况如图 4-3 所示。

图 4-3 2016—2019 年专家服务团队数量及参加服务团队专家人数
（数据来源：中国科协年鉴数据）

四、团体标准编制取得良好成绩

1. 标准创制数量增长较快

全国学会的标准建设总体上呈现良好发展态势。2018 年创制团体标准 485 个，如图 4-4 所示。2020 年仅中国电子学会一家全年新立项和报批的团体标准就达到 60 项，开展 90 项标准制定，发布 29 项（包括"工业级高可靠集成电路评价"系列标准 15 项）。学会标准已涉及管理、检测、技术、元器件、产品和系统等多个方向，涉及宇航、交通、电力、安防、网络等领域的电子信息技术应用。由学会组织制定的"机器人互操作"系列标准以中、英、德、西四种语言同时发布后，在国际上引起较大反响。

图 4-4 2016—2018 年技术标准研制数量和团体标准研制数量
（数据来源：中国科协统计年鉴）

85

　　近五年来，一些学会的团体标准创制工作实现了零的突破。如中国宇航学会于 2017 年正式启动宇航团体标准编制工作，2020 年完成 25 项团体标准的立项、起草、审查和发布，部分成果已在民用航天得到应用。

　　学会不仅积极创制团体标准，同时也积极参与行业标准、国家标准及国际标准的编制工作。如中国城市科学研究会强化与国际智慧城市基础设施计量分技术委员会（Smart Urban Infrastructure Metrics）之间的交流，合作编制关于智慧城市方面的国际标准，仅 2020 年就合作编制了《智慧城市基础设施数据交换与共享指南》等 8 项国际标准。

　　2. 标准制定体制与机制日益完善

　　中国电子学会开展了团体标准化工作的组织建设、制度建设、人员队伍建设等工作，完成集成电路可靠性、机器人互操作、工业互联网和节能减排等方向系列标准的研究制定工作。

　　中国药学会筹建学会团体标准专家资源库，建立健全学会团体标准工作机制，推动学会团体标准制修订流程便捷化，分会团体标准项目采取灵活、便捷、高效的快速立项通道；扩大团体标准项目经费来源渠道，建立并完善了团体标准经费的投入和激励机制。

　　为了推动团体标准国际化进程，中国城市规划学会委托东南大学开展《"一带一路"沿线中国境外产业园区规划编制指南》，组织《应急传染病医院的选址、设计、建设和运行管理导则》的翻译工作，在国际场合面向全球发布。

　　3. 标准创制社会效益显著

　　学会开展的标准制定活动对学科和行业，乃至国家产业的发展产生了积极的影响。例如，2020 年 9 月 10 日，中国国土经济学会制定的《美丽中国·深呼吸小城评价标准》对于推进我国生态文明建设具有重要的理论意义和实践价值。中国化工学会正式批准发布首批 5 项团体标准，分别为《化学反应量热试验规程》《基于量热及差示扫描量热获取热动力学参数方法的评价标准》《化工工艺反应热风险特征数据计算方法》《重点行业固定污染源 VOCs 排放连续监测技术规范》和《2,6- 萘二甲酸》等。这 5 项团体标准的发布填补了相关领域的标准空白，对促进科技成果的转化，规范行业高质量发展将起到积极作用。

学会不断拓展团体标准国际化业务。中国仪器仪表学会用标准制定项目搭桥参与国际标准组织的工作；用合作发布标准等与国际社团（国际自动化学会等）沟通合作；用行业技术（例如美国 Kenexis 公司工业安全手册）引进开展国际化的产业桥梁搭建；用参与国际标准制定推动国内专家和企业走向国际。

五、创新公益活动参与踊跃

五年来，中国科协所属学会积极参与公益活动，发挥专业优势开展科技志愿活动，积极参与社会治理，并在国家重大事件中发挥重大作用。

1. 成建制参与科技志愿服务

2019 年 4 月，中国科协联合中央文明办发布《关于开展新时代文明实践中心科技志愿服务试点工作的通知》体现了专业志愿的精神，打造"智惠行动"服务品牌。以"智"为特色，充分体现科技工作者的智力优势和专业优势；以"惠"为导向，努力满足人民对美好生活的科技需求和科普需求，增强人民群众获得感，在全国范围内持续统筹开展新时代科技志愿服务品牌活动"智惠行动"，打造特色鲜明、群众受益、广泛认可的服务品牌；探索构建科技志愿服务体系。在试点工作基础上，建立完善新时代科技志愿服务机制，推动成立中国科技志愿者总队，逐步形成"国家 - 省 - 市 - 县"的四级科技志愿服务体系，并整体加入中国志愿服务联合会。这标志着科技志愿服务成建制参与的时代到来。

科技志愿服务的规范化建设力度加快。2020 年 8 月，中国科协印发《〈科技志愿服务管理办法（试行）〉的通知》和《〈"智惠行动"项目实施管理细则（暂行）〉的通知》；发布了中国科技志愿服务 Logo 和口号（科技新时代，志愿添光彩），出台了《中国科技志愿服务标识使用管理办法（暂行）》，有力推动科技志愿服务规范化、制度化、常态化建设。

学会调动众多的科技工作者参与到志愿服务活动中。2019 年中国科协所属全国学会在基层直接为公众提供科技攻坚、成果转化、人才培养、科技咨询、科学普及等方面专职科普工作者（科普工作时间占其全部工作时间 60.00% 以上的工作人员）689 人，兼职科普工作者 9574 人，科技志愿者 57000 人，志愿服务时间累计 1324798 小时，人均志愿服务时长累计 28.79 小时（图 4-5）。中国化工学会规划会员志愿服务工作，组建完成中国化工学会科技志愿服务队伍，有组织、有计划为边远贫困地区、边疆民族地区和革命老区提供科技培训、科普讲座、技术指导等多层次、多模式、重实效的科技志愿服务。

图 4-5 2015—2019 年全国学会志愿服务时间数量
（数据来源：中国科协统计年鉴）

中国科协推动了科技志愿者注册平台建设，截至 2020 年 12 月 20 日，在不到一年的时间里，该平台注册志愿者数已达 1019652 人，注册组织数 26682 个，发布活动数 45273 个，发布项目数 416 项。中国仪器仪表学会在长沙市科协和珲春市科协设立学会工作站，积极发展科技志愿者和科普信息员队伍，科技志愿者 18000 余人和科普信息员 56000 余人，2020 年通过科技志愿者平台开展科技志愿活动 309 次。

科技志愿者队伍形成梯队。与学会会员构成特点相一致，科技志愿者队伍也形成了梯队特征。如中国环境科学学会持续推进"院士＋中青年科学家＋科学家团队＋大学生"的科普志愿者服务队伍建设。2020 年，依托学会组建的十支环境科学首席传播专家团队，参加疫情防控、科技志愿服务等科普活动 6 人次，围绕疫情防控与水、大气、健康等主题，面向领导干部、科研人员和青少年开展了 15 次讲座，撰写科普文章 20 篇，在人民网、北京日报、《环境与生活》、环保科普 365 等广泛传播，接受央视等媒体采访 2 次，参编出版科普读物 6 部。组织全国 18 个省市 85 所高校 6000 多名大学生志愿者走进校园、社区、村庄开展了形式多样的科普志愿服务，科普服务人次超 50 万，累计发放《守护生命家园》科普宣传册 3 万余册，活动受到新华网、人民网、科技日报、大众科技报等主流媒体的广泛关注和报道。

2. 科技支撑助力脱贫攻坚

过去五年来，全国学会结合自身优势，在脱贫攻坚中积极发挥作用。中国城市规划学会深入学习贯彻习近平新时代中国特色社会主义思想和党的十九大精神，落实扶贫开发战略思想，动员全国规划力量，有计划、有组织、成规模地开展系列扶贫工作。全国规划师通过实地调研、扶贫规划、学术讲座、专题会议、示范项目、义务咨询、公益捐助等方式，提升地方能力、助力脱贫攻坚，构建起政府、学界、市场、社会协同推进扶贫开发的工作格局。2016—2020年，该学会理事、华中科技大学建筑与城市规划学院耿虹教授先后完成了云南省临沧市临翔区五乡、两村、两个重点地段的精准扶贫规划设计项目 11 项，以及乡村振兴规划、特色小镇规划、区域旅游概念规划等多个规划设计项目，至 2020 年 5 月，临沧市贫困县全部实现脱贫摘帽。相关工作先后荣获"首届教育部直属高校精准扶贫精准脱贫十大典型项目""教育部直属高校非遗扶贫示范创建项目"等殊荣。

学会还利用自身特色产业和优势助力贫困地区脱贫致富。中国茶叶学会坚持扶贫与扶智相结合，为地方茶产业发展提供技术支撑，助力乡村振兴战略实施。2020 年组织 36 位专家分赴广西三江县、四川旺苍县、陕西镇巴县等开展科技助力精准扶贫活动 240 余次。通过走访调研，学会专家了解当地茶叶生产状况，举办科技讲座或技术培训 55 次，当地茶叶管理部门和茶企管理、生产、加工、销售等人员 4300 余人参加活动，参与企业 222 个，发放生产技术资料 9230 份。推广新品种 17 个 25.30 万亩，新技术 31 个，取得经济效益 2.23 亿元。

中国煤炭学会在 2016—2018 年间，落实中国科协"科技助力精准扶贫工程实施方案"，结合吕梁煤炭产业特点，实施"高科技精准帮扶"行动计划，建立了两个示范工程，节约煤炭 65 万吨，经济效益 5.20 亿元，社会和环境效益显著。

3. 打造学会公益慈善品牌

学会发挥专业优势积极参与公益慈善活动。如中华口腔医学会从 2018 年起，连续三年为全国 31 个省份和新疆建设兵团提供"爱牙总动员"画册 30 万册、"口腔健康从保护牙齿开始"折页 80 万册、口腔保健包 6400 份，项目覆盖3025 所学校，开展口腔健康教育活动 3781 次，活动受益 177.42 万人。2020年在西藏拉萨和山南启动"全国儿童口腔疾病综合干预项目·健康口腔助成长 -西藏口腔健康促进示范活动"，成功打造公益项目品牌。

第五章　科普事业建设

科学素质决定公民的思维方式和行为方式，是实现美好生活的前提，是实施创新驱动发展战略的基础，是国家综合国力的体现。进一步加强公民科学素质建设，不断提升人力资源质量，对于增强自主创新能力，引领经济社会发展新常态，助力创新型国家建设和全面建成小康社会具有重要战略意义。五年来，各全国学会积极承担对公众科学素质建设的重要责任，运用丰富多彩的形式，为推动不同地域、不同公众群体科学素质提升，开展了大量科普活动，让广大公众普遍享受现代文明成果。

一、科普宣讲活动场次及受众增长明显

2015—2019 年，全国学会举办科普类宣讲活动共 11.99 万余场次，受众高达 32.19 亿人次。整体看，虽然科普宣讲活动的场次在 2016、2017 年和 2018 年之间有所波动，但受益于新媒体以及电视电台科普节目的增加，科普宣讲活动的受众人数实现了跨越式增长。2019 年，科普宣讲活动的次数达到了五年来的新高，共举办各类科普宣讲活动 87584 次，较 2015 年增长了 79519 次，增长率为 985.98%（图 5-1）；2019 年宣讲活动受众人数也达到了 8.52 亿人次以上，较 2015 年增长了 7.61 亿人次，增长率为 842.71%（图 5-2）。

二、青少年科普工作发展比较强劲

1. 青少年科普宣讲效率大幅提高

2019年青少年科普宣讲活动和受众人数均创历史新高。2019 年青少年科普宣讲活动为 7700 次，超过前 4 年活动的总和，是前 4 年中最高年份的 3.14

倍（图 5-3）。2019 年青少年科普宣讲活动受众人次高达到 3629.47 万，是前 4 年受众人数总和的 3 倍（图 5-4）。宣讲效率大大提高。从不同学科学会看，2015—2018 年理科类全国学会的青少年科普宣讲活动的数量最多，其中 2018 年占全部学会总数的 56.53%。2019 年医科学会的青少年科普宣讲活动异军突起，其活动场次总数占了全国学会的 72.52%，达到了 5584 场，是 2018 年的 310.22 倍。

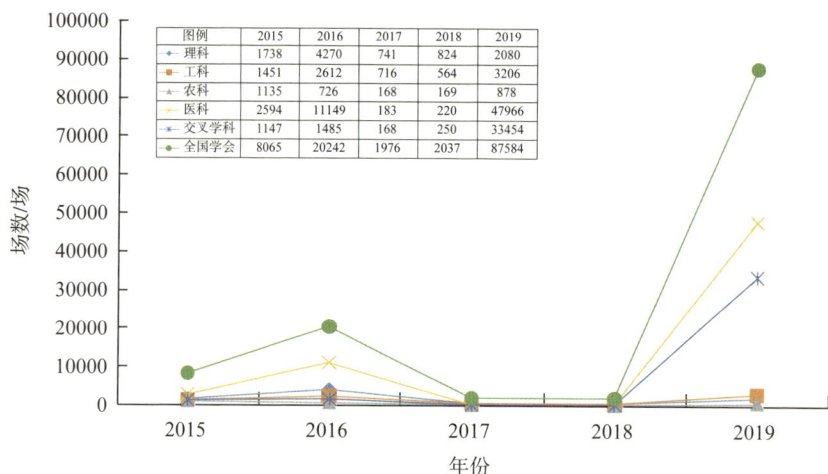

图例	2015	2016	2017	2018	2019
理科	1738	4270	741	824	2080
工科	1451	2612	716	564	3206
农科	1135	726	168	169	878
医科	2594	11149	183	220	47966
交叉学科	1147	1485	168	250	33454
全国学会	8065	20242	1976	2037	87584

图 5-1 2015—2019 年举办科普宣讲活动场数
（数据来源：中国科协统计年鉴）

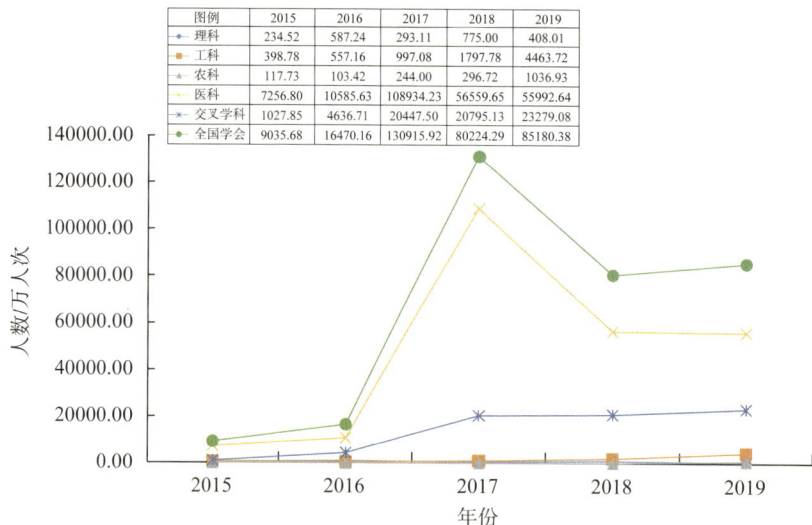

图例	2015	2016	2017	2018	2019
理科	234.52	587.24	293.11	775.00	408.01
工科	398.78	557.16	997.08	1797.78	4463.72
农科	117.73	103.42	244.00	296.72	1036.93
医科	7256.80	10585.63	108934.23	56559.65	55992.64
交叉学科	1027.85	4636.71	20447.50	20795.13	23279.08
全国学会	9035.68	16470.16	130915.92	80224.29	85180.38

图 5-2 2015—2019 年科普宣讲活动受众人数
（数据来源：中国科协统计年鉴）

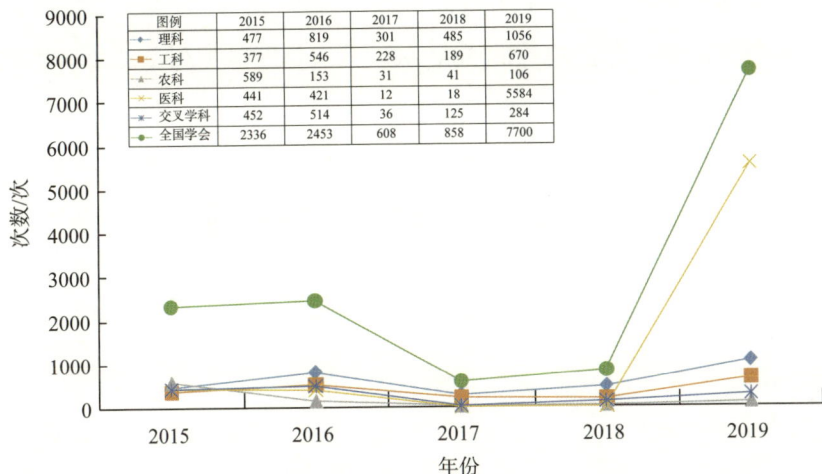

图 5-3 2015—2019 年举办青少年科普宣讲活动次数

（数据来源：中国科协统计年鉴）

图 5-4 2015—2019 年青少年科普宣讲活动受众人数

（数据来源：中国科协统计年鉴）

2. 青少年科技竞赛权威性得到各界认可

一方面，青少年科技竞赛项目数量趋于稳定。2015—2019 年共举办青少年科技竞赛项目 679 项，年均 135 项。随着国家对青少年科技竞赛项目管理更加规范，竞赛项目从 2015 年的 168 项至 2017 年逐年下降，到 2018 和 2019

年基本稳定在 120 余项。其中工科类全国学会每年举办的青少年科技竞赛项目也是最多的，2019 年占总数的 58.06%，其次是理科类和交叉学科类全国学会（图 5-5）。

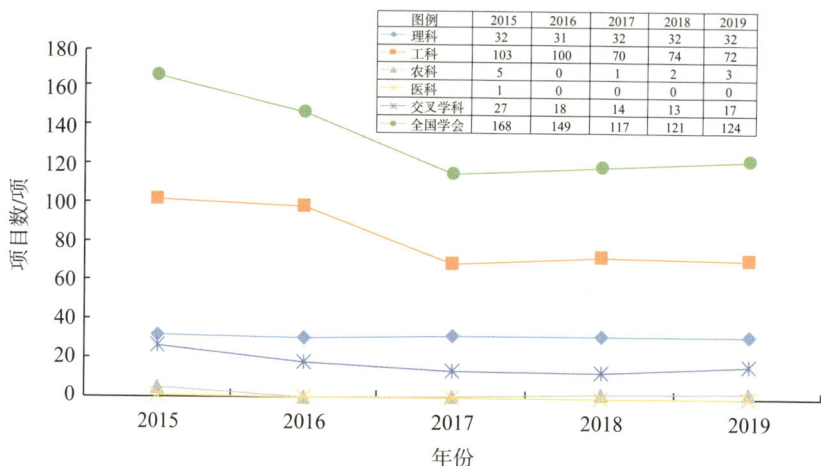

图例	2015	2016	2017	2018	2019
理科	32	31	32	32	32
工科	103	100	70	74	72
农科	5	0	1	2	3
医科	1	0	0	0	0
交叉学科	27	18	14	13	17
全国学会	168	149	117	121	124

图 5-5 2015—2019 年举办青少年科技竞赛项数
（数据来源：中国科协统计年鉴）

另一方面，全国学会举办的青少年科技竞赛获得社会认可，权威性不断提升。2019 年，为切实减轻中小学生过重课外负担，根据相关规定，教育部委托有关专业机构开展了首次面向中小学生的全国性竞赛评审认定工作，经自主申报、专家评审和面向社会公示等程序，最终遴选出 29 项面向中小学生的全国性竞赛活动。其中，中国科协所属全国学会有 10 家学会 9 项竞赛被纳入目录中，占比 31.03%；2020 年度，有 15 家学会 12 项竞赛被纳入名单中，占比 34.29%（表 5-1 和表 5-2）。这意味着，全国学会主办的青少年科技竞赛获得了教育主管部门和社会的认可。如中国航空学会主办的"全国青少年无人机大赛"顺利进入目录中，是 2020 年 35 项全国性竞赛活动中唯一一项被教育部批准的航空航天领域针对青少年开展的赛事活动。

表 5-1 2019 年度面向中小学生的全国性竞赛活动名单

序号	竞赛名称	主办单位	竞赛面向群体
科技创新类			
1	第六届全国青少年电子信息智能创新大赛	中国电子学会	小学、初中、高中学生
2	全国中小学生创·造大赛	科技日报社 中国发明协会	小学、初中、高中学生
3	全国中学生天文知识竞赛	中国天文学会	初中、高中学生
学科类			
4	全国中学生数学奥林匹克竞赛	中国数学会	高中学生
5	全国中学生物理奥林匹克竞赛	中国物理学会	高中学生
6	全国中学生化学奥林匹克竞赛	中国化学会	高中学生
7	全国中学生生物学奥林匹克竞赛	中国植物学会 中国动物学会	高中学生
8	全国中学生科普科幻作文大赛	中国科普作家协会	高中学生
9	第十三届"地球小博士"和"环保之星"全国地理科普知识大赛	中国地理学会	高中学生

（数据来源：根据教育部网站公示信息整理）

表 5-2 2020—2021 学年面向中小学生的全国性竞赛活动名单（自然科学素养类）

序号	竞赛名称	主办单位	竞赛面向学段
1	全国中小学信息技术创新与实践大赛	城乡统筹发展研究中心、中国人工智能学会	小学、初中、高中、中专、职高
2	世界机器人大赛	中国电子学会	小学、初中、高中、中专、职高
3	全国青少年无人机大赛	中国航空学会	小学、初中、高中、中专、职高
4	宋庆龄少年儿童发明奖	中国宋庆龄基金会、中国发明协会	小学、初中、高中、中专、职高
5	全国中学生天文知识竞赛	中国天文学会	初中、高中
6	"地球小博士"全国地理科普知识大赛	中国地理学会	高中
7	全国中学生地球科学竞赛	中国地震学会、中国地球物理学会、中国岩石力学与工程学会	高中
8	全国中学生数学奥林匹克竞赛	中国数学会	高中
9	全国中学生物理奥林匹克竞赛	中国物理学会	高中
10	全国中学生化学奥林匹克竞赛	中国化学会	高中
11	全国中学生生物学奥林匹克竞赛	中国植物学会、中国动物学会	高中
12	全国中学生信息学奥林匹克竞赛	中国计算机学会	高中

（数据来源：根据教育部网站公示信息整理）

3. 青少年参加国际及港澳台科技交流活动次数创历史新高

青少年参加国际及港澳台科技交流活动次数 2015 年至 2018 年每年都不超过 30 次，2019 年达到五年来最高，为 79 次，比 2015 年增加了 52 次，增长率为 192.59%，尤其是交叉学科学会异军突起，占据全国学会活动总量的 51.90%，青少年科普活动国际化程度逐年提升（图 5-6）。

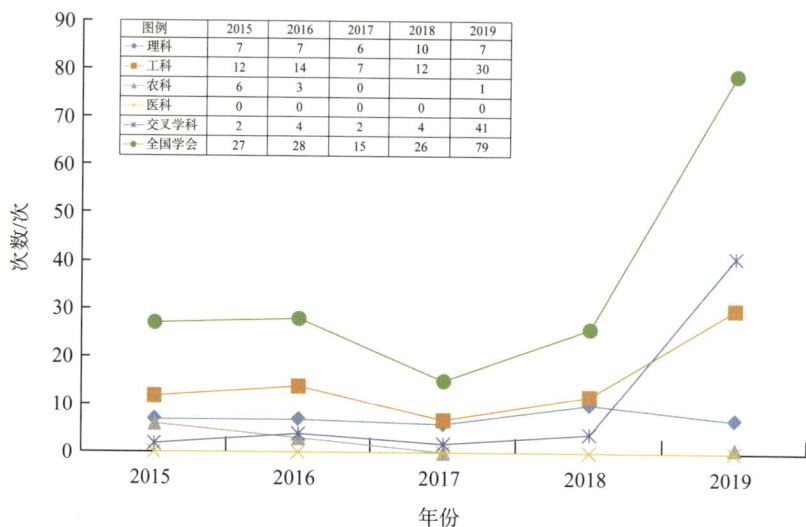

图例	2015	2016	2017	2018	2019
理科	7	7	6	10	7
工科	12	14	7	12	30
农科	6	3	0		1
医科	0	0	0	0	0
交叉学科	2	4	2	4	41
全国学会	27	28	15	26	79

图 5-6 2015—2019 年青少年参加国际及港澳台科技交流活动次数
（数据来源：中国科协统计年鉴，缺少农科学会 2018 年数据）

4. 青少年科学营活动次数保持稳定

全国学会举办青少年科学营的次数，除了 2017 年外各年均保持在 50 次以上，比较稳定（图 5-7）。在参与人数方面，年均人数稳定在 5000 人左右。理科类和工科类学会举办的青少年科学营次数和参加人数具有明显优势。2019 年，工科类学会举办的科学营次数占总数的 47.06%，达到 24 次；理科类学会参与青少年科学营的人次最多，占总数的 56.27%，达到 3309 人次（图 5-8）。

5. 青少年科技教育活动和培训规模超前四年总和

2019 年全国学会举办的青少年科技教育活动和培训达到 604 次，远超 2015 年至 2018 年的总和，并且参加教育活动和培训的青少年也高达 37.83 万人次，达到了五年来新高。与 2015 年相比，2019 年举办的青少年科技教育活动和培训次数增长了 502 次，增长率为 492.16%；培训人数增长了 10.8 万人次，增长率为 40.00%（图 5-9 和图 5-10）。

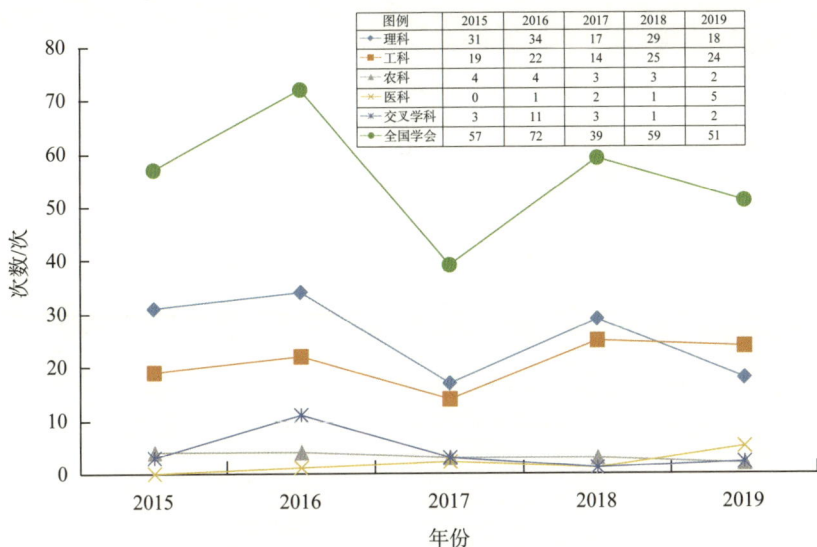

图例	2015	2016	2017	2018	2019
理科	31	34	17	29	18
工科	19	22	14	25	24
农科	4	4	3	3	2
医科	0	1	2	1	5
交叉学科	3	11	3	1	2
全国学会	57	72	39	59	51

图 5-7 2015—2019 年举办青少年科学营次数
（数据来源：中国科协统计年鉴）

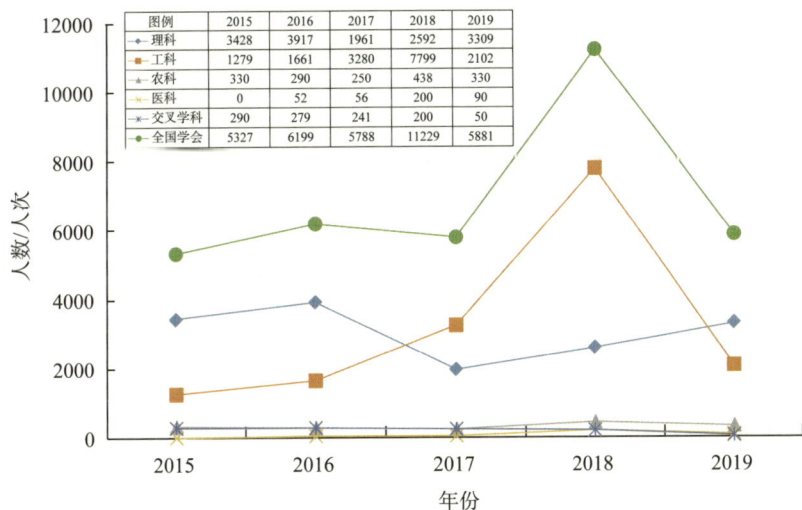

图例	2015	2016	2017	2018	2019
理科	3428	3917	1961	2592	3309
工科	1279	1661	3280	7799	2102
农科	330	290	250	438	330
医科	0	52	56	200	90
交叉学科	290	279	241	200	50
全国学会	5327	6199	5788	11229	5881

图 5-8 2015—2019 年参加青少年科学营人数
（数据来源：中国科协统计年鉴）

理科、医科和农科全国学会的培训人数总体较少，且医科类学会呈现下降
趋势；交叉学科类学会 2018 年和 2019 年增长趋势明显，2019 年培训人次是
2015 年的 113.60 倍（图 5-10）。

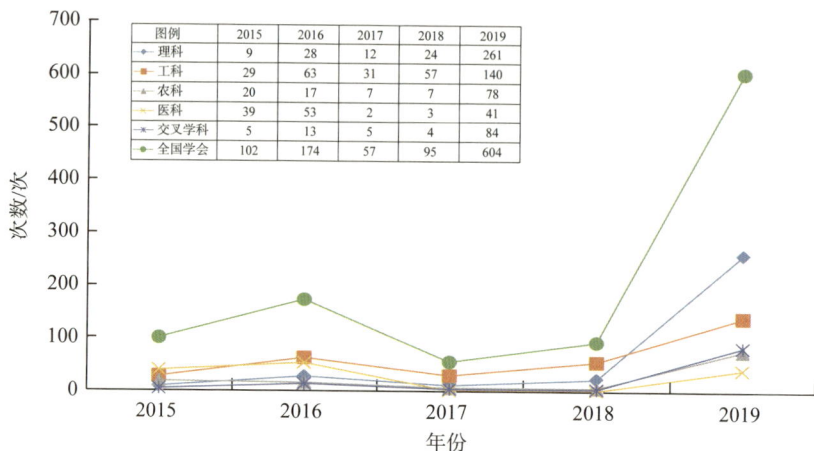

图例	2015	2016	2017	2018	2019
理科	9	28	12	24	261
工科	29	63	31	57	140
农科	20	17	7	7	78
医科	39	53	2	3	41
交叉学科	5	13	5	4	84
全国学会	102	174	57	95	604

图 5-9 2015—2019 年举办青少年科技教育活动和培训次数
（数据来源：中国科协统计年鉴）

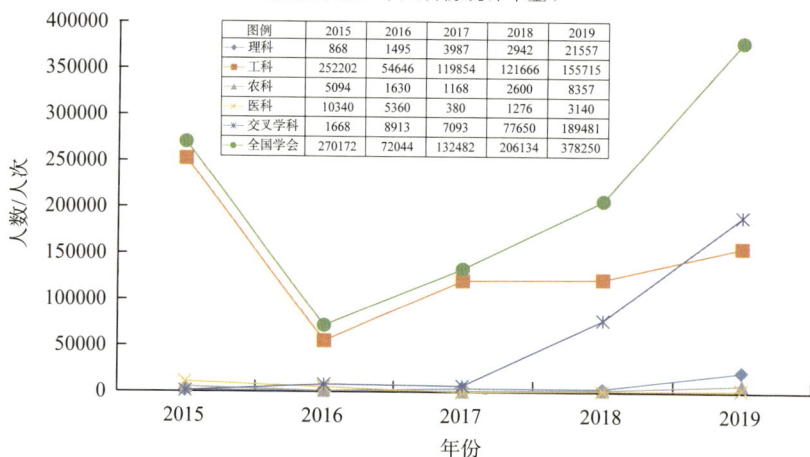

图例	2015	2016	2017	2018	2019
理科	868	1495	3987	2942	21557
工科	252202	54646	119854	121666	155715
农科	5094	1630	1168	2600	8357
医科	10340	5360	380	1276	3140
交叉学科	1668	8913	7093	77650	189481
全国学会	270172	72044	132482	206134	378250

图 5-10 2015—2019 年举办青少年科技教育活动和培训人数
（数据来源：中国科协统计年鉴）

三、科普信息化建设成效显著

全国学会充分利用信息技术手段推进信息技术与科技教育、科普活动融合发展，推进优质科技教育信息资源共建共享；通过线上线下相结合的科普活动，满足社会对科学普及的及时性、多元化、个性化需求。近五年来全国学会在科普数字化和信息化方面成就非凡，尤其是两微一端等新媒体科普快速发展，科技传播能力不断提升，传统媒体与新兴媒体深度融合，实现了多渠道全媒体传播。

1. 科普网站数量和浏览人数增幅明显

2016—2019 年全国学会主办的科普网站数量和浏览人数不断增加，影响力明显上升。科普网站的数量从 2016 年的 46 个，增加到 2019 年的 392 个，增长率达到 752.17%。网站浏览人数也从 2016 年的 2300.78 万人次逐年增加，2019 年达 13970.20 万人次，相较于 2016 年增加了 11669.42 万人次，增长率达 507.19%。2016—2018 年工科类科普网站数量一直领先，2018 年达到 45 个，占总数的 47.37%，浏览人次达到 3069.73 万人次，占比 47.38%。到了 2019 年医科类主办的科普网站增加到 204 个，是 2018 年的 12.75 倍，占了全部科普网站的 52.04%（图 5-11 和图 5-12）。

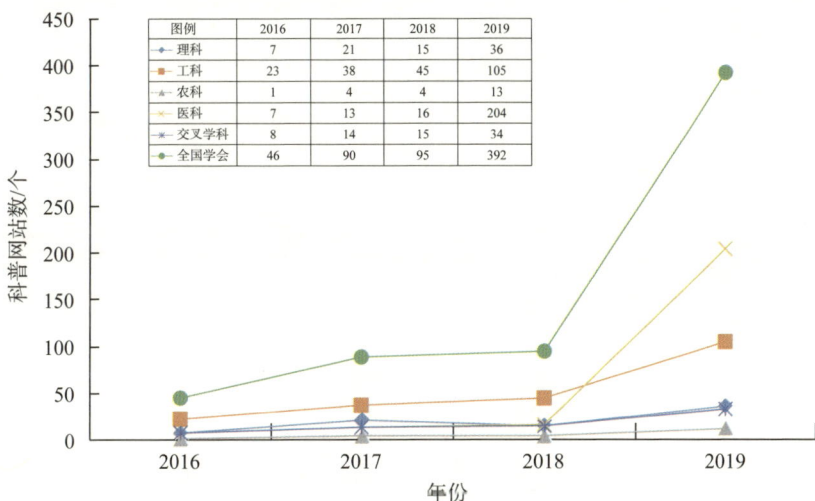

图例	2016	2017	2018	2019
理科	7	21	15	36
工科	23	38	45	105
农科	1	4	4	13
医科	7	13	16	204
交叉学科	8	14	15	34
全国学会	46	90	95	392

图 5-11 2016—2019 年全国学会及五类学会主办科普网站变化趋势
（数据来源：中国科协统计年鉴）

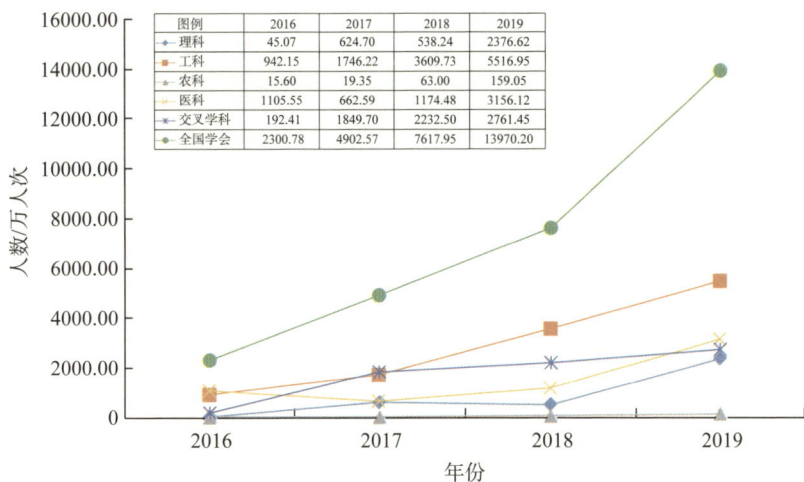

图例	2016	2017	2018	2019
理科	45.07	624.70	538.24	2376.62
工科	942.15	1746.22	3609.73	5516.95
农科	15.60	19.35	63.00	159.05
医科	1105.55	662.59	1174.48	3156.12
交叉学科	192.41	1849.70	2232.50	2761.45
全国学会	2300.78	4902.57	7617.95	13970.20

图 5-12 2016—2019 年全国学会及五类学会主办科普网站浏览人数变化趋势
（数据来源：中国科协统计年鉴）

2. 科普微信公众号数量持续增长

2019年科普微信公众号225个，比2016年的197个增长了28个，增长率为14.21%。其中工科类科普微信公众号数量最多，在2019年达到了98个（图5-13）。

图例	2016	2017	2018	2019
理科	28	41	32	38
工科	63	74	96	98
农科	8	14	17	19
医科	28	23	29	29
交叉学科	70	48	38	41
全国学会	197	200	212	225

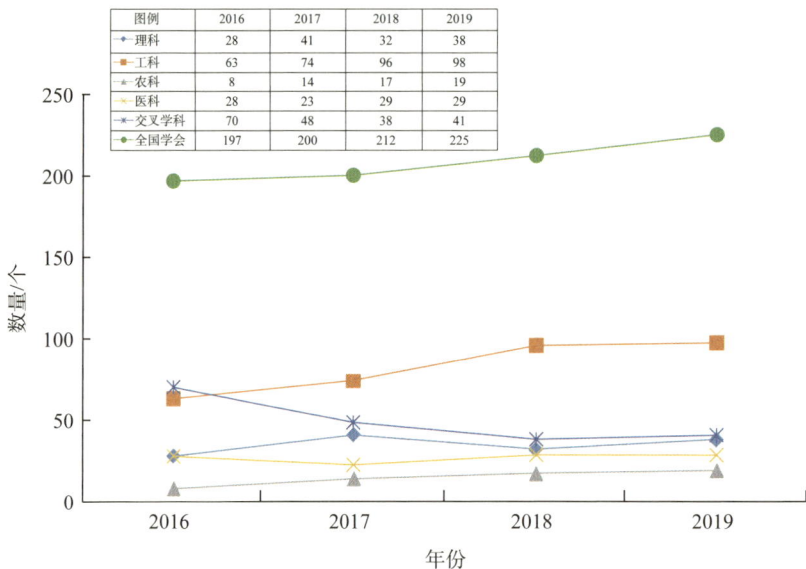

图 5-13 2016—2019 年全国学会及五类学会主办科普微信公众号变化趋势
（数据来源：中国科协统计年鉴）

在科普微信公众号关注数方面，2016年的科普微信公众号关注数最多，达到了634.40万，后期由于科普客户端的增加，很多学会科普入驻抖音、快手和今日头条等大流量客户端，分流了微信公众号的用户，到2019年下降到了434.69万（图5-14）。

3. 科普微博数量增长超过4倍

2016—2019年，全国学会主办科普微博数量大幅增长。2019年，全国学会主办的科普微博数量为164个，超过前三年总和，比2016年增加了129个，增长率为368.57%。2019年全国学会主办的科普微博数获得公众关注共307.02万人次，关注人次在2018年达到了1285.40万人次的历史高点，随着抖音等APP的引入，2019年关注数量被客户端分流，但是仍然比2016年增加了215.62万人次，增长率为235.91%。其中工科类科普微博最多，其他学科类的科普微博相对数量较少，总体呈增长趋势（图5-15和图5-16）。

图例	2016	2017	2018	2019
理科	16.51	25.86	31.60	53.20
工科	523.06	79.93	120.24	146.82
农科	58.74	12.62	27.19	14.63
医科	23.48	78.97	172.23	127.07
交叉学科	12.64	43.39	183.18	92.96
全国学会	634.40	240.80	534.50	434.69

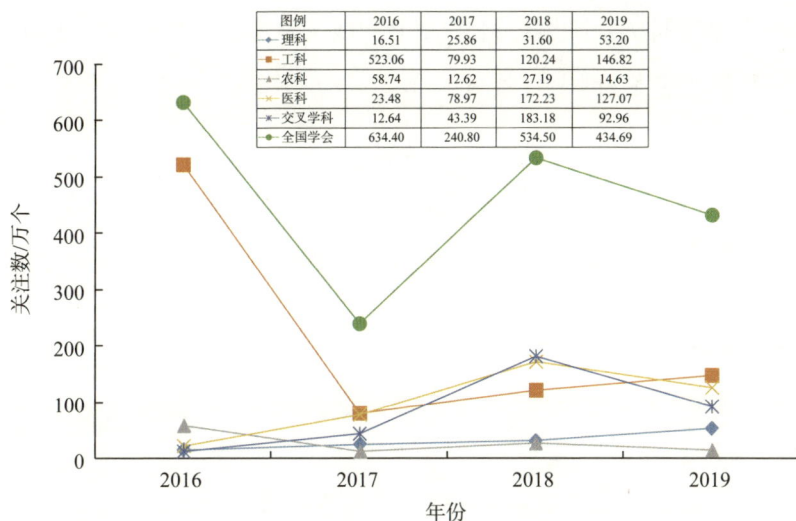

图 5-14 2016—2019 年全国学会及五类学会主办科普微信公众号关注数变化趋势
（数据来源：中国科协统计年鉴）

图例	2016	2017	2018	2019
理科	9	5	5	4
工科	15	17	21	131
农科	0	0	1	2
医科	4	5	6	14
交叉学科	7	10	13	13
全国学会	35	37	46	164

图 5-15 2016—2019 年全国学会及五类学会主办科普微博变化趋势
（数据来源：中国科协统计年鉴）

4. 科普客户端传播效能巨大

在科普客户端（即科普 APP）方面，2016—2018 年中国科协统计年鉴数据显示，全国学会主办的科普 APP 发展较快，下载安装次数大幅度提升。科普 APP 自 2016 年的 12 个增加到 2018 年的 16 个，增加了 4 个，增长率为

33.33%；其中理科类全国学会科普 APP 完成了从零到一的过程，工科类、理科类和农科类增速尤为明显（图 5-17）。

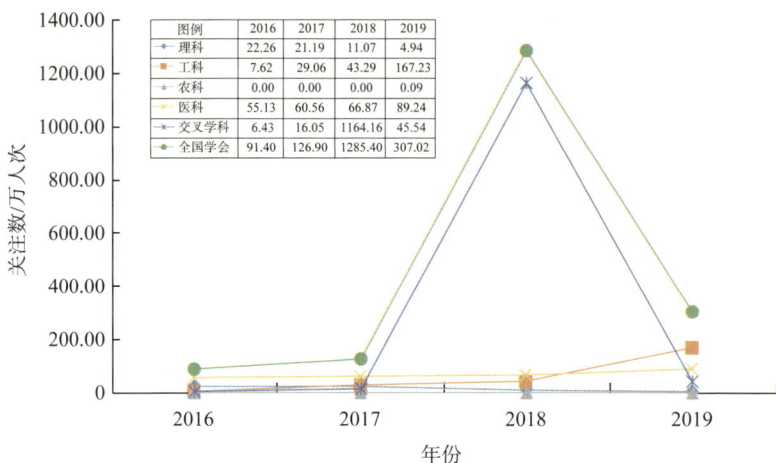

图例	2016	2017	2018	2019
理科	22.26	21.19	11.07	4.94
工科	7.62	29.06	43.29	167.23
农科	0.00	0.00	0.00	0.09
医科	55.13	60.56	66.87	89.24
交叉学科	6.43	16.05	1164.16	45.54
全国学会	91.40	126.90	1285.40	307.02

图 5-16 2016—2019 年全国学会及五类学会主办科普微博公众号关注数变化趋势
（数据来源：中国科协统计年鉴）

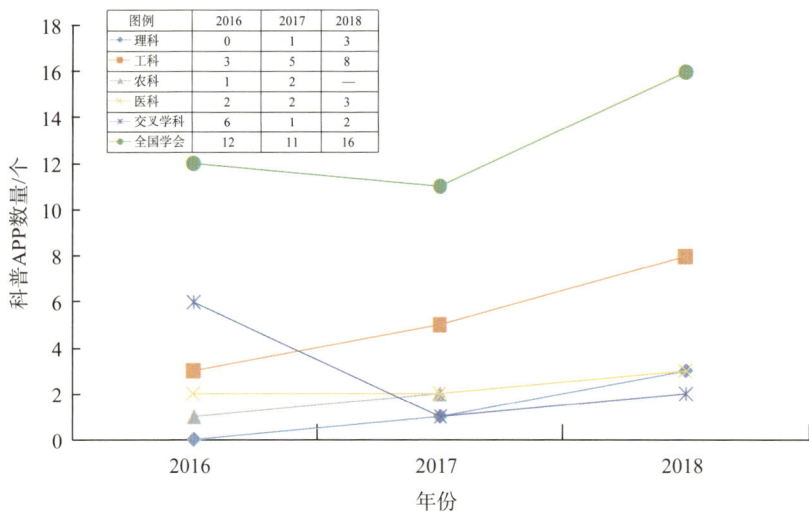

图例	2016	2017	2018
理科	0	1	3
工科	3	5	8
农科	1	2	—
医科	2	2	3
交叉学科	6	1	2
全国学会	12	11	16

图 5-17 2016—2018 年全国学会及五类学会主办科普 APP 变化趋势
（数据来源：中国科协统计年鉴，其中缺少农科学会 2018 年数据）

在 APP 下载安装次数方面，全国学会从 2016 年的 181546 次，增加到 2018 年的 1189313 次，增加了 1007767 次，增长率为 555.10%，增速显著。其中工科类的 APP 下载安装次数最多，在 2017 年实现了下载安装百万次以上，其他学科类的下载安装次数基本维持在 10 万次以下（图 5-18）。

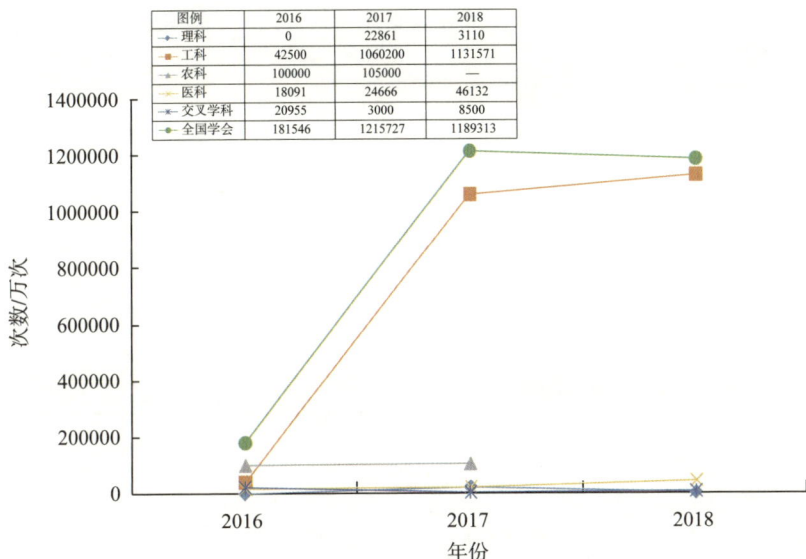

图例	2016	2017	2018
理科	0	22861	3110
工科	42500	1060200	1131571
农科	100000	105000	—
医科	18091	24666	46132
交叉学科	20955	3000	8500
全国学会	181546	1215727	1189313

图 5-18 2016—2018 年全国学会及五类学会的科普 APP 下载安装数变化趋势
（数据来源：中国科协统计年鉴，其中缺少农科学会 2018 年数据）

科普 APP 赋能科普工作，传播效能巨大。如中国药学会积极参与疫情防控科普资源创作和抗疫事迹宣传，组织创编各类科普资源 7000 篇，实践"自媒体＋融媒体"的科普传播形式，通过"药葫芦娃"两微九端（微信、微博、今日头条、搜狐健康、天天快报、一点资讯、搜狗号、百家号、趣头条、喜马拉雅、抖音）的科普传播矩阵进行广泛宣传，并获得学习强国 APP、全国总工会官微、国家药监局"中国药闻"、中国科协"科普中国"、光明网等平台的转发，总传播量达 1 亿人次。

5. 科普载体平稳迭代

由于新媒体在科普领域的广泛应用，科普传统媒体近年数量出现明显下降态势，这也反映了全国学会工作能与时俱进，对外部环境和社会需求反应灵敏，组织运作具有灵活性和开放性。

第一，科普手机报数量减少。2016—2018 年主办的科普手机报个数锐减，而订阅数相对保持稳定。仅 2016 年主办的科普手机报种类多达 237 个，到了 2017 年锐减为 5 个，2018 年减少到了 4 个。2016 年的科普手机报是交叉学科最多，达到了 235 个，2017 年开始整合为 1 个（图 5-19）。与之相应，科普手机报的订阅数也大幅减少。

图 5-19 2016—2018 年全国学会及五类学会主办科普手机报变化趋势
（数据来源：中国科协统计年鉴）

第二，近五年科技图书种类及总印数稳中有降。2015 年编著科技图书种类有 476 种，到 2019 年为 388 种，减少了 88 种。科技图书总印数 2015 年为 174.34 万册，2019 年减少到 154.70 万册（图 5-20）。

第三，科技类报纸印数持续下降。2019 年报纸种类为 13 种，总印数从 2015 年的 116.75 万份持续下降至 62.60 万份，减少了 46.38%（图 5-21）。

此外，科技类光盘、挂图也出现了不同程度的下降，学会科普媒体平稳迭代。

图 5-20 2015—2019 年编著科技图书种类数及科技图书总印数
（数据来源：中国科协统计年鉴）

图 5-21 2015—2019 年主办科技报纸种类数及科技报纸总印数
（数据来源：中国科协统计年鉴）

四、广播影视动漫衍生品崛起

1.科普制作节目播放时长猛增

2018 年，全国学会制作的科技广播、影视节目数量比 2015 年略有增长，达到 122 个。由于国家支持电视台、广播电台制作更多群众喜闻乐见的适合在电视、广播电台和互联网同步传播的科普作品，要求大众媒体增加播放时间和传播频次，因此，全国学会制作节目的播放时长增长迅猛，2018 年播放时长增长了 15008198 小时，是 2015 年的 1831.83 倍（图 5-22）。

图 5-22 2015—2018 年制作科技广播、影视节目数量及节目播放时间
（数据来源：中国科协统计年鉴）

2. 科普动漫作品数量显著增加

2018 年，全国学会创作的科普动漫作品数量为 210 个，是 2015—2017 年三年制作数量的 1.38 倍，比 2015 年增长了 412.20%（图 5-23），作品数量显著增长。

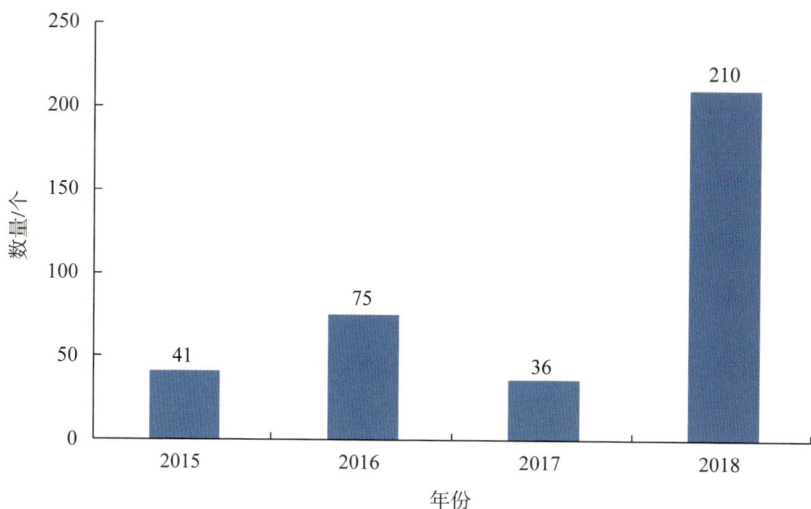

图 5-23 2015—2018 年制作科普动漫作品数量
（数据来源：中国科协统计年鉴）

3. 网络游戏成为科普新形式

2019 年，中国科协牵头、联合多家机构成立"科普游戏联盟"，旨在团结国内相关单位共同推动国内科普游戏发展与壮大，以游戏为媒介普及科学知识。各全国学会积极参与开展这一形式新颖具有吸引力的科普方式。如中国免疫学会公益性参与腾讯游戏作品——《健康保卫战》，这款游戏以人体健康为主题，通过常见的感染疾病场景，讲述和传递人体的免疫机制和原理。经过学会专家对其科学元素的指导和审查，2020 年 11 月该游戏基本完成。

五、科普工作机制日益成熟

1. 创新科普工作体系建设

全国学会为了提高科普工作质量，重视科普工作的组织体系建设。例如，一大批学会在秘书处层面成立内设机构；或在分支机构层面成立科普工作委员会；或在秘书处安排科普工作岗位，规模小的学会一般会在秘书处层面安排工作人员兼职从事科普工作。随着科普工作力度的加大，各全国学会创新科普组织体系建设，并给予专项资金支持。中国计算机学会由于计算机领域专业性强，知识可视化困难，科普创作容易变得枯燥且缺乏吸引力，在面向大众的计算机科普方面，一直没有明显的成效，2020年中国计算机学会创新科普组织体系建设，在科学普及工作委员会设立双主任制，聘请科普达人担任科普主任，并投入80万元支持科普创作，新的科学普及工作委员会开拓思路，创立统一的科普品牌，将自产和整合科普素材结合，利用新媒体工具，快速集结了一批科普志愿者和科普素材，通过科普品牌传播，使科普工作取得显著进展。

科普工作纳入到学会的整体工作考核和奖励。科普工作成为学会评估和考核的重要维度，同时也促使学会围绕成熟的或有影响的科普活动积极进行品牌凝练、品牌管理和品牌传播等。为了激励科普工作开展，很多学会在学会奖励中新增科普奖，用于奖励在科普工作中表现优秀的单位和个人。如中华预防医学会在2020年颁发首届中华预防医学会科技奖科普奖。

中国科协重视对全国学会科普的政策引导和扶持，并对全国学会科普工作进行年度考核。同时，中国科协自身为了提升国家科普公共服务水平，推进科普信息化建设，打造了包括"科普中国"等品牌，对多个在科学性、传播性、创新性、持续性等方面具有突出优势的科普项目进行支持，帮助其扩大科普品牌影响力。另外，还组织开展了科普中国共建基地项目。

2. 科普与学会其他业务活动有机融合

第一，科普工作与党建工作融合。如中国航空学会走进宁夏红寺堡、广西桂林，开展集科普报告、科技惠农、科技咨询、公益捐赠等于一体的全国学会党建强会活动。

第二，学术交流与科普工作融合。相当一部分学会在学术会议以及其他交流活动中搭载科普主题，把学术交流打造成为科普重要渠道。

第三，科技咨询服务与科普工作融合。如中国航空学会前往陕西汉中、江西德兴、广西桂林、梧州和贺州、黑龙江哈尔滨和黑河市等地，将科技咨询活动与科普活动有机结合，开展中国科协创新融合学会联合体党建强会科普行活动20余场。

3.建设以高层专家为旗帜和专兼结合的科普人才队伍

第一，学会科普专职人员数量增长快，素质高。2019年全国学会科普专职人员达到了689人，比2016年增长了67.23%；科普专职工作人员素质有所提高，2018年的735名科普专职工作人员中，中级职称或本科学历以上人员705人，占比达95.92%，2016年为72.57%（图5-24和图5-25）。

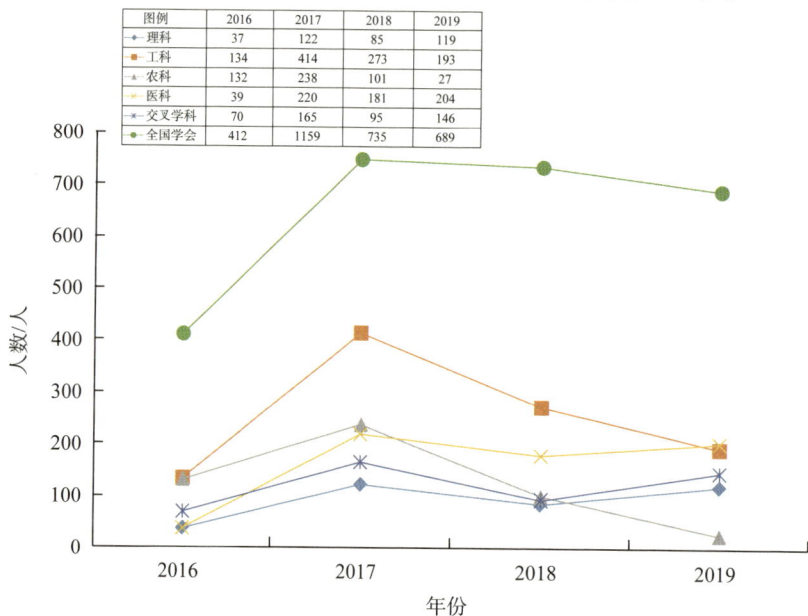

图例	2016	2017	2018	2019
理科	37	122	85	119
工科	134	414	273	193
农科	132	238	101	27
医科	39	220	181	204
交叉学科	70	165	95	146
全国学会	412	1159	735	689

图 5-24 2016—2019 年科普专职人数
（数据来源：中国科协统计年鉴）

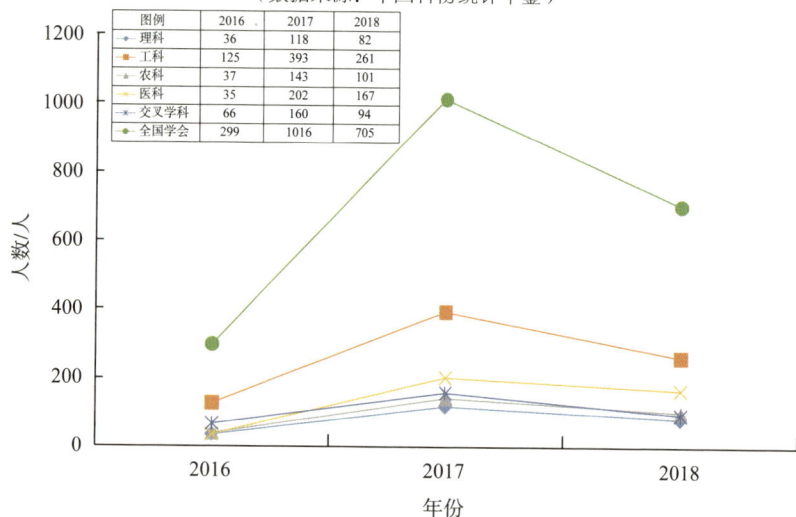

图例	2016	2017	2018
理科	36	118	82
工科	125	393	261
农科	37	143	101
医科	35	202	167
交叉学科	66	160	94
全国学会	299	1016	705

图 5-25 2016—2018 年科普专职人员中级职称以上或者大学本科以上学历人数
（数据来源：中国科协统计年鉴）

第二，兼职科普人员队伍人数增长九成，2019 年科普兼职人员达到了 9574 人，比 2016 年增长了 98.59%。2018 年科普兼职人员达到了 7775 人，其中，中级职称或本科以上学历人数达 7203 人，占比达 92.64%（图 5-26 和图 5-27）。

图例	2016	2017	2018	2019
理科	938	2225	1287	2306
工科	1209	3546	2088	2768
农科	2055	3944	1831	847
医科	363	1529	1166	1032
交叉学科	256	1659	1403	2621
全国学会	4821	12903	7775	9574

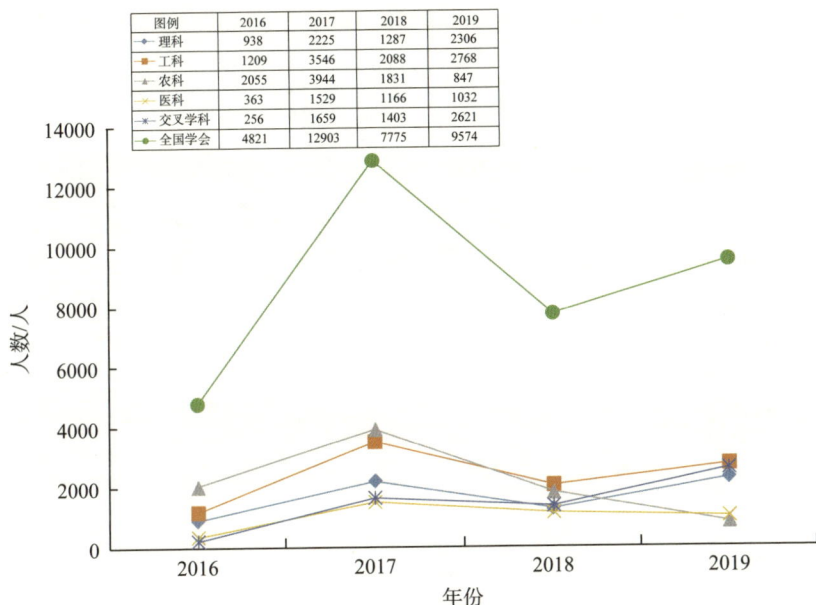

图 5-26 2016—2019 年科普兼职人数
（数据来源：中国科协统计年鉴）

图例	2016	2017	2018
理科	932	0	1285
工科	1084	3226	1915
农科	1766	3418	1594
医科	362	1372	1010
交叉学科	242	1641	1399
全国学会	4386	11874	7203

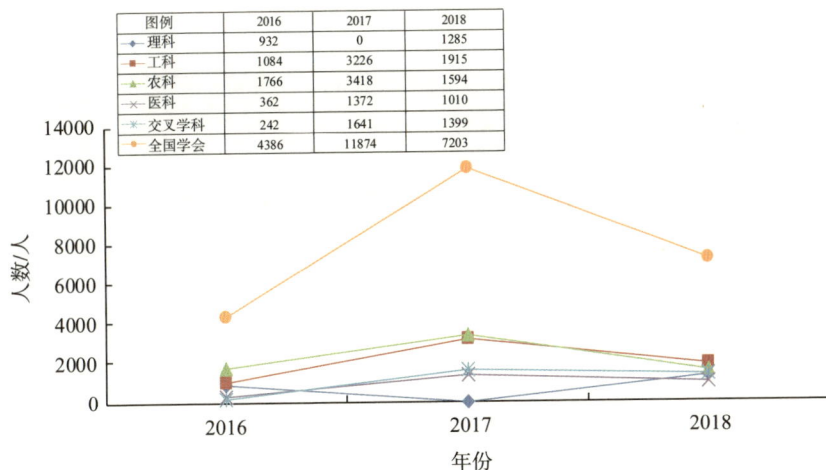

图 5-27 2016—2018 年兼职科普人员中级职称以上或者大学本科以上学历人数
（数据来源：中国科协统计年鉴）

第三，注册科普志愿者增长明显。2016 年至 2019 年全国学会注册科普志愿者人数总体呈增长态势。2016 年全国学会注册科普志愿者 28156 人，2017年达到了 72085 人，到了 2018 年又回落到 43929 人，2019 年略有增长，达到56585 人，虽然比 2017 年少，但是相对于 2016 年，2019 年注册科普志愿者人数增加了 28429 人，增长率为 100.97%，有了较大幅度的增长。其中交叉学科类学会注册的科普志愿者最多，其次是医科类和理科类，工科类、农科类注册的科普志愿者较少（图 5-28）。

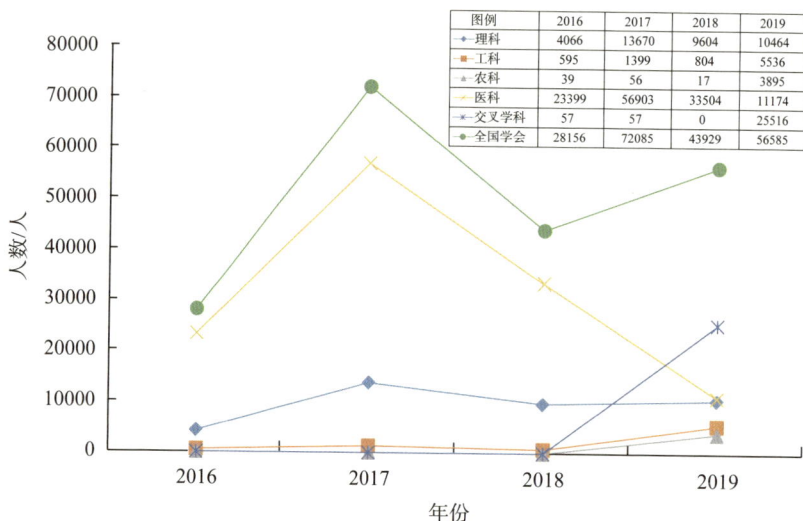

图例	2016	2017	2018	2019
理科	4066	13670	9604	10464
工科	595	1399	804	5536
农科	39	56	17	3895
医科	23399	56903	33504	11174
交叉学科	57	57	0	25516
全国学会	28156	72085	43929	56585

图 5-28 2016—2019 年全国学会注册科普志愿者人数
（数据来源：中国科协统计年鉴数据）

第四，院士带头参加科普成为全国学会的一大特色。2018 年，全国学会共组织院士科普报告会 139 场，其中工科学会最多，占比 52.52%。

全国学会重视科普人才的培养，保障了科普工作的可持续性。中国核学会自 2015 年举办第一期核科普讲师培训班以来，已举办了 5 期培训班，邀请多位专家授课并交流科普工作经验，培训了来自政府、科研院所、企事业单位的300 余名学员并颁发了结业证书。中国核学会成立了"核科技工作者之家"，为推动核电、核科技事业的良好发展做出了突出贡献。

4. 打造一流科普基地和流动科技馆

第一，科普教育基地建设卓有成效。中国建筑学会为了更好地凝聚科普教育基地力量，调动依托单位开展科普活动的积极性，扶持优秀科普公益活动的开展，发起"中国建筑学会科普专项"扶持计划。该计划面向中国建筑学会科普教育基地每年资金扶持至多五项科普公益活动，资源扶持十项科普公益活动，进一步规范科普教育基地的管理与服务，推动中国建筑科普教育事业的发展。中国康复医学会授予其科普基地新华医院为全国科普示范基地。全国学会的多家科普教育基地被评为全国优秀科普教育基地，如中国地球物理学会的科普教育基地中国地质大学博物馆、中国农学会的科普教育基地北京市小汤山地区地热开发公司等。中华预防医学会打造科普基地群品牌，修订学会健康科普基地管理办法，累计在全国建设 15 个健康科普基地，拓展了健康科普的社会覆盖。

第二，流动科技馆成为科普重要阵地。2015、2016 和 2018 年开展流动科技馆巡展活动共 311 场，其中 2016 年最多，达到了 199 场（图 5-29）。

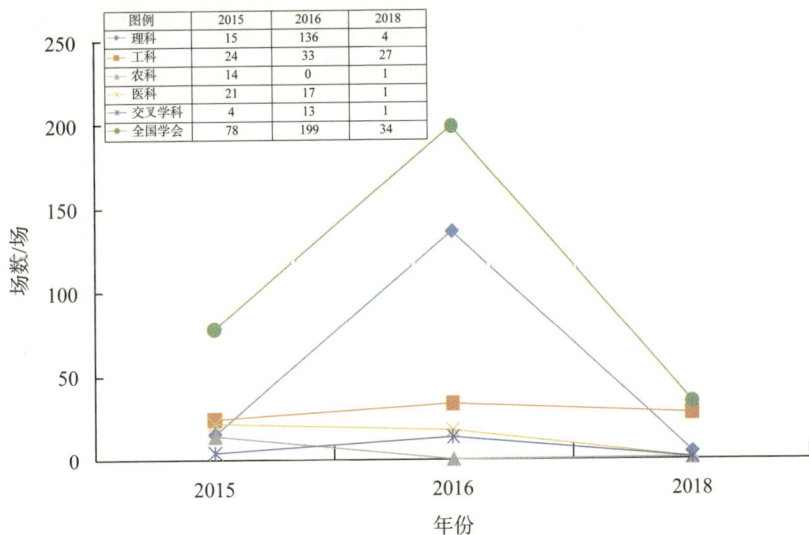

图例	2015	2016	2018
理科	15	136	4
工科	24	33	27
农科	14	0	1
医科	21	17	1
交叉学科	4	13	1
全国学会	78	199	34

图 5-29 2015、2016 和 2018 年举办流动科技馆巡展活动场数
（数据来源：中国科协统计年鉴）

流动科技馆巡展受众总人数方面，2015、2016 和 2018 年增加趋势显著，虽然 2018 年的流动科技馆巡展活动场次少，但是受众总人数在一直增加，尤其是工科类流动科技馆巡展受众人数增长迅速（图 5-30）。

5. 科普活动覆盖基层能力有所增强

2018 年科普活动覆盖社区数量为 4952 个，比 2016 年增长了 11.68%（图

5-31）。全国学会对加强农村科普工作的重视和资源投入的增加，有助于全面提高我国农民的科学文化素质，提升农民科普信息化服务水平和服务于国家乡村振兴战略。从举办的科普活动覆盖村的数量来看，2016 年为 4443 个，2018年是 2016 年的 7.59 倍（图 5-32）。

图 5-30 2015、2016 和 2018 年流动科技馆巡展受众人数
（数据来源：中国科协统计年鉴）

图 5-31 2016—2018年举办科普活动覆盖社区数量
（数据来源：中国科协统计年鉴）

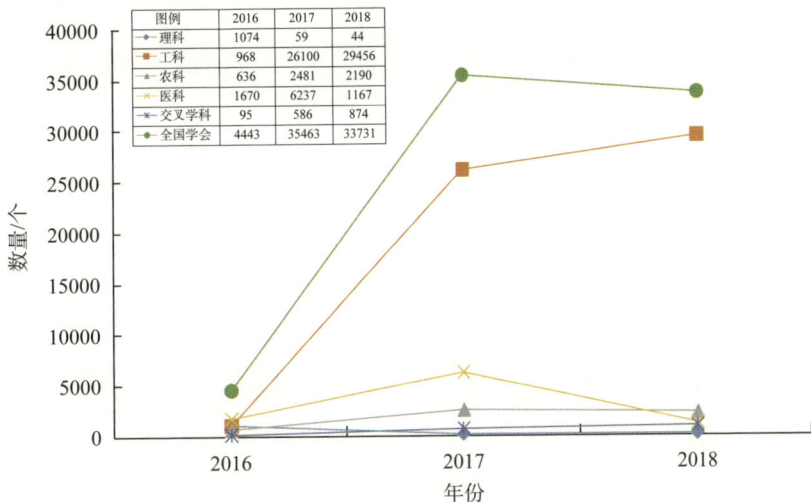

图 5-32 2016—2018年举办科普活动覆盖村数量

（数据来源：中国科协统计年鉴）

六、科普运作出现品牌化态势

全国学会不断提升科普创作能力、科技传播能力、科技教育能力、科技服务能力、动员科普志愿者能力等，并不断增加科普活动次数，创新科普活动方式，增加科普活动覆盖面以及增强科普活动实效性等，由此涌现出大量的科普品牌活动或服务。科普品牌活动不仅形式多样而且各具特色。

1. 科普志愿者服务品牌

科普志愿者是科普工作的重要力量之一，在开展各种形式的科学教育传播与普及活动中发挥着积极作用。中国国土经济学会的一大科普品牌活动就是科普志愿者服务，作为中国科协"科创中国"中小城市高质量发展科技服务团，中国国土经济学会开展了科技志愿者助力湖北智慧农业项目和支持湖北复工复产达产订单服务项目等。

2. 科普顶级专家团队品牌

科普团队若由那些具有较高的学术权威性和社会知名度的顶级专家带领，可以起到特殊的示范引领和辐射作用。中国核学会和中国生物医学工程学会打造的科普品牌活动是"院士带头科普"。中国核学会自 2013 年开始每年组织核科技领域的 20 余位院士专家团队在全国开展核科普工作，深入地方和科研院所、工程建设现场，介绍核科技知识，传播核科学精神。中国生物医学工程学会从 2016 年到 2019 年组建了 30 余人的"院士专家科学道德教育活动宣讲团"。院士是科技界当之无愧的顶级专家，每一位院士都是某一领域的领军人物，可以在科普工作中发挥巨大的影响力、号召力和凝聚力。

3. 科普讲座品牌

科普讲座是学会开展科普工作的常见形式。围绕社会热点等面向公众作科普讲座，可以让科学亲近公众和让公众理解科学，更好地激发公众的科学热情和提升全民科学素养。中国建筑学会 2015 年启动了建筑大家科普讲堂，以"匠人精神"为主旨，为未来建筑师、在职青年建筑师解决从业困惑，培养其作为一名中国建筑师的职业素养和态度，帮助他们更好地了解多元产业下的前沿发展，使青年一代建筑师更好的胜任城镇建设者的角色。截至 2019 年底，建筑大家科普讲堂已成功举办 16 期，由包括中国工程院院士、中国科学院院士、全国工程勘察设计大师在内的中国建筑大家，行业巨匠，中青年杰出建筑师、规划师，相关领域专家和学者，共同为大家呈现开放与多元并重的大家讲堂，帮助行业内外更好地了解中国建筑文化、中西方建筑学思维、中国建筑学人精神等。

4. 科技竞赛品牌

科技竞赛是培养创新精神、创新能力以及解决实际问题能力的重要途径。中国力学学会形成了多元一体的学会科普品牌体系，其每年定期组织开展的科普活动包括面向研究生的深空轨道设计竞赛，面向大学生的全国周培源大学生力学竞赛，面向中学生的趣味力学邀请赛等。多家学会还组织了几大学科的中学生奥林匹克竞赛，影响广泛，像中国数学会举办的全国中学生数学奥林匹克竞赛、中国物理学会举办的全国中学生物理奥林匹克竞赛、中国化学会举办的全国中学生化学奥林匹克竞赛、中国动物学会和中国植物学会共同举办的全国中学生生物学奥林匹克竞赛等。此外，中国电子学会举办了全国青少年电子信息智能创新大赛，中国机械工程学会举办了 2020 年"云说新科技"科普大赛等。

5. 主题活动品牌

科技主题活动日、活动周或活动节已经成为科普品牌活动。中国营养学会联合中国疾控中心营养与健康所、农业部食物与营养发展研究所、中国科学院上海生科院营养科学研究所作为发起及组织单位，将每年 5 月的第三周确定为"全民营养周"，旨在通过以科学界为主导，全社会和多渠道传播核心营养知识及实践，使公众了解食物、提高健康素养、建立营养新生活和提升国民素质。学会设计了"全民营养周"的标识和标语，开展了进校园进社区宣传活动，在公共场所开展主题宣传活动，并利用网络媒体宣传"全民营养周"主题。中国水利学会在"世界水日"和"中国水周"，中国气象学会在"世界气象日"期间组织开展系列科普活动。中国图书馆学会开展的全民阅读活动、少儿阅读年活动、全民阅读论坛等成为推动科普阅读的知名品牌，在全社会产生了广泛影响，"阅读推广人"培育行动荣获国家新闻出版总署 2019 年全民阅读优秀项目，各部委、各地区推荐的 171 个项目中仅有 20 项获此殊荣。

很多全国学会的科普品牌活动或服务并不是单一的，而是多元化、综合性的科普服务项目，也相应地面向服务对象提供多层次和差异化服务。例如，多次被评为"全国学会科普工作优秀单位"的中国公路学会通过强化科普组织建设，开展公路科普品牌活动，加强科普信息化建设，注重优质科普图书出版、相关课题研究等项工作，尤其在全国科技周、全国科普日期间学会依托全国公路科普教育基地、科学传播专家和各省级公路学会，开展了丰富多彩的线上线下公路科普知识宣传活动，策划组织了系列公路科普宣传活动，举办了 2018年世界大学生桥梁设计大赛，推进中国道路博物馆的建设进程等。

七、科普内容倡导科学精神

科学普及的内容十分广泛，既涉及科学知识体系、应用技术和技能、科学的世界观和方法论，也涉及新思想、新知识、新技术等。全国学会在科普实践中着重普及的内容主要集中在四个方面：科学知识、科学思想、科学精神和科学方法。近年来，科普内容逐步从侧重普及科学知识向倡导科学方法、科学思想和弘扬科学精神转变。

1. 普及科学知识和推广新技术

全国学会 2015 年推广新技术和新品种 909 项，但 2016—2018 年间该项工作有较大的回落，2018 年推广新技术和新品种降至 157 项，2019 年又出现了恢复性上升，已经比较接近 2015 年的水平（图 5-33）。

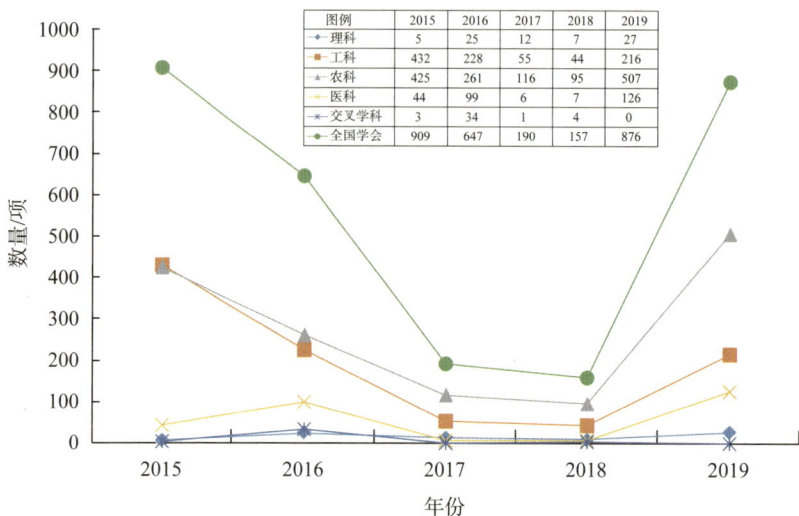

图例	2015	2016	2017	2018	2019
理科	5	25	12	7	27
工科	432	228	55	44	216
农科	425	261	116	95	507
医科	44	99	6	7	126
交叉学科	3	34	1	4	0
全国学会	909	647	190	157	876

图 5-33 2015—2019 年全国学会推广新技术、新品种数量
（数据来源：中国科协统计年鉴）

2. 传播科学思想和启迪科学观念

传播科学思想和启迪科学观念需要改变科普受众仅仅是科学知识被动接受者的状况，只有通过丰富多样的形式使受众潜移默化地产生科学兴趣和形成科学态度，才能更有效地增强公众对科学的理解程度。近年来，各学会不断创新和丰富科普形式，同时兼顾科学性和趣味性，推出了各种体验式科普等新的活动形式，有的学会还结合虚拟现实技术，运用科普游戏等手段打造短视频或动画演示等可视化形式，这类参与性、互动性科普方式是科学大众化的创新尝试，推动着科普工作理念和实践形式的新跨越。各学会还围绕一些重点主题活动日，如全国"双创"活动周、全国科普日、科技活动周等开展多样化的活动，积极培育广大公众的科技意识。例如，中国气象学会在"世界气象日"组织开放日活动，现场开展了气象科普产品展示及 DIY 制作活动，孩子们在现场比赛组装风云 3 号和风云 4 号气象卫星及地球拼图，还在 VR 体验区体验台风、暴雨、沙尘暴等模拟极端灾害天气，向公众传递认识和理解自然规律、科学防范极端天气的理念，并呼吁公众关注气候变化和合理利

用气候资源等。

3. 弘扬科学精神

传统科普活动在内容上比较侧重科学知识和技术的传播推广，因此，大多数科普载体上的内容只是某些具体的知识和技术，在调查公众科学素养时也主要是考察公众对科学常识的了解程度，而很少涉及科学精神的阐述与宣传。近五年来，全国学会注重科学精神和科学道德的弘扬，同时切实推进科研诚信及学风建设，积极宣传报道科技成就和德才兼备的优秀科技工作者。如前文所述，实践中很多学会都很注重学会文化建设，积极发挥学会老一辈专家、中青年学者的作用，向社会、科技工作者和会员传播科学精神。如在2020年5月30日第四个"全国科技工作者日"之际，中国农业工程学会在官方网站开设专栏，面向广大农业工程科技工作者开展"弘扬新时代科学家精神"活动，对农业工程领域的院士进行宣传报道，大力弘扬践行"爱国、创新、求实、奉献、协同、育人"的新时代科学家精神，引领广大农业工程科技工作者在践行社会主义核心价值观中走在前列，争做重大科研成果的创造者、建设科技强国的奉献者、崇高思想品格的践行者、良好社会风尚的引领者。中国机械工程学会于2020年启动"机械工程数字博物馆"建设，以此作为我国机械工业历史成就与人物的展示平台，为弘扬中华文化、传承科学精神、提高公民素质做出积极贡献。

4. 传播推广科学方法

学会采取了各种不同渠道传播科学方法。例如，中国石油学会举办的科研论文写作技巧讲座，该学会非常规油气专业委员会举办了科研论文写作技巧及《石油学报》投稿讲座；中国机械工程学会作了题为"管理创新方法及应用"的主题讲座，指出需要有创新的思维并使用科学的方法和工具去寻找创新的方法。不同学科的全国学会开办了多个技术创新方法培训班。从2015—2019年，每年开办的技术创新方法培训班数量分别为268、383、118、128和545个，以2019年的数量为最多，相较2015年增幅为103.36%（图5-34）。

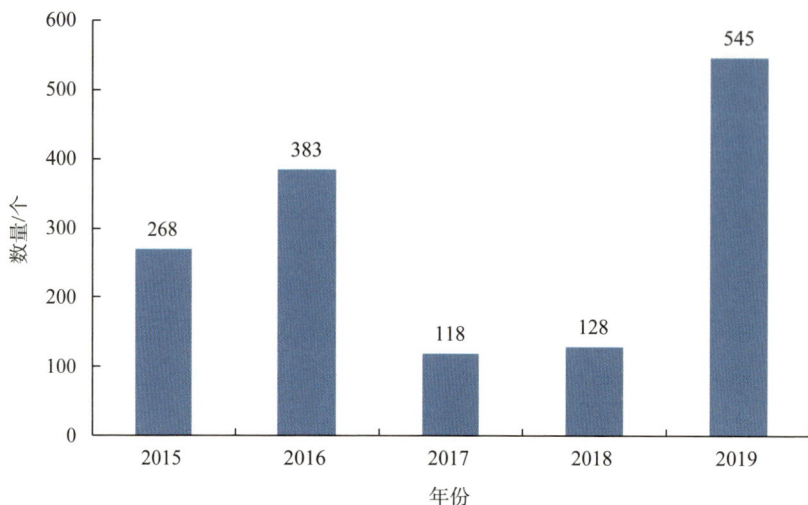

图 5-34 2015—2019 年全国学会技术创新方法培训班数量
（数据来源：中国科协统计年鉴）

科普内容的上述四个方面的是相互关联的，科学知识的建立离不开科学思想、科学精神的规范和引领，也离不开科学方法的合理运用；而科学思想、科学精神和科学方法的形成又是建立在科学知识的基础之上的。

八、应急科普需求催生科普"平战结合"长效机制

应急科普是国家应急管理体系的重要部分。多年来，全国学会在应急科普工作方面积累了诸多有效做法和经验，应急科普团队针对火灾、坍塌、山体滑坡、危化品事故、地震和交通事故等各种灾难类型开展了大量的应急科普宣传培训等工作。一些全国学会充分利用防灾减灾日等契机，通过科普教育基地发挥自身优势，组织开展防灾减灾科普宣传。

2020 年，新冠肺炎疫情来袭，多地启动了突发公共卫生事件一级响应机制。疫情防控期间，应急科普工作的重要性凸显，新冠肺炎疫情应急科普在澄清不实信息，传播科学防控知识，安抚社会恐慌情绪，恢复公众信心，促进社会稳定等方面都发挥了重要作用。各全国学会在新冠肺炎疫情防控应急科普方面积极行动，中华医学会、中华中医药学会、中华护理学会、中华预防医学会第一

时间向全国医务工作者发出《致抗炎一线同仁书》,中国药学会、中国药理学会、中国毒理学会、中国病理生理学会等 188 个全国学会分别发布倡议书。中国中西医结合学会《新型冠状病毒感染的肺炎中西医结合防治科普手册》和《新型冠状病毒感染的肺炎之日常防护须知》,会长陈香美院士领导组织编制了《中国中西医结合学会肾脏疾病专业委员会致全国中西医结合肾内科医师在新型冠状病毒感染背景下疫情防控和肾脏疾病诊治中的防护指导意见》(2020.02.01 试行版) ,变态反应、儿科、妇产科、肝病、急救医学、检验医学、呼吸病、麻醉、男科、泌尿外科、医学美容、营养、皮肤性病、肾脏疾病、消化内镜、心身医学、灾害医学等专业委员会发布了《抗击新冠肺炎疫情倡议书》《义诊倡议书》《关于打赢疫情防控阻击战的通知》《疫情防控和诊治中的防护指导意见》《孕产妇新冠防范科普篇》《新冠肺炎疫情心理应激干预》《新冠肺炎预防手册》《2019 冠状病毒病相关神经精神疾病神经调控康复专家共识》《营养食疗防治新型冠状病毒感染专家建议》《中医"三证三法"诊治新型冠状病毒肺炎专家共识》以及其他相关科普类文章、诊治实践经验等。中国自然科学博物馆学会发出了关于新型冠状病毒肺炎疫情防控和应急科普的倡议书。围绕"5·30"全国科技工作者日,中国生物化学与分子生物学会面向全体会员开展了"同心战疫,科技工作者在行动"主题照片征集活动等。

以新冠肺炎疫情防控科普工作为契机,催生了科普工作"平战结合"长效机制,这种新的机制包含以下方面特点。

1.应急科普常态化

社会危机的出现,催生了应急科普常态化。以新冠肺炎疫情防控科普工作为契机,多家全国学会在继续做好各种常态化科普宣传工作基础上,不断增强应急科普工作的内容。随着 2020 年夏季我国多地进入主汛期,多地暴雨增多和发生洪涝地质灾害,防汛形势严峻,各学会纷纷统筹做好疫情防控和防汛应急科普工作,普及防汛救灾科普知识,提高公众防汛救灾意识、素质及自救互救能力。新冠肺炎疫情的出现,使学会科普工作"平战结合"的长效机制逐步建立。

2. 注重科普工作联动和形成各方合力

各相关部门和全国学会逐步建立了科普工作联动机制，协同开展科普工作，动员社会化力量参与到常规科普和应急科普工作中，同时，加强了科普资源共建共享。在新冠肺炎疫情防控过程中，中国科协应急科普领导小组迅速动员和组织了多家学会开展了新冠肺炎疫情应急科普工作，充分利用了现有的科普基地，同时，科普中国网、科普中国客户端开辟了辟谣专题和发布各种应急科普内容，中国科技馆发展基金会发布了关于开展"坚定信心 同舟共济'疫'期加油"公共募捐的倡议，多家全国学会的科技工作者从专业的角度进行专业解读，基层科普信息员和科技志愿者等积极主动配合有关部门和地方加强疫情防控，不断丰富科普资源，加强精准科普传播，社会各方形成了合力，为新型冠状病毒的疫情防控和助力复工复产促进经济社会发展作出了积极贡献。

3. 后疫情时代加强建设"互联网＋科普"网络体系

全国学会融合现代化、信息化、智能化协同发展，借助多样化媒体平台，加大互联网、大数据技术等在科普领域的应用，推动数字化和智慧化科普。学会除继续发挥报刊、电视等传统媒体的传播作用外，还纷纷借助微信、微博、抖音等网络新媒体以新"云科普"的形式进行科学普及和宣传，形成了各类媒体立体化传播格局。2020 年新冠肺炎疫情暴发，催生"互联网＋科普"的网络体系。后疫情时代，学会重视应急科普下互联网与科普结合的组织效益和社会效益。如被评为"全国优秀抗疫学会"的中国康复医学会在 2020 年抗击新冠肺炎疫情"应急科普"过程中表现突出，除在传统媒体上发布应急科普作品外，还发布了关于新冠肺炎的预防、治疗、康复及健康生活等科普微视频作品30 余部。

第六章　智库建设

一、智库核心竞争力特色鲜明

近五年来，全国学会积极围绕党和政府中心工作谋划智库建设主攻方向，把服务党和政府科学决策作为使命担当，立足于国家需求，发挥行业高端智库的作用，坚持围绕国家科技发展战略、科技创新前沿，从多视角把握全局态势，开展前瞻性、针对性、建设性、储备性政策研究，形成了一些高端智库特色品牌。

1. 智库队伍聚集高端人才

一批全国学会非常重视智库的专家队伍建设，打造了由两院院士、行业顶尖专家、跨界专家带队的稳定专家队伍，形成由领军人物、首席专家、高级专家、企业高管构成的多层次、体系化、多领域的专家梯队。与其他智库相比，学会聚集的智库人才队伍具有高端化优势。如中国岩石力学工程学会创立的高端创新智库囊括了 606 名专家，其中两院院士 36 人，外籍专家 40 人，杰青 46 人，涉及交通工程、矿业工程、水电工程、石油与天然气工程、国防工程、地质灾害监测与防护、环境工程、古遗址保护工程等十余个专业领域。

2. 智库功能多元化

智库本身承载功能多样化，不仅具有决策咨询功能，还肩负学术交流平台、学术方向梳理、顶尖专家聚集与杰出青年科技工作者吸引、智能学科建设、产学对接等多方面的行业责任。正是因为学会智库具有多元化功能，因此，其提出的决策建议才更有针对性、前瞻性、战略性，这是学会区别于其他类型智库的独特优势和核心竞争力。

3. 具有国际化特点的高端智库

全国学会具有面向国际的优势。有的学会利用自身团队优势，积极吸收国际专家，建设国际高端智库。如中华预防医药学会组建中华预防医学会慢性病防控国际专家智库，成员包括原世界卫生组织慢病司司长、原芬兰国家议会议员 Pekka Puska 等 9 位国际专家和王辰院士等 15 位国内专家。

4. 交叉学科学会创新优势明显

近年来，交叉学科学会在智库建设方面的创新优势明显，提交咨询建议数量呈现持续上升态势。2019 年交叉学科学会反映科技工作者建议是 2016 年的 2 倍。2016 年至 2019 年共反映科技工作者建议 1012 篇，年均 253 篇，在 2018 年最多，达到了 342 篇。由于学科性质的差异，工科学会建议总量较多，交叉学科学会所提建议数量呈现持续上升趋势（图 6-1）。这反映学科交叉创新有利于解决新问题新矛盾，是党和政府决策的重要支撑。

图例	2016	2017	2018	2019
理科	51	30	199	22
工科	78	98	39	94
农科	47	27	31	30
医科	23	8	16	16
交叉学科	33	47	57	66
全国学会	232	210	342	228

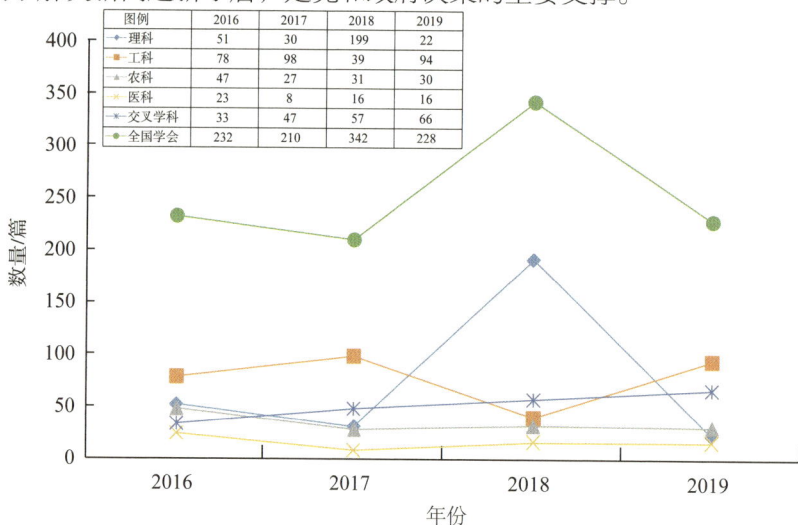

图 6-1 2016—2019 年反映科技工作者建议数量

（数据来源：中国科协统计年鉴）

5. 学会智库成果显示较好的质量

学会发挥专业优势和智力优势，积极把研究成果转化为政策建议和决策咨询报告，获得领导批示，对服务党和国家政策制定起到重要作用。2016—2019 年全国学会所反映科技工作者的建议获得领导批示的比例平均为 17.55%，其中 2017 年获得批示的比例最高，达到 22.86%，2018 年反映的建议最多，达到 342 条，如表 6-1 所示。中国水利学会撰写的《科技工作者建议——关于 2020 年水旱灾害防御的建议》被中央采纳，所提谨防疫情、洪灾叠加问题的意见受到肯定。2020 年，中国动物学会就本学科领域提出的"冠状病毒跨种传播的生态学机制是什么？"重大科学问题，入选中国科协十大重大科学问题，此内容的科技工作者建议，获得中央领导同志的批示。

表 6-1 2016—2019 年全国学会反映科技工作者建议获上级领导批示率

时间	反映科技工作者建议	获上级领导批示的建议	获得批示比例
2016年	232条	45条	19.40%
2017年	210条	48条	22.86%
2018年	342条	40条	11.70%
2019年	228篇	26篇，11条	16.23%

（数据来源：中国科协统计年鉴）

2015—2019 年全国学会提供决策咨询报告获领导批示的比例平均为 28.42%。如表 6-2 所示，2017 年以来，获批示率均在 30% 以上，2019 年提供的报告数量最多，达到 661 篇。中国林学会起草的"关于自然教育的调研报告"获得国家林草局专报采纳，并以"专家建议：大力发展自然教育"为题报送中办、国办信息部门，得到中办专报单篇采用。有的学会在 2020 年提交报告的获批示率甚至达到 100%，如中国城市科学研究会每年有近 20 篇学术报告获得国务院总理等国家领导人的批示。据不完全统计，2020 年已经形成高质量决策支撑研究报告 12 篇，均获国务院总理等国家领导人的批示，服务于国家经济社会发展和科学决策。

表 6-2 2015—2019 年全国学会提供决策咨询报告获上级领导批示率

	提供决策咨询报告	获上级领导批示的建议	获得批示比例
2015年	625篇	165篇	26.40%
2016年	596篇	99篇	16.61%
2017年	221篇	68篇	30.77%
2018年	233篇	70篇	30.04%
2019年	661篇	203篇，59条	39.64%

（数据来源：中国科协统计年鉴数据）

二、决策建议和咨询活动参与面广泛

2015—2019 年每年都有一批重大影响的咨询成果产出，相关政策建议直接转化为政策举措，逐步形成了一批具有广泛政策和社会影响力的智库品牌，有效服务科学决策、引领社会思潮。据 2015—2019 年中国科协统计年鉴数据显示，五年来共举办决策咨询活动 2909 次，2019 年比 2015 年增长了 24.54%，达到 883 次。各学科学会总体上的决策咨询活动，农科类和工科类最为频繁，且 2019 年在数量上较前三年有了大幅度的增长（图 6-2）。

图例	2015	2016	2017	2018	2019
理科	88	83	48	35	38
工科	297	363	130	116	358
农科	105	32	26	31	394
医科	88	153	28	29	37
交叉学科	131	197	28	18	56
全国学会	709	828	260	229	883

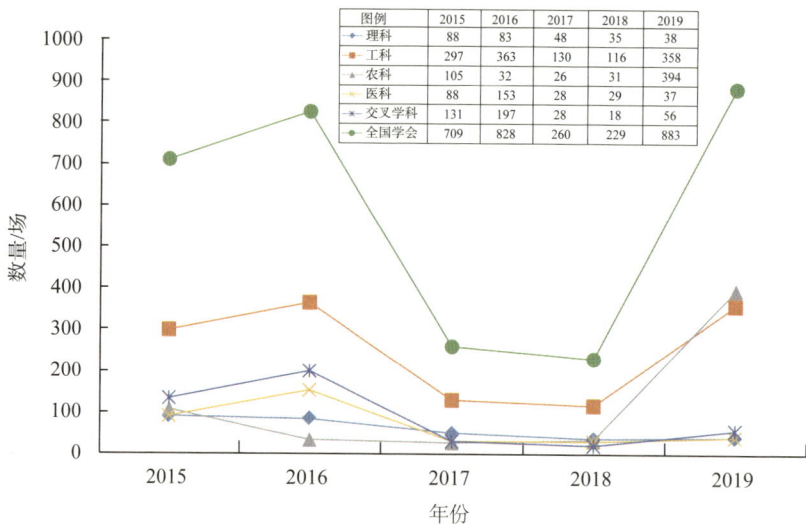

图 6-2 2015—2019 年举办决策咨询活动数量
（数据来源：中国科协统计年鉴）

2015—2019 年参加活动专家总数达 47024 人次，年均参加决策咨询活动的专家约 9405 人。在学科分类方面，理科类和农科类的专家人数三年以来总体上较为稳定，医科类和交叉学科类在 2017 年和 2018 年的数量下降较多，工科类则是稳中有升，2016 年以来历年参加决策咨询活动的专家数量都是最多的（图 6-3）。

2015—2019 年全国学会共提供决策咨询报告 2309 篇，年均 460 多篇，其中 2019 年达到了 661 篇，达到了历史新高。工科类学会提供的报告数量最多，在 2019 年占总数量的 53.40%（图 6-4）。

图例	2015	2016	2017	2018	2019
理科	912	933	684	646	631
工科	4920	3336	3069	4247	7511
农科	1691	692	524	554	2295
医科	3118	3246	1160	1205	1120
交叉学科	1583	1078	600	506	763
全国学会	12224	9285	6037	7158	12320

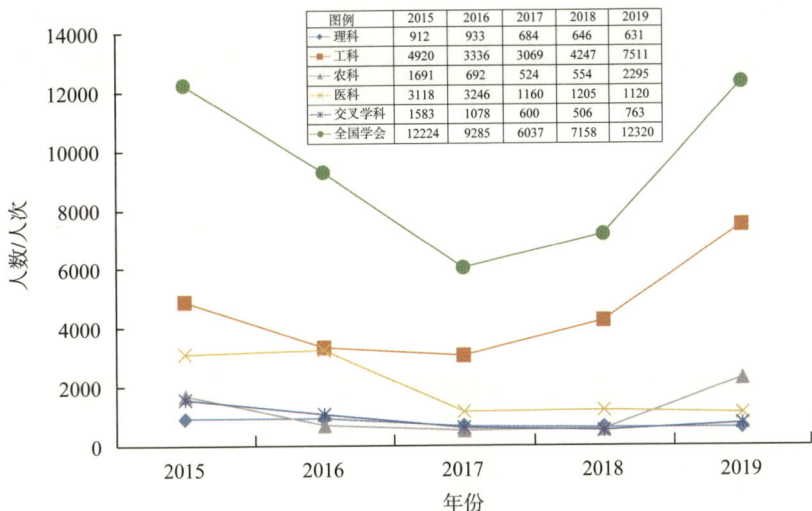

图 6-3 2015—2019 年参加决策咨询活动专家数
（数据来源：中国科协统计年鉴）

图例	2015	2016	2017	2018	2019
理科	64	52	23	40	61
工科	231	132	118	96	353
农科	114	48	32	27	80
医科	140	162	22	50	36
交叉学科	76	175	26	20	131
全国学会	625	569	221	233	661

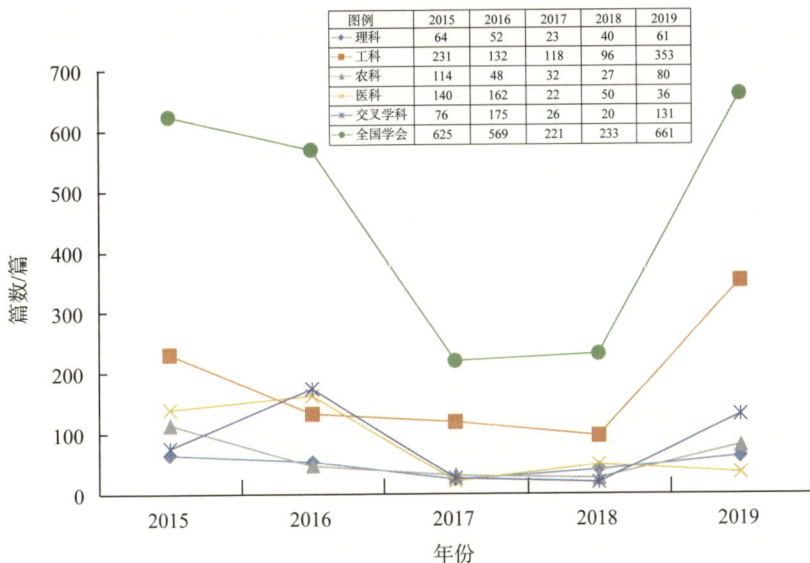

图 6-4 2015—2019 年提供决策咨询报告篇数
（数据来源：中国科协统计年鉴）

三、智库成果报送和发布渠道多样化

学会智库成果报送、发布渠道多种多样。学会可以自行、通过支撑单位或经由中国科协以文件形式直报中央，也可以院士专家联名形式上报，有的学会利用中国科协内参《科技界情况》《科技工作者建议》渠道上报智库成果。

125

此外，学会通过政策建议、参与立法政策制定、参加听证会、意见征询座谈会、推荐研究专家出席新闻发布会、接受媒体采访等多种形式，推动智库调研成果进入决策工作程序；各学会通过研究成果出版、网络发表、线上共享、公众论坛、交流研讨等多种方式，扩大了学会智库成果的社会影响面。

据2016—2019年的数据显示，四年间共答复人大政协代表（委员）提案203件，年均50.75件（图6-5）。

图 6-5 2016—2019 年答复人大政协代表(委员)提案数量
（数据来源：中国科协统计年鉴）

2016—2019年组织政协科协界委员协商或调研活动，与决策咨询和立法咨询活动变化趋势一致，2016年较好，2017年活动最少，2018—2019年的调研活动逐步回升。2016—2019年四年共组织政协科协界委员协商或者调研活动达135次，年均33.75次，2019年最多达到了53次。2016年交叉学科类最多达到了34次，2017—2019年活动最多的则是工科类，农科类和医科类组织政协科协界委员协商或调研活动次数一直较少，如图6-6所示。在此基础上所提供的决策咨询报告以及获得上级领导批示的报告数正相关，2019年获得上级领导批示的报告达到了203篇（上级领导批示共计59条）。如《南海航行状况研究报告》《关于规范我国湿地公园开发利用的建议》《国家金属资源安全战略亟须顺势转型》《协同创新驱动吉林省冰雪旅游产业发展调研报告》、中小学校园食物浪费、粮食安全研究的建议报告等，都得到了省部级或国家高层领导的批示。

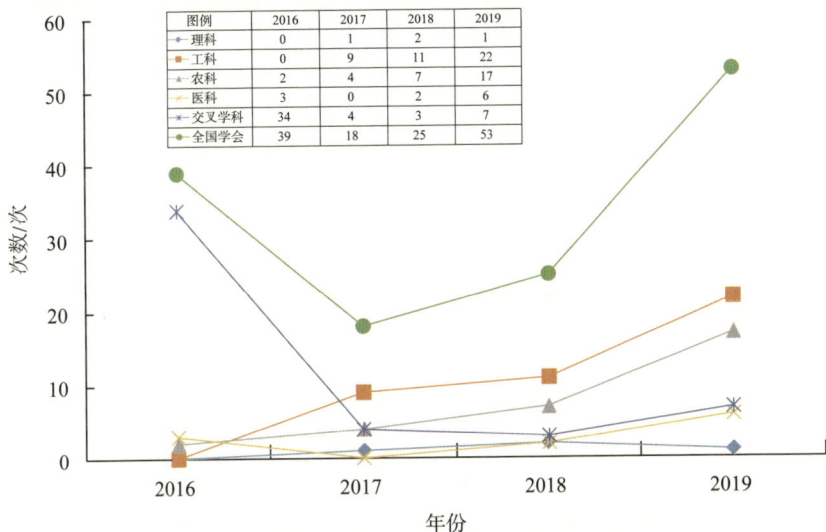

图例	2016	2017	2018	2019
理科	0	1	2	1
工科	0	9	11	22
农科	2	4	7	17
医科	3	0	2	6
交叉学科	34	4	3	7
全国学会	39	18	25	53

图 6-6 2016—2019 年组织政协科协界委员协商或调研活动次数
（数据来源：中国科协统计年鉴）

2016—2019 年共组织政策解读活动 393 场，年均 90 余场，总量上来看，近四年是稳中有升，2019 年比 2016 年增加了 52.69%。交叉学科 2019 年相较 2016 年则翻了一番（图 6-7）。

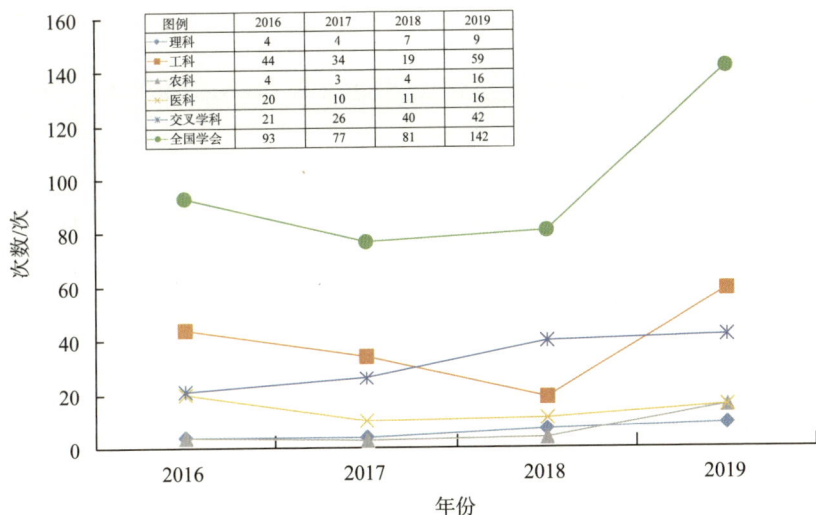

图例	2016	2017	2018	2019
理科	4	4	7	9
工科	44	34	19	59
农科	4	3	4	16
医科	20	10	11	16
交叉学科	21	26	40	42
全国学会	93	77	81	142

图 6-7 2016—2019 年组织政策解读活动次数
（数据来源：中国科协统计年鉴）

2016—2019 年四年间发布政策解读文章 693 篇，年均 170 余篇，总量呈增长趋势，尤其是 2019 年更是发表了 378 篇，是 2016 年发表篇数的 2.42 倍（图 6-8）。其中交叉学科类和工科类表现显著，2018—2019 年合计占总量的 90% 以上，农科类、理科类和医科类下降明显。

图例	2016	2017	2018	2019
理科	2	14	2	0
工科	24	17	23	107
农科	13	2	7	5
医科	33	5	3	1
交叉学科	84	22	64	265
全国学会	156	60	99	378

图 6-8 2016—2019 年发布政策解读文章数量

（数据来源：中国科协统计年鉴）

学会重视在网络与新媒体上宣传科技决策成果。仅中国营养学会 2019 年就宣传了 6740 项成果，遥遥领先于其他学会，如表 6-3 所示。

表 6-3 2019 年在网络与新媒体上宣传科技决策成果次数前 10 名

序号	学会	数量
1	中国营养学会	6740
2	中国自动化学会	302
3	中国产学研合作促进会	146
4	中国城市规划学会	112
5	中国园艺学会	86
6	中国发明协会	66
7	中国机械工程学会	61
8	中国化工学会	57
9	中国公路学会	30
10	中国纺织工程学会	30

（数据来源：中国科协统计年鉴）

四、智库成果品牌系列化

学会针对新一轮科技革命和产业变革的前沿热点，围绕关键核心技术，提出技术突破与产业发展路线图。聚焦本领域国家科技发展战略、规划、政策等重点问题，为科学调整国家科技资源的方向、力度、重点等提出政策建议。

2016 年到 2018 年，全国学会共发布智库品牌报告 168 个，年均 56 个，其中工科类最多，三年以来一直维持在 30 个左右（图6-9）。

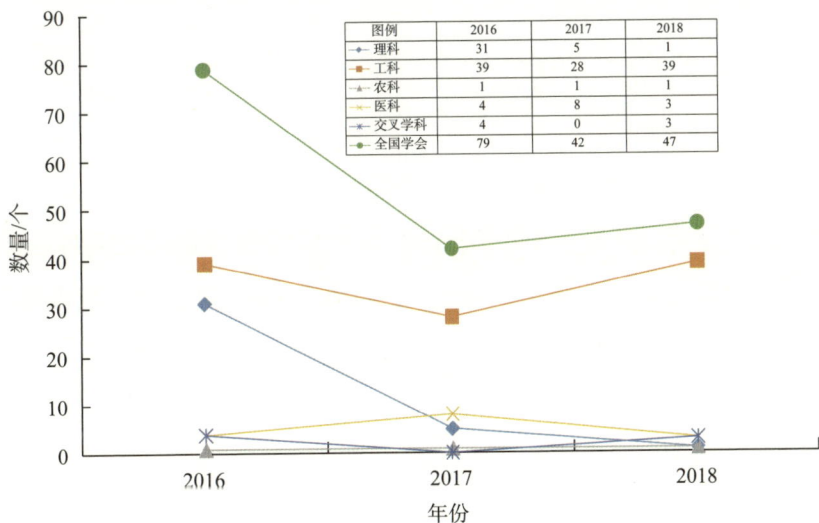

图例	2016	2017	2018
理科	31	5	1
工科	39	28	39
农科	1	1	1
医科	4	8	3
交叉学科	4	0	3
全国学会	79	42	47

图 6-9 2016—2018 年发布智库品牌报告数量
（数据来源：中国科协统计年鉴）

五、积极参与立法咨询

学会积极承接国家立法机关有关立法咨询任务，坚持客观公正立场，从专业角度提出立法咨询建议，服务法治中国建设。2016—2019 年共组织参与组织立法咨询 274 次，其中 2016 年组织参与立法咨询达到了 100 次。理科类、医科类和农科类一直较少，工科类参与立法咨询次数最多，交叉学科类次之。工科类四年组织参与立法咨询次数达 131 次，占四年总数的 47.81%，几乎占了半壁江山（图6-10）。

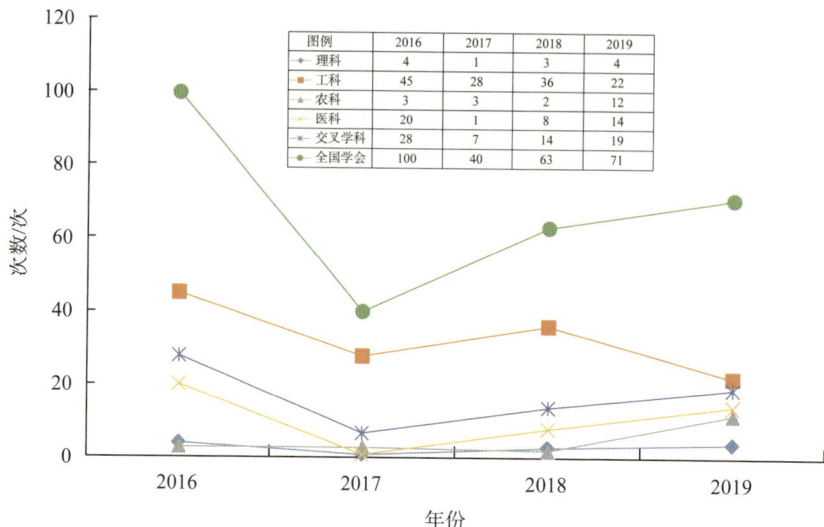

图例	2016	2017	2018	2019
理科	4	1	3	4
工科	45	28	36	22
农科	3	3	2	12
医科	20	1	8	14
交叉学科	28	7	14	19
全国学会	100	40	63	71

图 6-10 2016—2019 年组织参与立法咨询次数
（数据来源：中国科协统计年鉴）

中国动物学会就《野生动物保护法》《中华人民共和国动物防疫法修正案（草案）》的修改征集建议，组织专家论证并上报。中国图书馆学会积极推动"行业首法"《中华人民共和国公共图书馆法》出台；"图书馆志愿服务与管理指南"已作为文化行业标准予以立项；重点参与《数据安全法（草案）》等法律法规征求意见，代表图书馆界发声。

六、智库管理规范化精细化

一方面，学会健全智库管理规范，建立智库管理架构。如中国航海学会建立了以会员单位、分支机构和地方航海学会为依托，集聚航海界知名专家和优秀人才开展航海领域公共政策研究的中国航海智库。制定智库章程，建立管委会、咨询委员会、特约研究员队伍和成果发布平台，指定技术经济、安全应急、绿色环保、船舶工程、航海保障、海事法律、航海文化等 8 个领域的特聘专家支撑智库成果评审。

另一方面，加强对智库的精细化管理，确保向政府提供高质量成果。中国复合材料学会积极打造高端科技创新智库，对数据库进行持续梳理、更新与完善，对专家、项目、专利、课题等信息进行科学化细分与完善，为学会开展智库咨询与精细化服务工作提供支撑。

第七章　组织建设

中国科协所属全国学会共 210 个，其中由中国科协业务主管的学会 188 个。截至 2019 年底，全国学会个人会员总数 522.7 万人，团体会员 54000 个，分支机构 5344 个。从学科门类看，理科学会 46 个，工科学会 78 个，农科学会 16 个，医科学会 28 个，交叉学科学会 42 个；从社会组织类别看，其中 205 个属于社会团体，2 个属于慈善组织（基金会），3 个属于在华成立的国际组织。从办事机构支撑单位情况来看，支撑单位是国家部委及其直属单位的有 42 个，属于中国科协及其直属单位的 16 个，隶属中国科学院系统的 48 个，隶属高等院校的 23 个，隶属其他科研院所的 25 个，隶属行业协会商会的 16 个，隶属企业的 12 个，隶属军队系统的 2 个，多个单位共管的 4 个，无支撑单位的 22 个（比 2016 年新增 4 个）。从地域分布情况看，办公住所在北京的学会 187 个，在上海的 8 个，在江苏的 7 个，在天津的 2 个，在辽宁、山东、浙江、四川、贵州和海南的各 1 个。

为了进一步规范科协全国学会组织机构建设，在《中国科学技术协会全国学会组织通则（试行）》的基础上，2019 年，中国科协印发了《中国科学技术协会全国学会组织通则》（科协发学字〔2019〕6 号），该通则强调了党的领导，进一步细化管理流程、优化内部治理，正式成为引领全国学会发展的纲领性文件，有利于进一步规范全国学会的组织工作，促进全国学会组织建设和健康发展。

总体看，近年来中国科协所属全国学会不断规范内部治理，基本做到依法依章程治理学会，组织机构和会员工作发展状况良好。

一、内部治理逐步规范高效

五年来，全国学会内部治理结构更加健全，《中国科学技术协会全国学会组织通则》明确要求全国学会设立监事或监事会；同时，学会权力划分、决策与执行、监督与反馈的一整套制度性安排更加详尽规范和完善，且随着社会组织综合监管体系的建立健全，内部治理的规范化程度大幅提升。

1. 会员代表大会召开及时

会员代表大会是全国学会的最高权力机构，一般每4至5年召开一次。根据年检统计，如图7-1所示，中国科协全国学会中69个学会会员代表大会为4年一届，占比32.86%，5年届期的学会最多，为141个，占比67.14%。经过近几年的年检及换届审核的督导，学会不按期换届情况已大大减少，由2015年的12个学会下降到2018年的5个学会。

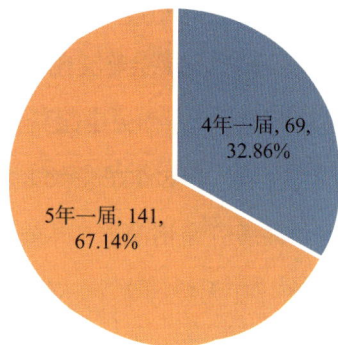

图 7-1 全国学会届期情况
（数据来源：中国科协全国学会年检数据）

根据年检数据，2019年37个应该换届的学会按期召开了全国会员（代表）大会，仅有2个学会延期至2020年换届。新换届学会都制定了严格的会员代表产生办法，对会员代表的产生程序、职责、权利等做了明确规定。会员代表的产生渠道日益多元化，汇集了来自分支机构、地方学会、会员单位、理事单位等渠道的会员代表，结构进一步优化，更具有广泛性和代表性。2019年，中国计算机学会提出，换届选举过程是学会价值观、使命、文化、制度和服务宣传推广的过程，给会员提供了最大限度参与到换届选举工作中的机会，充分体现"会员治理"（governed by the membership）的理念。中国计算机学会根据修订的《中国计算机学会第十二届会员代表大会会员代表产生办法》，由会员推选产生会员代表，理事会经过现场差额竞选、由会员代表无记名投票产生。同时，与会代表还对第十一届理事会、常务理事会和秘书长的工作进行了评价打分。

2. 理事会、（常务）理事会规模与功能更为完善

理事会的规模得到有效控制。前些年，全国学会理事会、常务理事会的规模一度偏大。自2017年以来，各学会根据中国科协要求，在换届时确定设置理事会、常务理事会规模，个人会员不足2万人的，理事会人数一般不超过150人；个人会员2万以上且不足10万人的，理事会人数一般不超过180人；个人会员超过10万人的，理事会人数一般不超过200人，学会负责人一般不超过13人。随着学会改革的深入实施，学会理事会、常务理事会的规模得到有效控制，2019年为3.1万人，比2018年减少了0.4万（图7-2）。有的学会压减力度较大，如中国农学会决定通过每次缩减三分之一左右的方法，逐步压缩理事会规模，最终目标控制在50人左右。

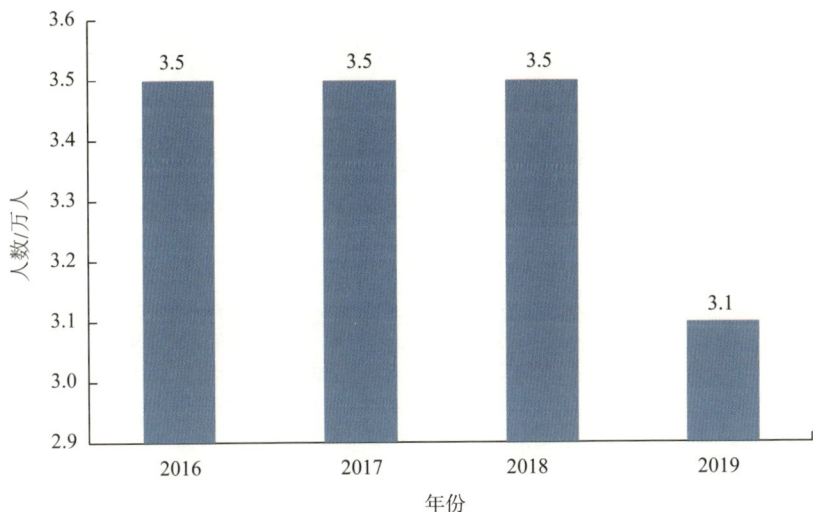

图 7-2 2016—2019 年全国学会理事会人数
（数据来源：中国科协年度事业发展统计公报）

理事会的代表性和民主化程度增强。《中国科学技术协会全国学会组织通则》要求理事会（常务理事会）成员在本专业领域应有一定的代表性、权威性；理事会（常务理事会）成员中应有相当比例的中国共产党党员。理事会成员的

四分之三、常务理事会成员的三分之二，应为基层一线科技工作者；理事会（常务理事会）应有合理的年龄结构和相当比例的中青年科技工作者；每届理事会（常务理事会）成员调整不得少于三分之一。全国学会女性及中青年科技工作者担任理事的比例不断提高，如表 7-1 所示，2019 年女性理事比 2015 年增加了 18.07%，达到 5234 名，中青年科技工作者达到 6263 名。

表 7-1 理事结构情况

理事类型	2015年	2016年	2017年	2018年	2019年
女性理事	4433	4681	4915	4878	5234
中青年科技工作者	—	4321	7930	8025	6263（45岁以下）

（数据来源：中国科协统计年鉴，其中 2019 年中青年科技工作者年龄为 45 岁以下）

2019 年中国航空学会第十次全国会员代表大会筹备及换届方案明确规定："第九届理事会由单位理事和个人理事组成。根据有关要求，第九届理事会成员按以下构成：五十五岁以下占 65% 左右；一线科技专家占 60% 以上；新增理事成员达到三分之一以上，新任理事原则上是比较年轻的航空专家。"中国航空学会从第八届理事会开始，探索试行理事会差额选举。第九届理事会选举采取差额民主选举，实行无记名投票，差额率为 4%。每年召开理事会期间，公示上一年度理事会（常务理事会）履职情况，对于履职不积极、连续不参加学会活动的理事和常务理事进行资格终止。

有的学会高度重视理事会的决策功能及理事的履职情况，理事不"理事"的现象大大改善。中国环境科学学会推行了理事提案制，即理事可针对理事会咨询议题或环保科研、管理、产业等问题以及学会改革发展问题提出提案，或在理事会会议期间发表提议。秘书处负责办理理事提案提议的收集和整理，并分配到对口部门或分支机构，逐条研究落实，回复反馈理事本人。次年理事会及会员代表大会上报告提案提议办理情况。为了发挥理事专业资源优势，形成理事会、秘书处的双轮驱动，推行了理事领衔业务制，即各项业务活动，如调研咨询、课题项目、学术交流等，首先由理事领衔，并优先邀请组织理事参与，秘书处和分支机构负责具体实施并纳入考核。为了提高理事履职积极性，确保参会率，制定理事履职考核制度，即对理事出席理事会（常务理事会）情况，包括委派代表、请假情况、参与理事会工作情况（如民主议事、民主决策、咨询建议工作等）、提案提议情况、领衔业务工作及参与业务工作情况等纳入考核范围中。每年理事会上将理事履职统计情况报告并公开，按照章程规定对不能履职的理事由监事会提出停职或除名。

3. 自律机制不断增强

第一，加强监事制度建设，强化民主与监督机制。全国学会的监事会建设取得突破性进展，监督内容由以财务监督为主向以财务监督和学会重大决策的民主性、合法性监督有机结合转变，强化了实时监督和动态监督。据相关数据显示，截至 2020 年 1 月底，140 个学会成立了监事会并制定了相关工作制度，占全部学会的 66.67%。2016 年中国金属学会召开第十次全国会员代表大会，完成了理事会换届工作，选举产生了中国金属学会第一届监事会，并把成立监事会和监事会的职权写进了新修订的《中国金属学会章程》中，确定了监事会的法律地位；通过了《中国金属学会监事会条例》，以《条例》和《章程》为基础，编写了《中国金属学会监事会工作细则》，建立了一套相对完整的制度保障体系，对监事会的职权和职责、监事会的构成、监事及监事长（副监事长）权利和义务、监事会的议事规则进行了明确的规定。为提高效率，保证监督事项完整、记录规范、便于操作和留档，在监事长的建议下，还制定了监事会会议记录模板，在学会治理结构和治理机制改革的道路上迈出了坚实的一步。

第二，制度建设先行，规范内部管理秩序。全国学会注重用制度来规范学会建设与发展，制度制定与实施的比率呈现高分布率的特点。根据 2019 年年检数据显示，超过 90% 以上的学会建立了各项管理制度，其中，执行民非会计制度的学会数量达到 99.05%，如图 7-3 所示。

4. 以信息化带动组织建设的力度不断增强

2020 年度中国科协发布了三季度网络平台宣传评价结果，以排行榜形式对科协系统网站、微信及新媒体 3 个维度进行综合评价，建立起多种信息化工作平台。2020 年 4 月 27 日中国科协启动全国学会进行财务信息化试点工作。全国学会推进信息化工作的范围和深度都在不断拓展。

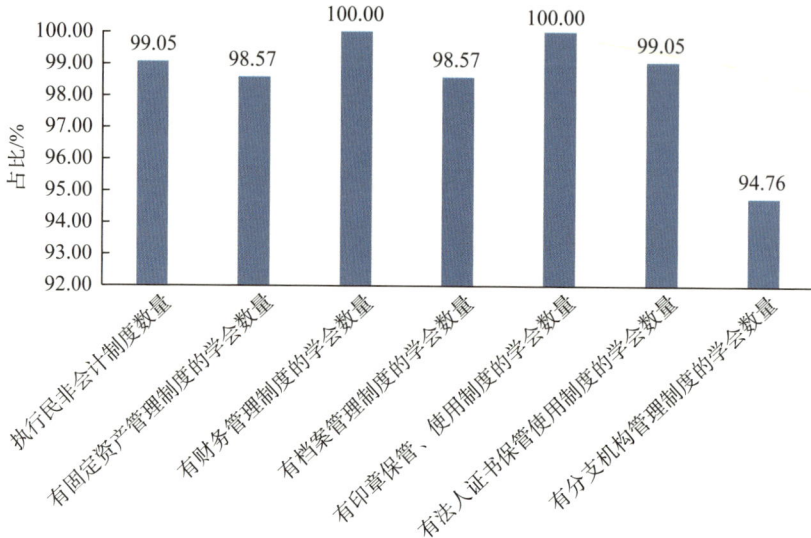

图 7-3 2019 年有各类内部管理制度的学会占全国学会的比重情况
（数据来源：中国科协全国学会年检数据）

第一，信息化手段日益丰富。全国学会积极推进信息化建设，健全服务会员的机制和手段。学会微信公众号、服务号、会议系统、在线缴费系统等信息化手段不断丰富，超过 99% 的学会有官方网站，超过 89.4% 的学会有会员管理系统，超过 72% 的学会有微信公众号，学会信息化水平处于持续上升状态。学会的数字化转型，打造了学会数字化品牌，扩大了学会影响力，同时节约了人力物力成本，提升了学术交流、专科培训的效率，进一步完善了学会综合服务能力，使学会会员服务和公共服务更加精准快捷。

第二，业务工作与信息化充分融合。全国学会注重信息化建设，注重用新媒体技术进行会员动态管理，普遍建立会员动态管理机制，定期清理"睡眠会员"。清理后会员增长速度变慢，但活跃会员增加，会员凝聚力增强，例如中国计算机学会等学会的会费缴纳率超过 80%。以会员为本的理念进一步深化，越来越重视以数字化思维深化会员管理和服务创新。中国卒中学会开发卒中学院 APP，集视频录播、文献阅览、在线交流等功能为一体，目前注册医生 3 万余人，上传视频 3000 余个，发布文献 1300 余篇。近年来，中国城市规划学会一直把信息化作为重点工作来抓，建成四大信息平台：网站、微信、微博、移动端。初步形成了以网站为基础，以微信、微博为两翼，以移动端为助力工具的信息化格局。信息化对于学会组织体系建设、管理方式创新产生了非常大的影响。中华中医药学会初步完成了对学会会议管理系统、会员管理系统、科技奖励评审系统、学会继续教育项目、智慧杏林微信服务号等信息化平台的整合工作，实现了用户统一账号登录、统一数据管理的技术开发规划，并且完成了学术会议电子发票、电子签名等信息化升级，并且实现各个系统的学会会员自动识别，为专家学者提供更加高效、便捷、精准的服务。系统升级完成上线后，共计举办 84 个学术会议，完成报名人数 9870 人，完成在线缴费 3139 人，支付金额达 3057200 元，为其中 246 名会员提供便捷支付服务；科技奖励评审系统已经完成 2020 年科技奖励在线评审工作。中华护理学会创新会员发展手段，构架了用互联网思维，信息化手段对会员入会、缴费、分类、分级管理的新模式。2020 年，实现了会员入会全流程电子化"一键入会"，缴费发票"自动发送"，缴费对账系统"高效精准"，大大提升了入会效率和会员满意度。

第三，中国科协网络平台宣传评价排行榜打造信息化建设示范样本。为巩固拓展科技界网上宣传思想文化阵地，强化网络宣传平台绩效考核，中国科协设立网络宣传平台评价排行榜。中国科协网络宣传平台宣传评价体系以传播力、引导力、影响力、公信力为核心评价依据。排行榜由总榜和分榜两部分构成，总榜从网站、微信、微博及其他平台三个维度进行综合评价，分榜从网站、微信、微博、今日头条、抖音 5 个平台进行单项评价。评价期为 2020 年 1 月 1 日—6 月 30 日，进入各类总榜排名前十的名单如表 7-2—表 7-7 所示。

表 7-2 总榜排名前十榜单

排名	学会名称
1	中国生物多样性保护与绿色发展基金会
2	中国城市规划学会
3	中国人工智能学会
4	中国细胞生物学学会
5	中国药学会
6	中国康复医学会
7	中国自动化学会
8	中国茶叶学会
9	中国抗癌协会
10	中华预防医学会

表 7-3 网站排名前十榜单

排名	学会名称
1	中华医学会
2	中国生物多样性保护与绿色发展基金会
3	中国营养学会
4	中国科普作家协会
5	中国康复医学会
6	中国水力发电工程学会
7	中国岩石力学与工程学会
8	中华口腔医学会
9	中国照明学会
10	中国宇航学会

表 7-4 微信排名前十榜单

排名	学会名称
1	中国城市规划学会
2	中国生物多样性保护与绿色发展基金会
3	中国指挥与控制学会
4	中国测绘学会
5	中华护理学会
6	中国茶叶学会
7	中华中医药学会
8	中国化学会
9	中国细胞生物学学会
10	中华预防医学会

表 7-5 微博排名前十榜单

排名	学会名称
1	中国生物多样性保护与绿色发展基金会
2	中国国土经济学会
3	中国药学会
4	中国营养学会
5	中国细胞生物学学会
6	中国人工智能学会
7	中国城市规划学会
8	中华口腔医学会
9	中国力学学会
10	中国工业设计学会

表 7-6 今日头条排名前十榜单

排名	学会名称
1	中国兵工学会
2	中国药学会
3	中国国土经济学会
4	中国生物多样性保护与绿色发展基金会
5	中国人工智能学会
6	中国科技新闻学会
7	中国抗癌协会
8	中国康复医学会
9	中国茶叶学会
10	中国生物物理学会

表 7-7 抖音排名前十榜单

排名	学会名称
1	中国国土经济学会
2	中国生物多样性保护与绿色发展基金会
3	中国茶叶学会
4	中国生物物理学会
5	中国药学会
6	中国营养学会
7	中华护理学会
8	中国细胞生物学学会
9	中国植物学会
10	中国汽车工程学会

（数据来源：中国科协网络宣传平台评价排行榜）

5. 负责人素质与结构日趋改善

学会负责人是学会的领导核心，包括理事长、副理事长和秘书长。学会负责人，特别是理事长和秘书长的综合素质对于学会的改革发展具有重要作用。

理事长一般由专业领域的领军人物担任，综合素质较高。据年检数据显示136 个学会的理事长具有博士学位，占比 64.76%（图 7-4）。

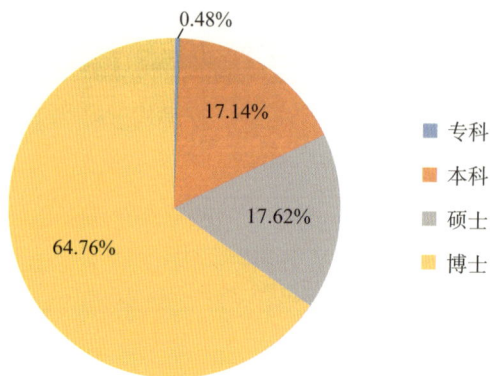

图 7-4 全国学会理事长学历情况
（数据来源：中国科协全国学会年检数据）

2019 年理事长的学历、年龄、政治面貌都有了新的变化。理事长超龄现象大大减少。《中国科学技术协会全国学会组织通则》规定理事长（会长）、副理事长（副会长）任职时年龄一般不超过七十周岁，秘书长任职时年龄一般不超过六十二周岁。年检数据显示，2019 年全国学会理事长年龄分布情况是：40 ～ 49 岁的占 1.43%，50 ～ 59 岁的占 42.86%，60 ～ 69 岁的占 45.71%，70 ～ 79 岁的占 7.62%，80 ～ 89 岁的占 2.38%，其中 60 ～ 69 岁的占比最多，如图 7-5 所示。理事长在 70 岁以上的学会由 2015 年的 45 家下降为 2019 年的 21 家学会（表 7-8）。

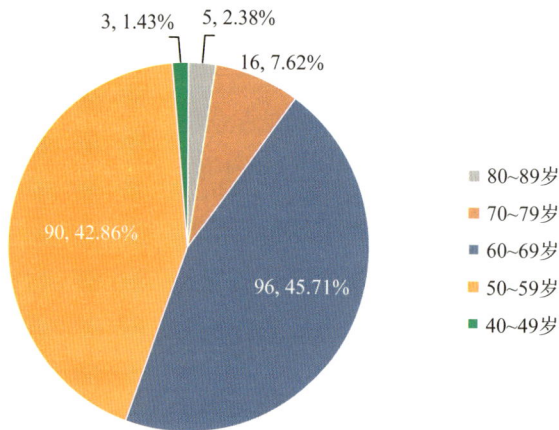

图 7-5 2019 年全国学会理事长年龄分布
（数据来源：中国科协全国学会年检数据）

表 7-8 理事长年龄变化

理事长年龄	2015年	2016年	2017年	2018年	2019年
80～89岁	4	3	3	4	5
70～79岁	41	34	25	19	16
60～69岁	70	86	89	95	96
50～59岁	85	84	89	88	90
40～49岁	4	3	3	4	3
30～39岁	0	0	1	0	0

（数据来源：中国科协全国学会年检数据）

2019 年全国学会 59 岁及以下的理事长占比达到 44.50%，呈现年轻化态势。从理事长的来源来看，主要来自国家部委及其直属单位和高等院校，分别是 62 人（占 29.52%）和 41 人（占 19.52%）。

实施秘书长聘任制的学会激增。全国学会中，有超过一半的学会秘书长为专职，有博士学位的秘书长接近一半。采用秘书长聘任制的学会数量不断增加，据年检数据显示，2019 年有 93 个学会实行了理事会聘任秘书长制，占全部学会的 44.29%，比 2015 年增加了 88 家，增长了 17.6 倍（图 7-6）；119 个学会实行了秘书长专职工作制，占全部学会的 56.67%。其中，2019 年全国学会秘书长以男性党员博士为主，78.57% 为共产党员，80.00% 为男性，博士占49.05%。

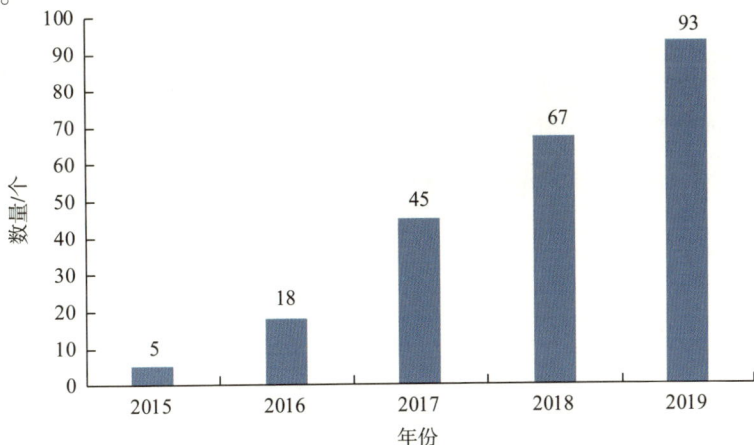

图 7-6 2015—2019 年全国学会中实行秘书长聘任制的学会数量

（数据来源：中国科协全国学会年检数据）

141

从年龄来看，秘书长平均年龄为 55 岁，其中年龄为 50～59 岁的秘书长比例最高，为 56.67%（图 7-7）。从秘书长的来源来看，除专职秘书长外，来自高等院校的秘书长最多，共有 33 人，占所有秘书长的 15.71%，其次来自中国科学院系统，占 11.90%。

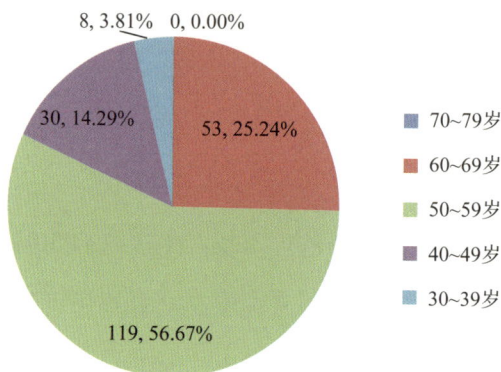

图 7-7 2019 年全国学会秘书长年龄分布情况
（数据来源：中国科协全国学会年检数据）

6. 构建全国学会与地方学会的合作机制

为了资源整合，协同发展，全国学会重视与地方学会的合作与交流，建立了协同发展机制。一方面通过定期举办秘书长联席会议促进全国与地方学会的沟通合作，另一方面建立常态机制保障全国与地方学会的协同发展。如中国航海学会于 2020 年与 20 家地方航海学会共同签署了《全国航海学会合作机制协议》，提高了航海学会之间的协同性，为弘扬航海文化和航海精神、打造航海学术交流和国际合作品牌、建设高水平的权威智库，以及共同开展多种形式、多种范围的合作提供机制保证。中华口腔医学会创立了协同发展会员机制，与省级口腔医学会联合，会员享受一次入会及缴费，即获得中华口腔医学会会员和省级口腔医学会会员双重身份，享受双重服务。

二、会员管理与服务水平有所提升

五年来，各学会普遍确立了以会员为主体的办会观念，大力发展和服务会员，不断增进与会员的沟通与联系，深入了解会员意愿，维护会员正当权益，增强了学会的群众基础和组织网络体系。

1. 会员规模和结构呈现新的变化

（1）会员规模涨幅较快

五年来，各个学会普遍将扩大会员规模作为战略目标之一。尽管仅凭会员规模不一定能够反映出学会的特质，但数量众多的会员及高比例的付费会员毫无疑问体现着学会的吸引力和凝聚度。

第一，个人会员数量增长了 5.60%。2019 年，全国学会个人会员数量为 522.7 万人，比 2015 年的 491.6 万人增长了 6.33%（图 7-8）。中国科协倡导个人会员是学会的主体，重视对科技工作者的凝聚，在执行党政领导干部禁止在社团中兼职的有关规定背景下，不断清理僵尸会员的进程中，这一增长来之不易。

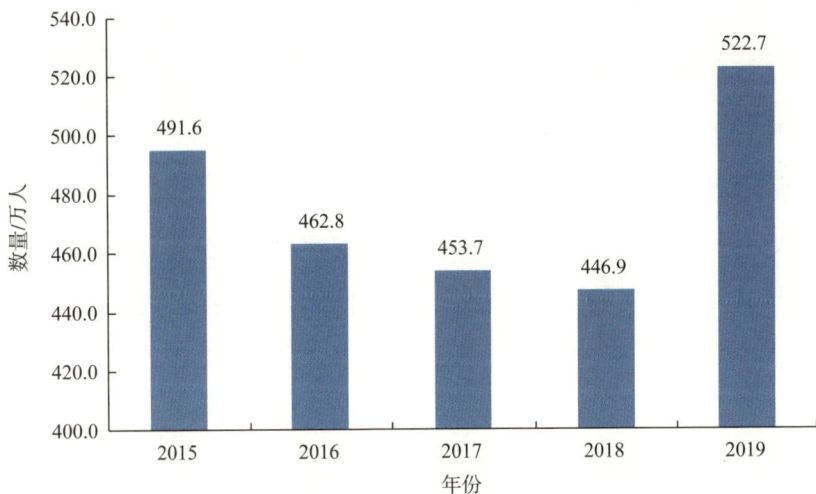

图 7-8 2015—2019 年全国学会个人会员数量趋势图
（数据来源：中国科协统计年鉴）

目前学会的个人会员数量均值为 2.49 万人，个人会员数量最多的学会为中华医学会，其个人会员人数高达 67.84 万人。个人会员数量最多的前 10 家学会中，医科领域的学会占了 6 家，如表 7-9 所示。中华口腔医学会虽未进入前十，但是会员增幅和缴费率较高，截至 2020 年 7 月，拥有个人会员 10.96 万名，专科会员 9.44 万名，平均每年增加 24%，缴费率保持在 80% 以上。

表 7-9 2019 年个人会员规模前 10 名全国学会

序号	学会名称	个人会员人数（人）
1	中华医学会	678409
2	中国野生动物保护协会	410000
3	中国抗癌协会	252785
4	中华护理学会	160208
5	中国电机工程学会	149240
6	中国电子学会	134009
7	中国药学会	124859
8	中国中西医结合学会	115556
9	中国航空学会	113754
10	中华预防医学会	111796

（数据来源：中国科协全国学会年检数据）

从数量上看，这些学会的会员规模已经可以比肩那些最具"标志性"的世界级著名科技社团的规模，如知名的美国电气和电子工程师学会（The Institute of Electrical and Electronics Engineers, IEEE）在全球拥有 42 万多名会员，英国工程技术学会（The Institution of Engineering and Technology, IET）在全球拥有 15 万名会员。

个人会员数量的增长源于多方面因素，包括学会自身能力的普遍提升获得了会员认可，会员服务领域不断拓展和服务不断强化满足了多样化的会员需求，学会通过向会员提供具有排他性的服务来提高会员与非会员福利区分力度，部分交叉学科学会因学科外延较大吸引了广泛的关注，有些学会通过大力发展学生会员和吸纳国际会员等而壮大了会员基础，还有些学会采取了免收个人会员会费的方式来吸纳和留住会员等。如中国机械工程学会形成了会员日活动、会员知识服务等特色产品，在 2020 年组织了 17 场会员日系列活动，累计参与超过 3 万人次；学会联合中国知网开展"2020 年机械科技知识服务季"活动；为会员提供《制造业简报》等知识产品，共计 91 期。因此，该学会 2020 年新发展会员 1.2 万人，会员总数较 2017 年末增长近 4 万人，基本实现翻一番目标。

第二，单位会员数量增长显著，五年内涨幅达 25.02%。单位会员数量和个人会员数量出现同步增长，但相比个人会员，单位会员的涨幅更为突出。截至 2019 年，全国学会单位会员的数量总计为 63095 个，均值为 300.45 个，较 2015 的单位会员规模增长了 **25.02%**。单位会员对学会收入、影响力和资源的贡献等都起到了较大作用。

在五类学科学会中，由于工科类学会应用性强，单位会员数量一直领先于其他学科，2019 年单位会员数量为 39731 家，占全国学会单位会员数量的 **62.97%**，与 2015 年相比增长了 **29.26%**（图 7-9）。

图例	2015	2016	2017	2018	2019
理科	6858	19426	7665	7777	8087
工科	30738	34532	33316	38861	39731
农科	3069	3120	2498	2949	3359
医科	1603	1710	1802	1893	2049
交叉学科	8200	8550	9021	9304	9869
全国学会	50468	67338	54302	60784	63095

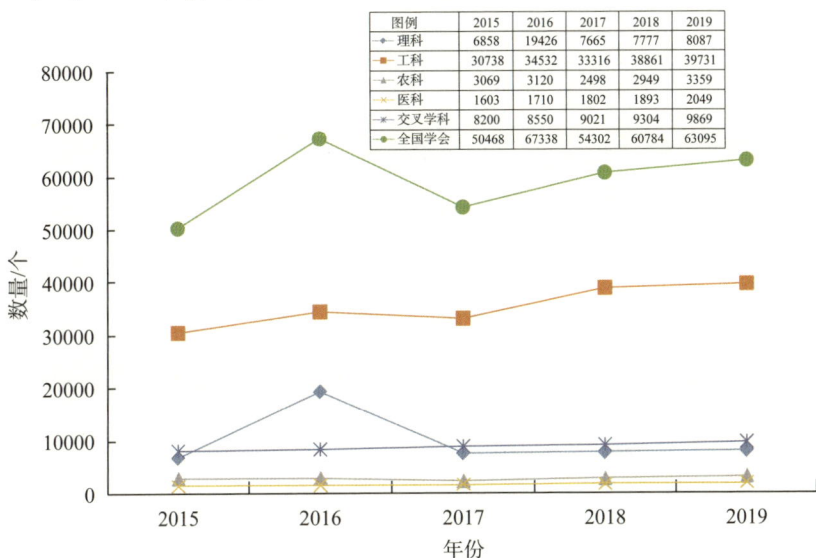

图 7-9 2015—2019 年全国学会及五类学会单位会员数量趋势图
（数据来源：中国科协全国学会年检数据，2016 年个别学会数据异常）

单位会员数量最多的学会为中国野生动物保护协会，单位会员数量高达 3892 个（表 7-10）。

表 7-10 2019 年全国学会单位会员数量排序

序号	学会名称	单位会员数量（个）
1	中国野生动物保护协会	3892
2	中国职业安全健康协会	3151
3	中国标准化协会	3001
4	中国公路学会	2478
5	中国印刷技术协会	2305
6	中国粮油学会	1964
7	中国环境科学学会	1900
8	中国汽车工程学会	1681
9	中国电工技术学会	1529
10	中国机械工程学会	1448

（数据来源：中国科协全国学会年检数据）

第三，权利义务对等，清理"僵尸会员"。一些学会为了集中力量更有效地服务于活跃会员，及时梳理和清理"僵尸会员"。如 2019 年底，中国免疫学会个人会员管理系统中的会员总数是 10759 人。2020 年，学会在多次沟通的前提下，把其中 2294 位多年欠费的会员从会员库中清除，2020 年新发展会员 509 人，会员人数为 8974 人。

（2）会员结构逐渐合理

第一，男性会员比例超女性会员，但呈缓慢下降趋势。

从会员的性别结构来看，男女性别比呈现出不均衡的特点。中国科协统计年鉴数据显示（图 7-10），男性会员占比较高，2015 年男性会员是女性会员的 3.74 倍，女性会员占比大大低于男性会员；但是自 2015 年以来，学会的男女会员比呈现出缓慢下降的趋势，2019 年全国学会个人会员的男女性别比下降为 2.25：1，这意味着随着女性科技工作者数量的增长，女性会员占比也在不断提升。

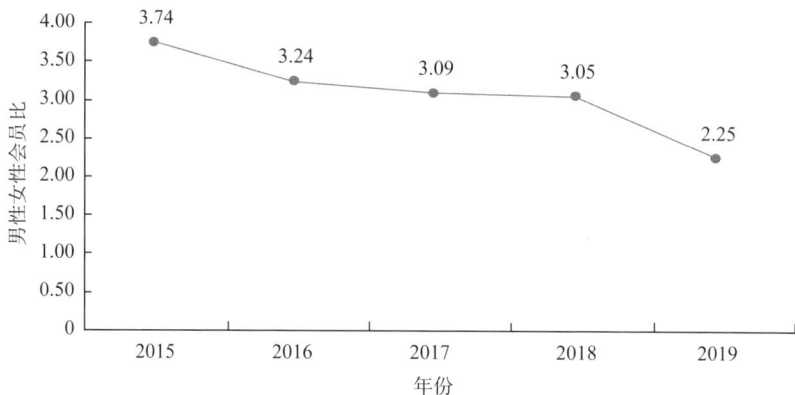

图 7-10 2015—2019 年全国学会会员男性与女性之比
（数据来源：中国科协统计年鉴）

第二，会员类型多样化，赞助会员从无到有，从少到多。

从会员覆盖面来看，会员越来越呈现出多元化特点。中国地球物理学会努力发展学生会员，大幅度提高基层一线科技工作者入会的比例，扩大会员结构代表性和覆盖面，努力吸收不同单位、不同地区、不同年龄的地球物理科技工作者以及相关的事业、企业单位加入学会。

会员类型主要有个人会员、团体会员、高级（资深）会员、学生会员、外籍会员、港澳台会员、交纳会费会员、党员会员和赞助会员等不同资格身份的会员。需要特别指出的是，近年来，赞助会员从无到有，从少到多，2016 年刚刚出现时仅有不到 0.10 万人，而到了 2018 年已经增加到约 1.41 万人，三年内增加了 1.31 万人，增幅高达约 13 倍。工科、理科学会在发展赞助会员方面走在了前面，具有一定的示范性，如图 7-11 所示。

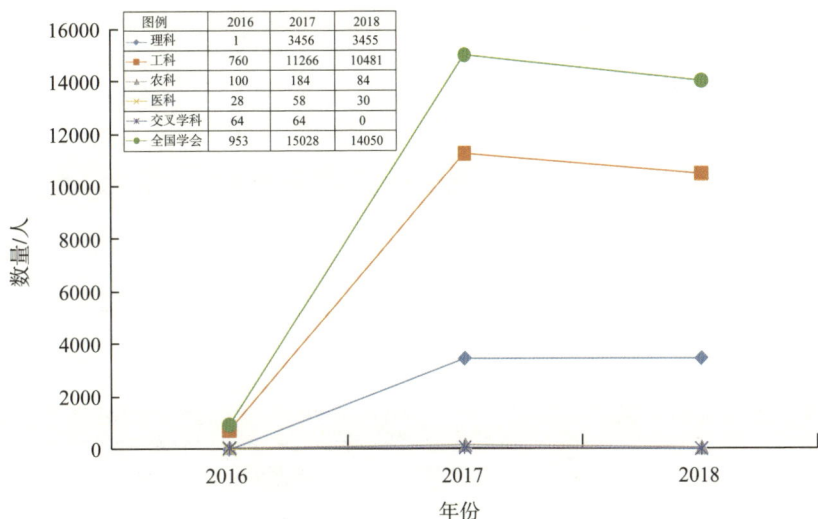

图例	2016	2017	2018
理科	1	3456	3455
工科	760	11266	10481
农科	100	184	84
医科	28	58	30
交叉学科	64	64	0
全国学会	953	15028	14050

图 7-11 2016—2018 年赞助会员发展情况
（数据来源：中国科协统计年鉴）

2020 年的问卷调查数据显示，会员结构越来越与国际接轨，还设有荣誉会员、会士、准会员、终身会员等类型，如表 7-11 所示。

表 7-11 受访会员的资格情况

选项	小计	比例
普通会员	3524	74.95%
高级会员	687	14.61%
荣誉会员	15	0.32%
会士	23	0.49%
学生会员	198	4.21%
准会员	31	0.66%
终身会员	156	3.32%
其他（请写出）	68	1.45%

（数据来源：2020 年学会会员问卷调查）

第三，资深会员增长了 **22.11%**，学生会员增长了 **64.34%**。越来越多的学会开始注重实施会员多样化分类分层和精细化管理。大多数学会不再对会员采取一刀切式的管理方式，而是建立会员分类与成长体系，科学指导会员分类和进行个性化管理，针对不同类型的会员进行精细化管理，不同会员资格相应的权利义务不同，建立需求调查与回应机制，有区别地开展个性化差异化服务，同时会收取不同额度的会费。如表 7-12 所示，2019 年高级（资深）会员达到 31.81 万人，比 2015 年增长 20.45%。同时，全国学会重视对学生会员的发展和培养，会员服务工作下沉到青少年，与国际优秀科技社团接轨，重视未来学会中坚力量的培养，全国学会 2019 年学生会员达到 47.61 万人，增长了 64.34%。此外，党员会员也有了较高增长，达到 156.55 万（表 7-12 和图 7-12）。

表 7-12 2015—2019 年全国学会会员类型及其数量情况(单位:万人)

	2015年	2016年	2017年	2018年	2019年
高级（资深）会员	26.41	24.45	29.75	29.14	31.81
学生会员	29.39	32.47	27.15	26.67	47.61
外籍会员	0.14	0.21	0.40	0.40	0.45
港、澳、台会员	0.29	0.31	0.34	0.34	0.23
交纳会费会员	131.10	139.62	72.21	68.63	98.18
党员会员	106.75	122.13	119.08	100.31	156.55
赞助会员	—	0.10	1.41	1.41	—

（数据来源：中国科协统计年鉴）

图 7-12 2015—2019 年全国学会女性、高级(资深)、学生、党员会员数
（数据来源：中国科协统计年鉴）

　　第四，外籍会员成倍增长，但港澳台会员数量略有下降。由于鼓励吸收外籍会员，学会积极参与国际科技治理，提高了服务外籍会员的意识和能力，外籍会员数量从2015年的0.14万人增长到2019年的0.45万人，增幅达221.43%，而港澳台会员数量较2015年有所下降（图7-13）。

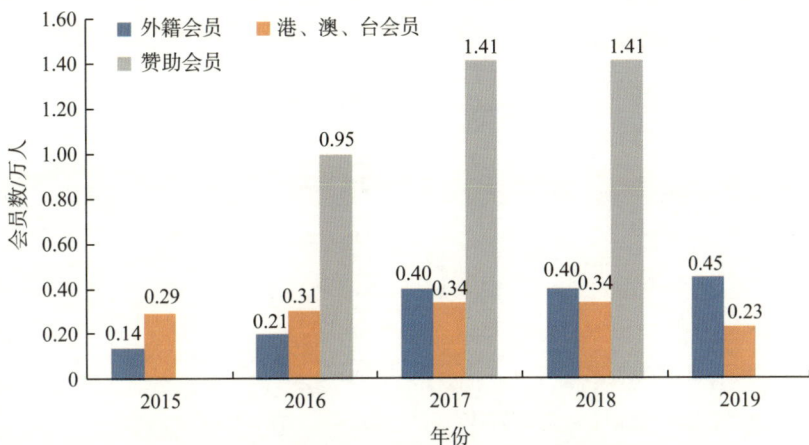

图7-13 2015—2019年全国学会外籍、港澳台、赞助会员数
（数据来源：中国科协统计年鉴）

　　第五，会员主要来自高等院校、科研院所和其他事业单位等。从2020年问卷调查的受访会员的单位构成来看，高等院校、科研院所和其他事业单位等是会员主要的来源单位。三种类型机构分别贡献了42.44%、22.72%和12.44%的会员（表7-13）。高等院校和科研院所等集中了各个学科领域的专家、学者和科技工作者，普遍具有突出的学术智力优势，他们的加入对学会充分发挥专业、人才和技术密集优势，开展原创性科学研究，更好地承担学术交流、科技传播扩散、科技评价和人才培养举荐等职责具有重要支撑作用。

　　对比2016年和2020年的会员所在单位机构类型情况发现，会员所在单位的类型中，来自"高等院校""非营利组织""中小型民营企业""技术推广与服务组织""其他""大型民营企业"的比例增加，其中"高等院校"增长最大，达到9.04%，其余的增长在1.50%以下。来自"科研院所""其他事业单位""国有企业""政府部门"的的会员人数减少，分别减少4.98%、1.96%、2.64%、1.23%；"中学""外企"等单位的减少比例均在1%以下，如图7-14所示。

表 7-13 受访会员所在单位的机构类型

选项	小计	比例
科研院所	1068	22.72%
高等院校	1995	42.44%
中学	13	0.28%
中专/技校/职业中学	3	0.06%
其他事业单位	585	12.44%
技术推广与服务组织	100	2.13%
科普场馆	4	0.09%
国有企业	266	5.66%
外企	23	0.49%
大型民营企业	70	1.49%
中小型民营企业	168	3.57%
非营利组织（基金会、社团、社会服务机构）	236	5.02%
军队	49	1.04%
政府部门	41	0.87%
其他（请写出）	80	1.70%

（数据来源：2020 年学会个人会员问卷调查）

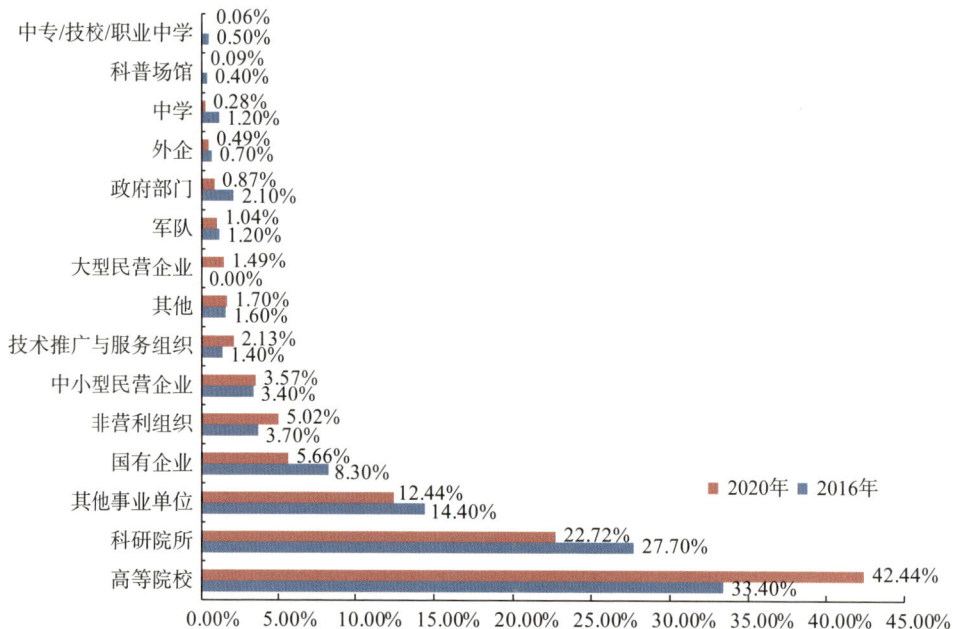

图 7-14 受访会员所在单位机构类型对比情况

（数据来源：2016 年和 2020 年学会会员调查问卷）

第六，拥有高级专业技术职称的会员比例超过六成，知识精英化色彩明显。从 2020 年受访会员的专业技术职称构成来看，拥有高级专业技术职称的会员比例超过六成。调研中随机抽取的个人会员中，拥有高级专业技术职称的会员比例高达 61.94%，包括 34.69% 的具有正高级专业技术职称的会员和 27.25% 的具有副高级专业技术职称的会员（如表 7-14 所示），他们大部分从事科学研究、技术应用、科普推广、科技管理及辅助工作等，这些知识界精英对于学会来说是优质的智力支持资源。

表 7-14 学会会员专业技术职称情况

选项	小计	比例
无职称	632	13.44%
初级	241	5.13%
中级	916	19.49%
副高级	1281	27.25%
正高级	1631	34.69%

（数据来源：2020 年学会会员问卷调查）

调查和对比 2016 年与 2020 年的会员专业技术职称情况发现，参与调查的会员职称变化不大。"正高级"和"副高级"职称的会员在受访者中比例较大，"中级"职称的会员次之，"无职称"的会员比例大于"初级"职称的会员比例。通过比较，相对于 2016 年而言，2020 年的正高级职称会员与初级职称会员比例下降，分别下降 3.41%、0.27%；副高级、中级、无职称的会员比例上升，分别上升 1.25%、0.19%、2.34%，如图 7-15 所示。

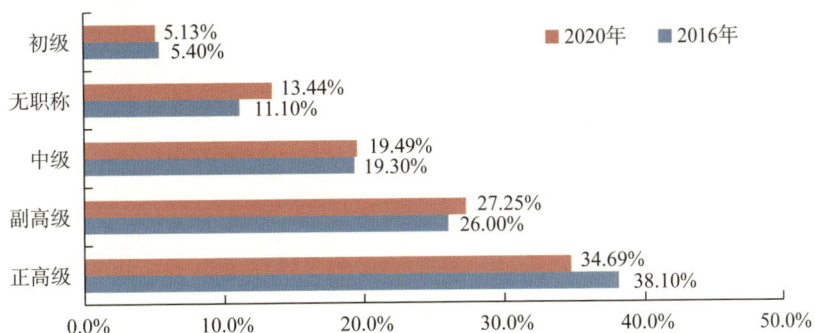

图 7-15 会员的专业技术职称对比情况

（数据来源：2016 年和 2020 年学会会员问卷调查）

第七，交纳会费会员占比先增后降，2019年较2015年降低了25.11%。对比2015—2019年交纳会费会员的数量发现，交纳会费会员的占比出现了先增后降的变化，2019年较2015年降低了25.11%，降幅较大（表7-12）。究其原因，2015—2019年缴纳会费会员占比数量的变化与会费管理政策和科研经费政策调整有一定相关性。付费会员规模和比例是会员发展指数的重要方面，付费会员往往对学会的认同度更高，归属感更强。实践中，一些学会通过向会员发放问卷，收集并分析会员会费支付意愿，提升会员会费收取率，这类做法也有助于降低会员流失率。

总体来看，会员结构呈现多样化和精英化的特点，构成了学会发展的立体生态系统的重要部分和重要基础。

2. 会员发展和管理日渐改善

（1）会员发展手段多元化

总体来看，全国学会在会员发展方面取得了较大的进步，调研中发现，以往很多学会由于经费、实力等各方面的考虑，对单位会员的重视程度大于个人会员，举办的各项服务有些也是以单位会员为主。从2017年以来，情况有所改变，学会办会理念中忽视个人会员的问题整体上得到了一定的扭转，对个人会员和基层科技工作人员的重视程度有所提高。学会开始有意识地俯身去关心科技人员和个人会员的生活和工作，帮助其解决实际问题，关注个人会员的职业生涯规划，加强技能培训，积极提供就业服务、学术研究和继续教育等服务，从而推动学会的整体协调发展。例如中国作物学会按照外向拓展、纵横融合、网络活跃"三维"聚力的工作理念，大力发展个人会员，鼓励单位会员中的科技工作者以个人身份加入学会，切实增强学会对科技工作者的实际联系。自2018年起，学会采取奖补计划鼓励分支机构发展会员，进一步壮大了个人会员队伍。在创新服务广大会员方面，学会大力加强智慧学会建设，升级学会会员管理平台、做好微信公众号服务，加快提升学会网上联系、网上服务、网上引导、网上动员广大会员的能力。此外，自2017年起，学会每年举办一次中国作物学会会员日活动，充分发挥了学会在科技工作者之间的桥梁纽带作用，促进了学会会员之间的交流和沟通，增强了学会对会员的吸引力、凝聚力。

同时，调研数据也显示，学会会员中，入会10年以上的会员是占比最高的，

2020 年接近三成（如表 7-15 所示），说明很多学会的会员黏性较高。学会需要持续提供充足的会员支持来吸引会员和增加会员黏性。调研中发现，会员入会主要基于以下原因：学会可以给会员提供机会认识和结交同行，获得行业内最新信息，提高学术水平，拓展人脉和机会，寻求发展，发表科研成果，获得同行的评价和认可，对学会管理工作感兴趣，也可能是因为参会论文可以计入科研考核等。所以，发展会员要在上述方面做出努力，突出会员的主体地位，为会员提供真正有价值的产品或服务，这样会员才会在乎或看重会员资格，愿意支付会费并到期续费，增强会员对社团的依赖感和归属感。"会员信任地选择学会作为获取资质、成长为专业人士的桥梁，那么学会就要拿出诚意，尽可能地提供会员所需的资源和服务来打造这份内隐的'合约'。"

表 7-15 受访会员会籍资格年限

选项	小计	比例
1年以内	626	13.32%
1~2年（含2年）	770	16.38%
2~5年（含5年）	1143	24.31%
5~10年（含10年）	847	18.02%
10年以上	1315	27.97%

（数据来源：2020 年学会会员问卷调查）

对比 2016 年和 2020 年会员调查问卷数据，参与调查会员的会籍时间在五年之间变化不大，每个年限范围里会员占比增幅或降幅均在 1.7% 以内。其中入会年限 "1 年以内" 的会员增加了 1.72%，入会年限 "1 ~ 2 年" "5 ~ 10 年" 的会员比例分别下降了 1.02% 和 1.48%，如图 7-16 所示。

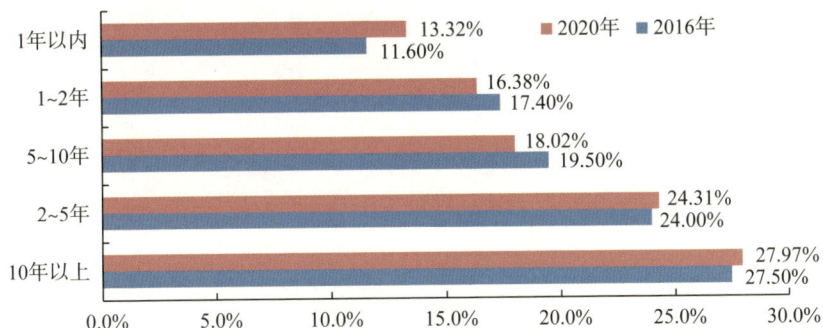

图 7-16 学会会员入会年限对比情况

（数据来源：2016 年和 2020 年学会会员问卷调查）

（2）会员管理精细化

会员管理与服务是学会内部治理的起点。会员管理首先要基于会员发展过程中存在的问题。目前会员发展过程中主要存在的问题包括由于缺少强制约束力而出现的会员流失或服务不到位导致的会员流失等，对学会发展和工作开展造成不利影响。发展良好的科技社团在会员管理方面普遍以服务会员为中心构建组织的活动系统，实行民主办会，让会员广泛参与社团决策，同时对会员进行分类和精细化管理，通过设计丰富多元的会员服务机制，积极、准确、及时地回应不同会员的不同需求，如学术会议举办、资格认证、学习培训等。一些有实力的科技社团提供的会员服务已经超出常规俱乐部式服务的范围，具有某些公共产品或准公共产品属性，是私人市场无法有效提供的。同时，学会还以有竞争力的薪酬吸引优秀的员工从而更好地提供会员服务。除了全方位地调动会员参与社团活动外，还通过及时的信息更新与维护机制让会员与公众及时了解社团的最新动向，不断增强会员对社团的黏性。

第一，学会内部治理起到了凝聚会员的能力。这可以从会员满意度调查中体现出来，受访会员对秘书处和党建服务的满意度最高，非常满意接近一半。对会员代表产生方式和理事会产生方式的满意度也非常高。仅有不足1%的人表示非常不满意，如表7-16所示。

表7-16 受访会员对内部治理的满意度情况

题目\选项	非常满意	比较满意	一般	比较不满意	非常不满意	说不清
会员代表产生方式	43.35%	38.01%	14.19%	1.66%	0.56%	2.23%
理事产生方式	42.95%	37.57%	14.12%	1.96%	0.72%	2.68%
理事会作用发挥	42.61%	36.97%	15.15%	1.87%	0.74%	2.66%
秘书处服务	49.20%	34.14%	12.36%	1.64%	0.60%	2.06%
党建服务	45.43%	32.91%	14.57%	1.64%	0.64%	4.81%

（数据来源：2020年学会会员问卷调查）

第二，会员认为学会内部治理较五年前变化最大的，是理事会的作用发挥和会员代表的产生方式，如图7-17所示。

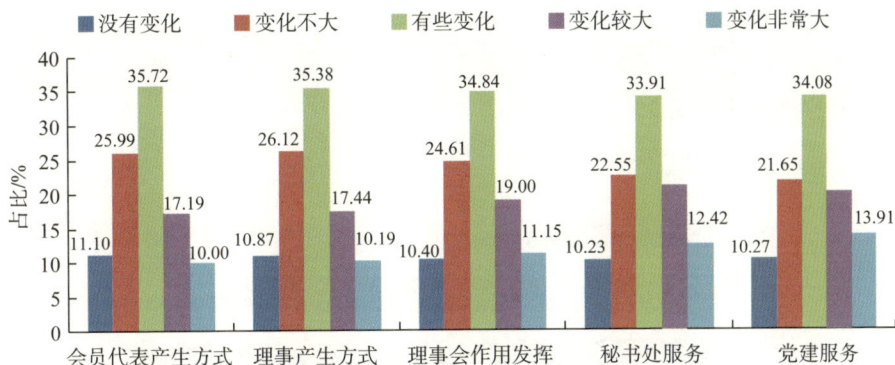

图 7-17 受访会员认为学会内部治理较五年前变化情况

（数据来源：2020 年学会会员问卷调查）

除了会员规模和会员结构外，会员增长率、会员覆盖率、低位会员的流失率、会员国际化程度以及会员服务的国际化等，也都是学会水平高低的标度，是会员管理工作中要着力的方面。

第三，会员对会员管理的满意度较 5 年前有所提升。在"会员代表产生方式"方面，2020 年问卷中，受访会员中"非常满意"和"比较满意"所占比例较多，分别为 43.35% 和 38.01%，"非常满意"比 2016 年增加了 2.55%（图 7-18）。

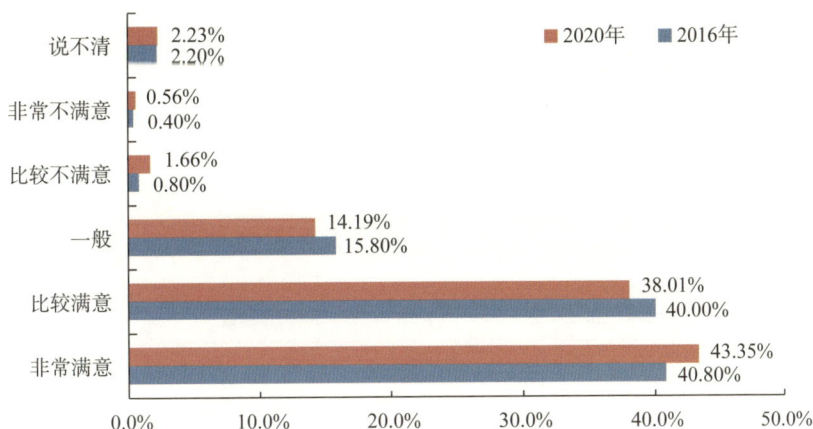

图 7-18 受访会员对会员代表产生方式满意度分布

（数据来源：2016 年和 2020 年学会会员问卷调查）

会员对理事产生方式满意度提升。在"理事产生方式"方面，2020 年的受访会员中"非常满意"和"比较满意"所占比例较多，分别为 42.95% 和 37.57%，但是"非常满意"较 2016 年增加了 2.15%（图 7-19）。

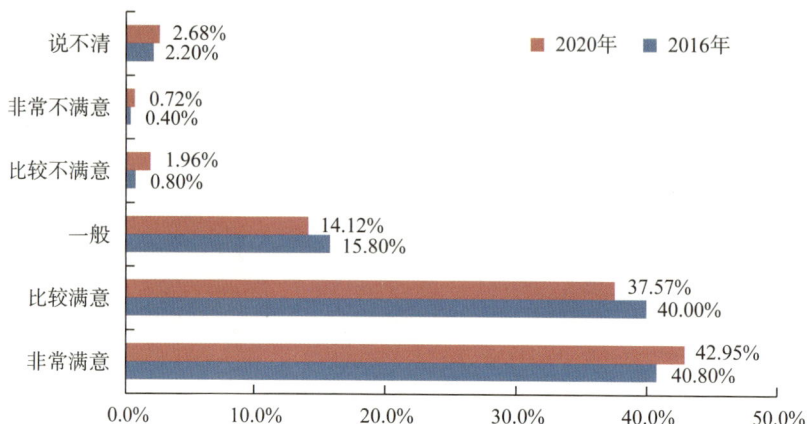

图 7-19　受访会员对理事产生方式满意度分布

（数据来源：2016 年和 2020 年学会会员问卷调查）

会员肯定了理事会的作用。在"理事会作用发挥"方面，2020 年的受访会员中"非常满意"和"比较满意"所占比例较多，分别为 42.61% 和 36.97%，"非常满意"较 2016 年增加了 5.71%（图 7-20）。

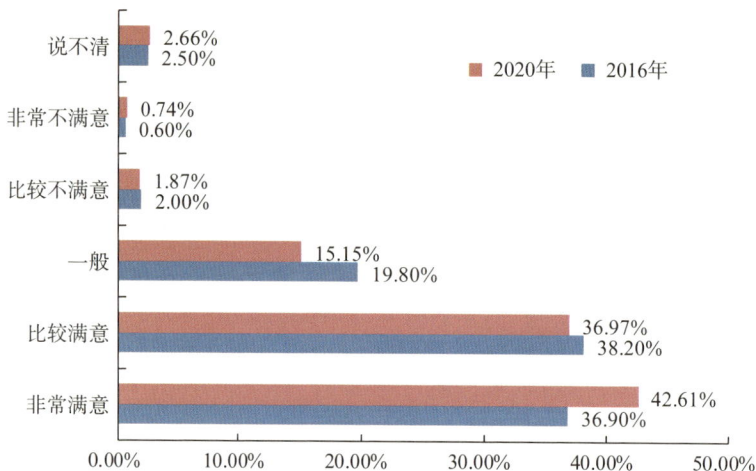

图 7-20　理事会作用发挥满意度分布

（数据来源：2016 年和 2020 年学会会员问卷调查）

会员认为学会民主化程度有所提升。关于学会内部"小圈子"掌控学会，2020 年受访会员中"非常不同意""比较不同意"和"一般"所占比例较多，分别为 37.03%、23.61% 和 22.78%，其中"非常不同意"较 2016 年增加了 3.43%，如图 7-21 所示。

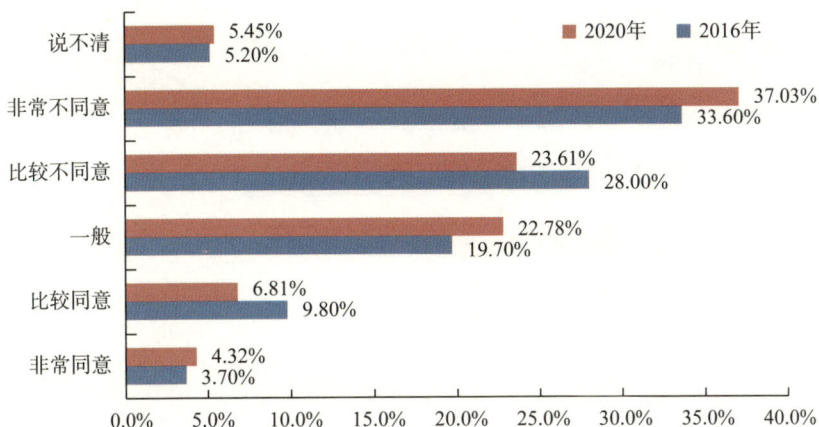

图 7-21 受访会员对学会内部的"小圈子"掌控学会现象评价分布
（数据来源：2016 年和 2020 年学会会员问卷调查）

会员肯定了学会的宣传工作。在"学会宣传不到位"选项上，2020 年受访会员中"非常不同意""一般"和"比较不同意"所占比例较多，分别为 33.38%、26.57% 和 24.04%，其中"非常不同意""一般"分别较 2016 年增加 6.08%、1.57%；2.98% 的人表示"非常同意"，较 2016 年增加 0.08%（图 7-22）。

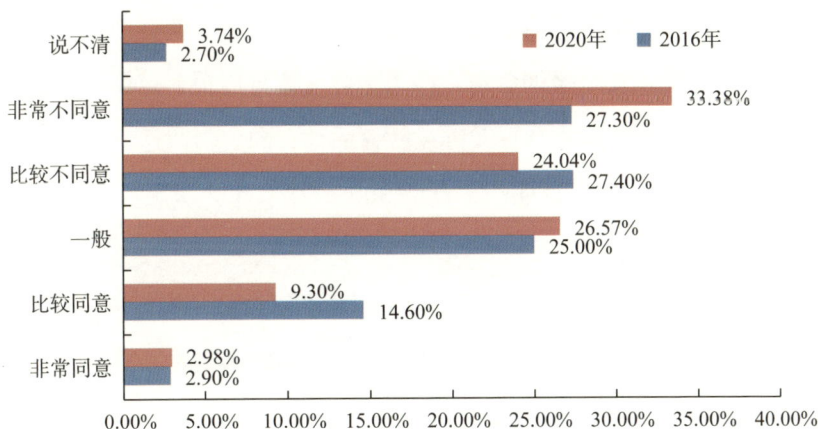

图 7-22 受访会员对"学会宣传不到位"的评价分布
（数据来源：2016 年和 2020 年学会会员问卷调查）

会员认为学会凝聚力比 5 年前有所提升。在"会员凝聚力不强"选项上，2020 年受访会员中表示"非常不同意""一般"和"比较不同意"所占比例较多，分别为 34.01%、25.72% 和 24.80%，其中"非常不同意""一般"分别较 2016 年增加 6.31%、0.92%（图 7-23）。

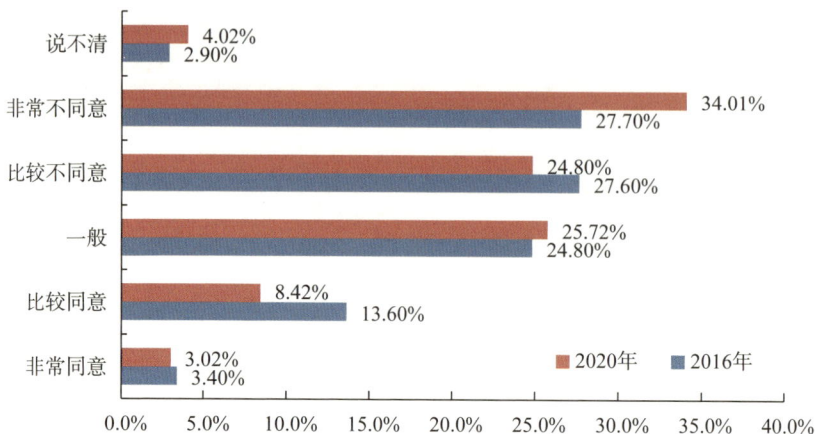

图 7-23 受访会员对学会"会员凝聚力不强"评价分布
（数据来源：2016 年和 2020 年学会会员问卷调查）

（3）会员服务满意度有所提高

如前所述，学会在会员服务方面开展了丰富多样的服务工作。如中华口腔学会不断创新服务形式，提高服务质量与水平，营造温馨的会员之家。将原本的会员卡片升级为电子卡片，会员可在网上自助打印会员卡，查询卡片状态，既方便又环保；为会员提供信息服务，开通微信公众号，使得会员能够在线查询会员号和有效期，及时缴纳会费，推送学会《信息周报》；免费参加大型学术年会；会员优先参加学术会议及继续教育活动；向会员赠送学术期刊及在线课程；连续 3 年在学术年会期间，开辟 300 平方米的会员服务专区，为会员提供现场服务等。

由于会员服务到位，2020 年学会会员评价和满意度相应有所提升。

第一，会员入会诉求得到回应。从会员入会的原因来看，提高学术水平、获得行业内最新信息、认识和结交同行是会员入会的最重要的三个原因（表7-17）。这说明学会在学术交流、信息提供等核心业务方面获得了会员的认可，成为吸引会员的重要因素。

在受访会员回答"享受过学会提供的学术交流方面的服务"时，表示获得"提供参会信息"的人最多，占比 89.54%；其次为"优先获得参会资格"和"减免会议注册费"，分别占比 52.40% 和 47.96%；而"优先获得发言机会"和"优

先在本会期刊上发表文章"，分别占比 27.20% 与 21.80%。4.98% 的人没有获
得相关服务，如图 7-24 所示。

表 7-17 受访会员入会原因统计

题目\选项	非常同意	比较同意	一般	比较不同意	非常不同意	说不清
认识和结交同行	60.67%	30.04%	6.38%	1.89%	0.51%	0.51%
获得行业内最新信息	66.69%	27.40%	4.68%	0.51%	0.23%	0.49%
提高学术水平	69.11%	24.46%	5.15%	0.68%	0.19%	0.40%
拓展人脉和机会，寻求发展	52.92%	29.12%	13.44%	1.79%	1.98%	0.74%
发表科研成果	46.01%	28.25%	20.04%	2.94%	1.83%	0.94%
获得同行的评价和认可	50.10%	34.18%	12.55%	1.74%	0.62%	0.81%
对学会管理工作感兴趣	38.08%	25.34%	26.40%	6.13%	2.85%	1.21%
参会论文计入科研考核	30.31%	19.57%	25.46%	10.91%	11.53%	2.21%

（数据来源：2020 学会会员问卷调查）

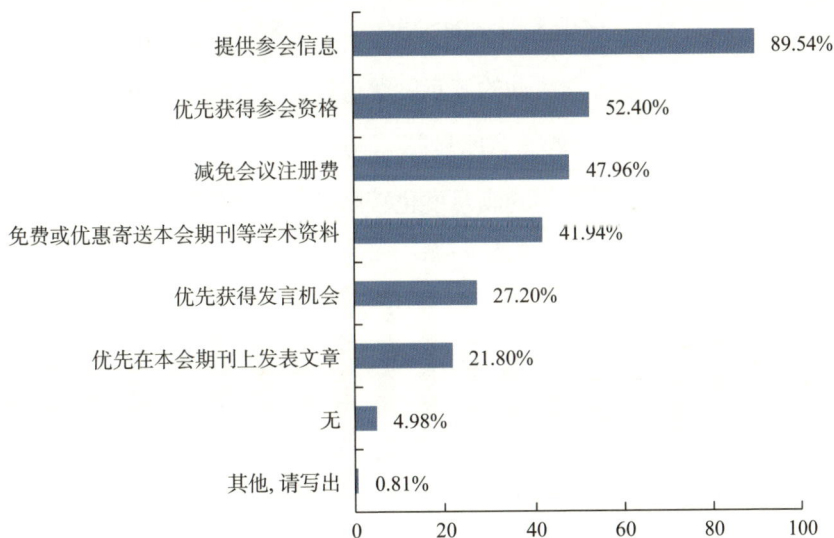

图 7-24 受访会员享受过学会提供的学术交流方面的服务统计图
（数据来源：2020 年学会会员问卷调查）

第二，获得学会奖励和评价的会员与学会的联系更为紧密，反之亦然。
在填答问卷的会员中，问及享受到学会提供的人才评价与奖励时，47.51% 的
会员获得了"设立优秀论文、科技成果等奖励"，40.49% 的会员得到"优先
推荐参加学会的奖励"，"为会员提供双边、多边或国际专业技术资格互认"

占比 22.20%，"职称评定"仅占 9.46%。此外，还有 34.62% 的人选择"无"，即从未享受过学会提供的评价与奖励方面的会员服务，如图 7-25 所示。

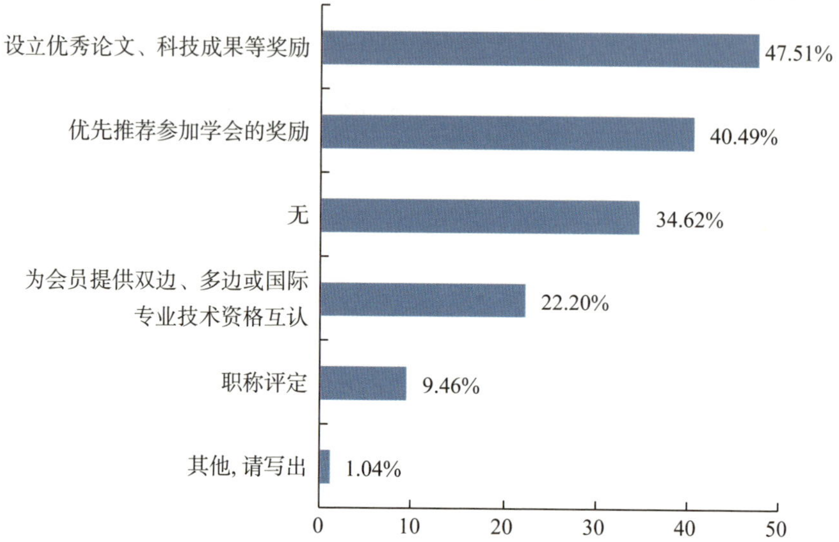

图 7-25 学会会员享受到学会提供的人才评价与奖励情况
（数据来源：2020 年学会会员问卷调查）

第三，会员对学会各项活动的满意度普遍较高。其中，受访会员对学术交流（学术会议和学术期刊）的满意度最高，满意和非常满意的合计超过了八成。此外，对继续教育和科普工作的满意度也较高，如图 7-26 所示。

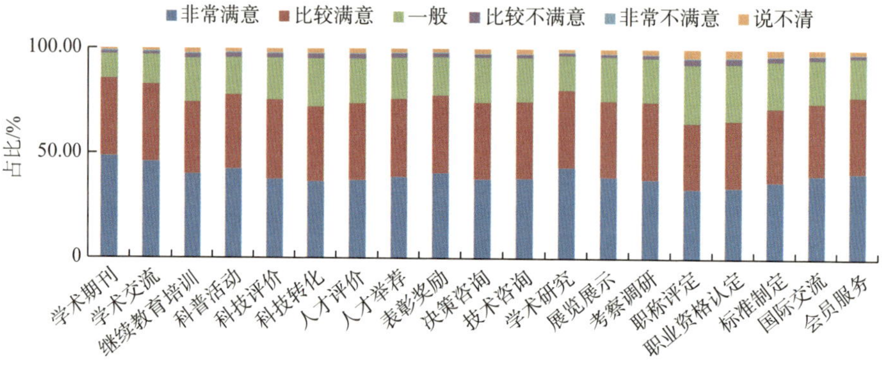

图 7-26 受访会员对学会各项活动满意度情况
（数据来源：2020 年学会会员问卷调查）

第四，会员肯定了学会的总体工作，认为学会各项工作均有变化。其中，受访会员认为会员服务、国际交流、人才举荐、表彰奖励、咨询、展览展示等工作变化较大，如图 7-27 所示。

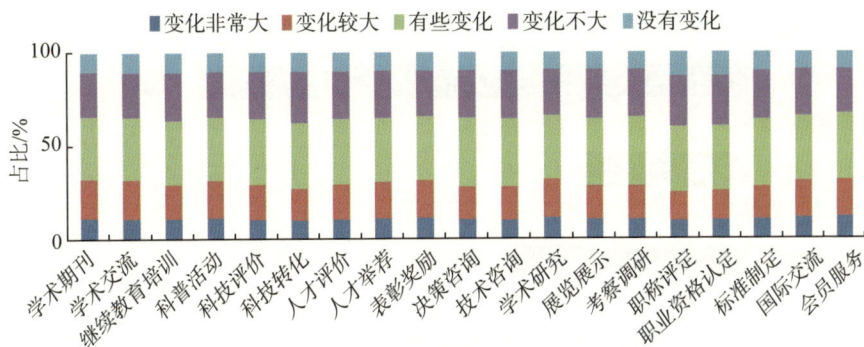

图 7-27 受访会员认为学会各项工作变化情况

（数据来源：2020 年学会会员问卷调查）

第五，会员肯定学会对个人发展的作用。在回答学会对职业生涯的"实际发挥的作用"和"应该发挥的作用"时，会员认为，学会应该发挥的作用是 7.83 分，实际发挥作用是 6.99 分，相差不大，如表 7-18 所示。

表 7-18 受访会员认为学会对职业生涯的实际发挥的作用和应该发挥的作用情况统计

评分	实际发挥的作用	应该发挥的作用
0	76(1.62%)	33(0.70%)
1	80(1.70%)	26(0.55%)
2	109(2.32%)	45(0.96%)
3	202(4.30%)	65(1.38%)
4	160(3.40%)	82(1.75%)
5	532(11.32%)	399(8.49%)
6	579(12.31%)	394(8.38%)
7	602(12.81%)	510(10.85%)
8	1079(22.95%)	1236(26.29%)
9	490(10.42%)	780(16.59%)
10	792(16.85%)	1131(24.06%)
平均分	6.99	7.83

（数据来源：2020 年学会会员问卷调查）

第六，会员已经向更多的人推荐学会。其中，向 11 人以上推荐学会的会员占比达到 39.03%，未曾推荐学会的仅占 7.45%，如图 7-28 所示。

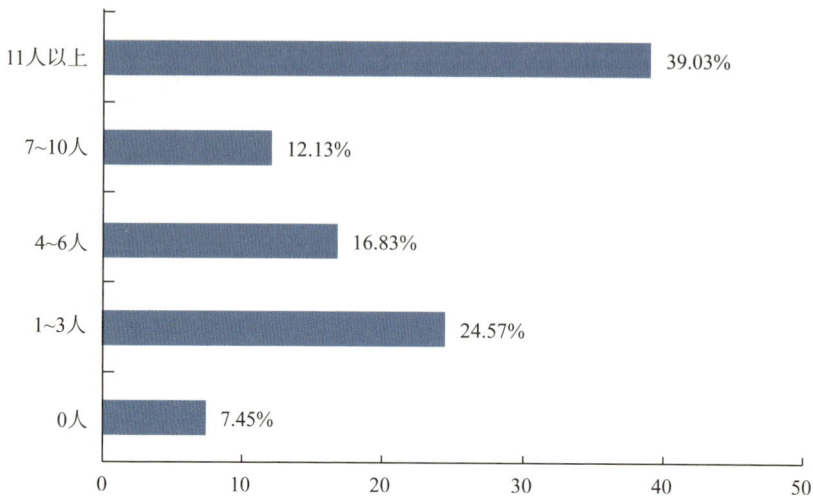

图 7-28 受访学会会员向他人推荐学会情况
（数据来源：2020 年学会会员问卷调查）

第七，会员认可学会的社会影响力。2020 年，受访会员中 49.20% 的人认为自己所在学会非常有影响，比 2016 年增加了 8.0%；39.35% 的人认为学会比较有影响，如图 7-29 所示。

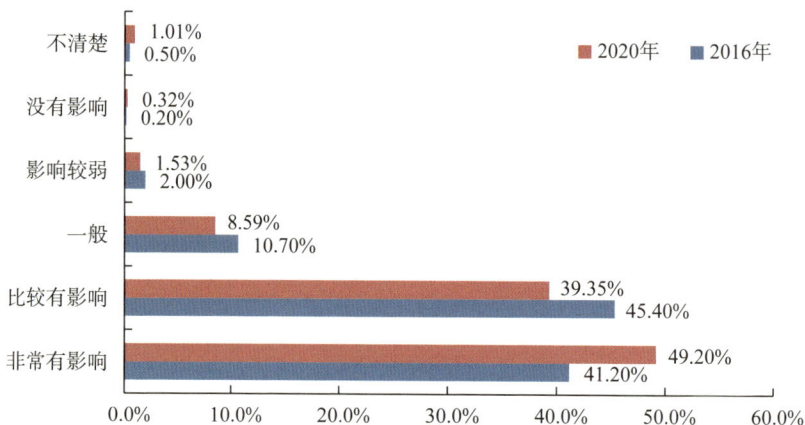

图 7-29 受访会员对学会的社会影响力评价对比
（数据来源：2016 年、2020 年学会个人会员调查问卷）

以上表明，近年来学会给予了会员较大的支持，不断创新会员服务机制，提高了会员的满意度、认可度、拥护度和非会员的向往度，提高了活动项目的会员响应率，学会也得到了会员的支持从而实现了组织发展。

三、办事机构职业化改革不断深化

学会办事机构能力建设，决定着理事会的决策是否能够得到有利执行，学会的日常管理工作能否顺利进行，学会是否形成了核心竞争力。五年来，学会办事机构规模日益扩大，服务学会的能力不断增强；工作人员数量稳步增长，结构趋于优化；劳动合同签署率和社会保障水平不断上升，服务学会的职业化和专业化水平不断上升。

1. 办事机构规模扩大

据学会年检数据，2019 年，93 个学会实行了理事会聘任秘书长制，占全部学会的 44.29%；119 个学会实行了秘书长专职工作制，占全部学会的 56.67%。随着全国学会开展工作的广度和深度拓展，其办事机构规模也呈逐年增长趋势，从而对学会开展活动提供有力支撑。年检数据表明，2015 年全国学会办事机构总数达到了 576 个，2016 年回落到了 571 个，以后呈现出比较大的数额增加，到了 2019 年全国学会办事机构总数达到了 660 个。2019 年比 2015 年增长 14.58%。其发展趋势如图 7-30 所示。

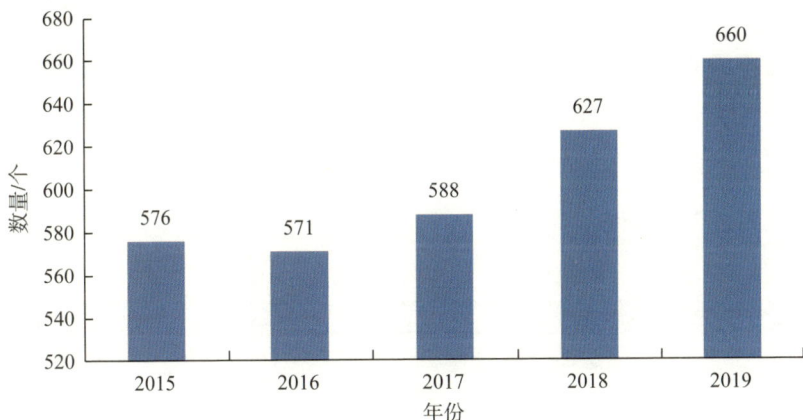

图 7-30 2015—2019 年全国学会办事机构总数
（数据来源：中国科协全国学会年检数据）

除交叉学科学会外，其他四类学科学会的办事机构总数均有所上升，其中理科学会办事机构总数由 2015 年的 59 个增加到 2019 年的 63 个，累计增长约 6.78%；工科学会办事机构总数由 2015 年的 252 个增加到 2019 年的 314 个，累计增长约 24.60%，如图 7-31 所示。

图例	2015	2016	2017	2018	2019
理科	59	60	60	60	63
工科	252	260	265	288	314
农科	48	48	55	61	63
医科	113	109	115	125	129
交叉学科	104	94	93	93	91
全国学会	576	571	588	627	660

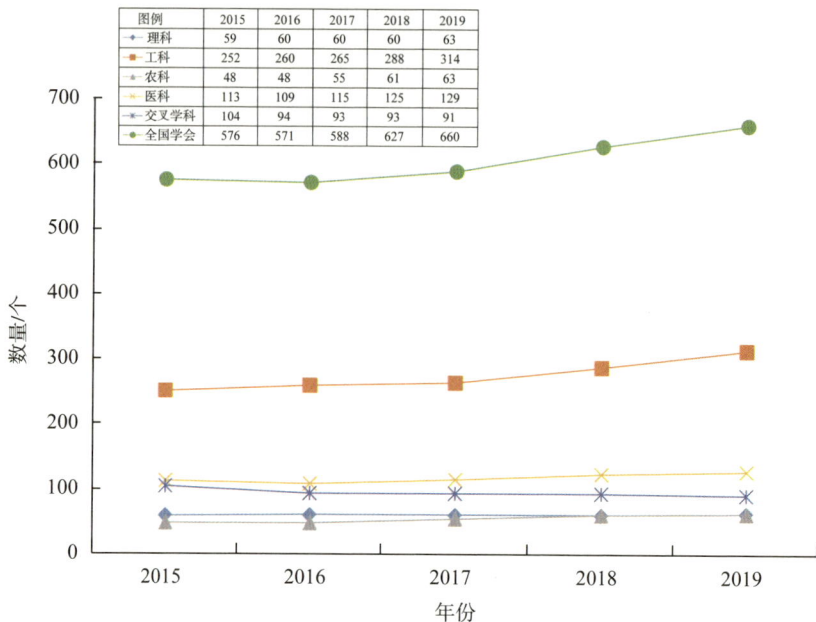

图 7-31 2015—2019 年全国学会及五类学会办事机构总数变化趋势
（数据来源：中国科协全国学会年检数据）

全国学会中办事机构下设内部职能管理机构以便有针对性地开展工作，内设机构的专业职能化反映出学会开展工作的深度和广度。据年检数据显示，全国学会中内设机构达到 10 以上的学会有 10 个，分别是中华医学会、中国电子学会、中国汽车工程学会、中国农学会、中国公路学会、中国人工智能学会、中国卒中学会、中国纺织工程学会、中国中医药学会、中华口腔医学会。基本情况如表 7-19 所示。

表 7-19 2019 年全国学会内设机构规模排序

序号	学会名称	内设机构数量
1	中华医学会	19
2	中国电子学会	15
3	中国汽车工程学会	14
4	中国农学会	14
5	中国公路学会	12
6	中国人工智能学会	12
7	中国卒中学会	12
8	中国纺织工程学会	11
9	中国中医药学会	11
10	中华口腔医学会	11

2. 从业人员数量稳定增长，结构不断优化

（1）全国学会工作人员的总体规模保持稳定。如图 7-32 所示，2019 年全国学会从业人员为 3714 人，比 2016 年增加 4.47%，近年来波动不大。

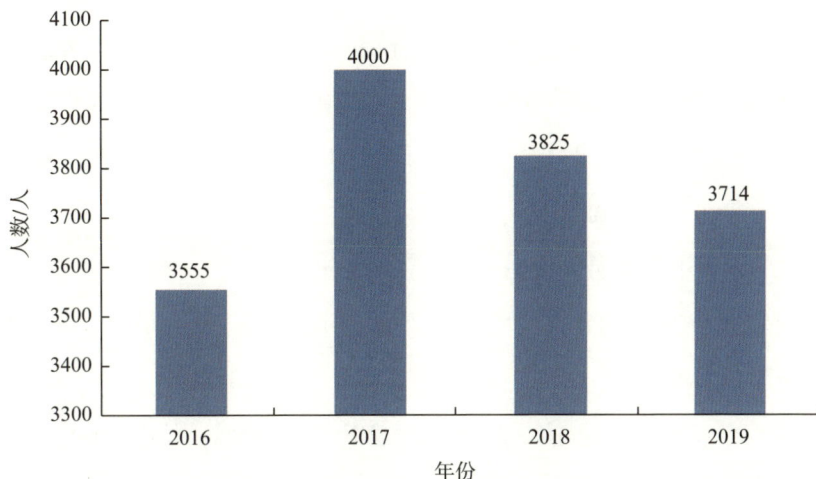

图 7-32 2016—2019 年全国学会从业人员数量
（数据来源：中国科协年度事业发展统计公报）

（2）专职工作人呈年轻化态势，数量增幅明显

第一，专职工作人员数量增幅明显，达到 12.24%。据年检数据显示，2015 年中国科协全国学会共有 2778 名专职工作人员，占全部从业人员的 37.27%；2019 年人数为 3118 名，占全部从业人员的 39.93%；专职人员数量涨幅达到 12.24%，其中占用编制人员 803 人，比上一年略有减少（图 7-33）。

图 7-33 2015—2019 年全国学会专职工作人员数量及其占全体工作人员比例
（数据来源：中国科协全国学会年检数据）

中国公路学会 2016 年以来，通过实施一系列加强专职人员职业化建设的举措，实现了全员的社会聘任，培养了一大批具有学会工作经验的专职工作人员，为学会提高工作质量、拓展业务范围、有效承接政府转移职能等提供了有力的人才保障，学会广阔的平台和上升空间也吸纳了更多专业人才。目前，学会秘书处专职工作人员有 160 名左右，其中具有高级专业技术职称的人员 30 人以上，这些高级专业人才在学会干劲十足，实现了自身价值。在他们的带动下，学会全体员工凝心聚力，形成了力争上游、不甘落后的局面。

第二，专职工作人员呈现出高学历、年轻化的态势，人才结构进一步优化，素质进一步提升。2019 年全国学会年检数据显示，专职工作人员平均年龄 37 岁，本科以上学历占 86.40%。

第三，专职工作人员 10 人以上的学会达到 40.95%，其中 50 人以上的达到 11 个，占比 5.24%，如表 7-20 所示。

表 7-20 2019 年全国学会专职工作人员数量分布情况

专职人员数量	学会数量（个）
100人以上	2
50～100人（含）	9
30～50人（含）	17
20～30人（含）	17
10～20人（含）	41
5～10人（含）	40
0～5人（含）	60
0	24

（数据来源：中国科协全国学会年检数据）

第四，女性员工超过一半。2015 年全国学会女性专职从业人员人数达到了 1640 人，占比 59.04%，2019 年全国学会女性专职从业人员人数达到了 1863 人，占比 59.75%，男性比例从 2015 年的 40.96% 下降到 40.25%，如图 7-34 所示。

图 7-34 全国学会女性专职人员数及所占比例
（数据来源：科协统计年检）

3. 职业化改革进入快速轨道

全国学会从业人员劳动合同签署率和社会保障水平持续上升。根据年检数据，全国学会 2015—2019 年签订劳动合同率从 2015 年的 23.73%，上升到 2019 年的 32.44%，签订劳动合同人员数量增幅达到 43.91%。其中，平均每家学会签订劳动合同的人数从 2015 年的 8.67 人，提高到 2019 年的 12.06 人，如图 7-35 所示。

图 7-35 2015—2019 年全国学会签订劳动合同人员数量图
（数据来源：中国科协全国学会年检数据）

全国学会重视对专职财务人员队伍的建设。2019 年有从业资格的专职财务人员数量达到 393 人，占全部财务人员 96.56%。社会组织管理相关规定要求，出纳与会计岗位不能兼职，而平均每家机构有财务人员 1.94 人，比例不断提高。这意味着，绝大多数学会财务人员数量达到标准，如图 7-36 所示。

图 7-36 2015—2019 年全国学会专职财务人员数量图
（数据来源：中国科协全国学会年检数据）

工科学会财务人员数量增长较快。五年来，各个学会根据会员规模和工作开展需要聘用专职财务人员情况有所不同，理科学会专职财务人员数量从 2015 年的 58 人增长到 2019 年的 60 人，增长约 3.45%；工科学会专职财务人员数量从 2015 年的 142 人增长到 2019 年的 162 人，增长约 14.08%（图 7-37）。

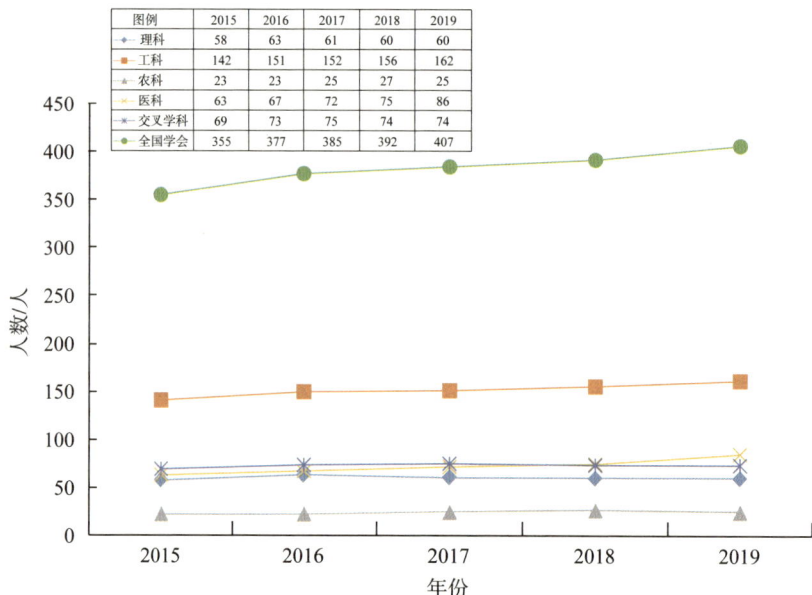

图例	2015	2016	2017	2018	2019
理科	58	63	61	60	60
工科	142	151	152	156	162
农科	23	23	25	27	25
医科	63	67	72	75	86
交叉学科	69	73	75	74	74
全国学会	355	377	385	392	407

图 7-37 2015—2019 年全国学会及五类学会专职财务人员数趋势图
（数据来源：中国科协全国学会年检数据）

有的学会已经完成职业化改革任务。如中国复合材料学会已于 2018 年基本完成职业化改革，秘书处专职工作人员全部为聘用制，并实施动态岗位监督与晋升机制，使学会业务与服务能力大幅提升。截至 2020 年 11 月，已建成中青年为主的稳定的专职工作人员队伍，共有工作人员 22 名，全部为本科以上学历，平均年龄 32 岁。

2016 年以来，中国公路学会职业化改革进入深化阶段。2016 年学会第八届理事会以来，各项工作有了飞跃式发展。根据发展需要，2016 年以来，学会提出了工作人员职业化建设的新目标——不仅要能给别人搭台，也要自己会唱戏，并先后采取了三项新措施。一是优化机构设置，提升学会的"天花板"，为工作人员的发展扩建平台。由于高层管理人员职位有限，员工职业发展和上升空间不足。针对这一情况，学会根据业务需要，着手进行秘书处工作机构的三大体系建设，包括学会的业务部门、职能部门和直属机构（含工作委员会）。将秘书处原有 13 个平行部门重新整合，架设五大业务中心，强化六个职能部门和六个直属机构建设。三大体系的设置使学会各部门职能更具综合性和专业性。解决了学会资源相对分散，机构设置过于平面化和不易管理的问题；通过架设统筹管理部门，将学会机构设置由平面改为立体，使有能力的中层干部和工作人员多了一层发展和上升的空间。二是根据需要调整工作人员年度考评制度，使年度考评不走过场，不流于形式。从 2017 年开始，考评办法再次调整，由平级互评、上下级评价和学会领导评价三部分组成，按不同权重计算后合计总分。每个层级的考评内容根据职位和职能不同区别设置。不断完善和改进的考评体系不再是走过场和履行程序，而是激励员工、争先创新的工具。三是强调管理制度的科学性，鼓励创新，充分授权，不把人管"死"。这些措施，使学会工作人员大受鼓舞，敢于开拓、勇于创新、不断进取，新创意、新思路不断涌现。

四、分支机构发展提升内生能力

五年来，全国学会分支机构获得了发展，充分体现了学会的自身内在发展能力逐步增加，分支机构的发展呈现出如下的特点。

1.学会分支机构持续增长

全国学会不断发展分支机构规模，调整其结构，促进学会所属学科细分和高度专业化。总体来看，全国学会分支机构数量呈稳步增长趋势。据年检数据，2015 年学会分支机构为 3939 个，而 2019 年分支机构则高达 5344 个，比2015 年增长了 35.67%（图 7-38）。

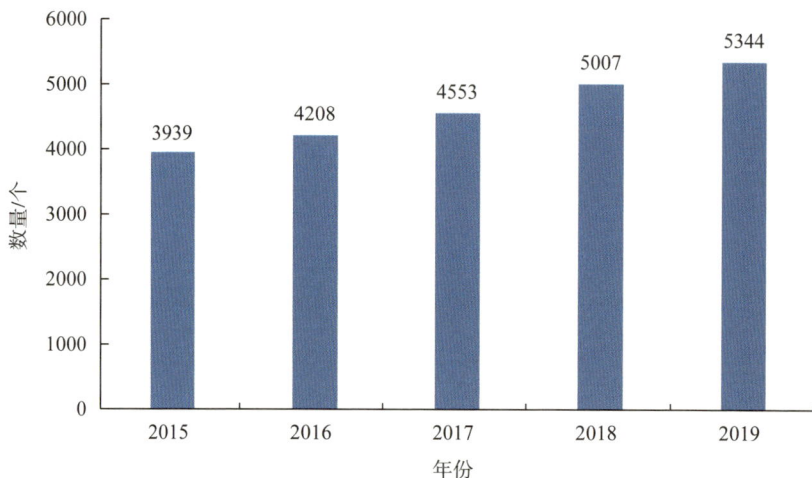

图 7-38 2015—2019 年全国学会分支机构数量变化

（数据来源：中国科协全国学会年检数据）

五年来，五类学会分支机构数量均稳步上升，医科和交叉学科增长最快，医科学会分支机构数量由 2015 年的 765 个增长到 2019 年的 1149，增长约50.20%；交叉学科学会分支机构数量增长约 49.45%。分支机构的逐年增长，表明学会正向更加专业化和学科细分的方向发展，有利于学会探索自己的新生长点，提升学会的自我造血能力，更好地为会员服务。其发展趋势如图 7-39所示。

不同学会根据工作内容和发展需要，分支机构数量差异也很大。全国学会平均每家有 25 个分支机构，其中医科学会平均每家有 41 个分支机构，如表 7-21 所示。

随着分支机构数量的增长，其活动数量也日益增多。中国感光学会从2015 到 2019 年以来，学会 12 个专业委员会共举办学术会议、论坛、研讨会等学术活动 30 余次，参与人数 5000 余人。为促进学科交叉融合，学会鼓励分支机构与兄弟学会、协会、专业分会及其他单位多方联合举办学术活动。这些学术活动，吸引了不同层次、不同年龄、不同领域科技工作者的广泛参与，实现了跨学科、跨行业、跨区域的研讨交流，促进了学科的发展。

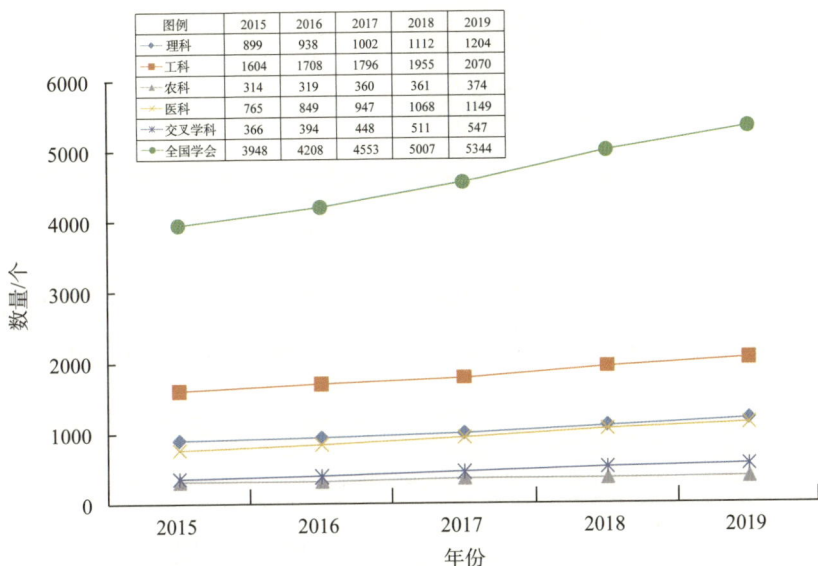

图例	2015	2016	2017	2018	2019
理科	899	938	1002	1112	1204
工科	1604	1708	1796	1955	2070
农科	314	319	360	361	374
医科	765	849	947	1068	1149
交叉学科	366	394	448	511	547
全国学会	3948	4208	4553	5007	5344

图 7-39 2015—2019 年全国学会及五类学会分支机构数量趋势图
（数据来源：中国科协全国学会年检数据）

表 7-21 2019 年各类全国学会分支机构数量及占比情况

学会类别	分支机构数量	学会数量	平均数	各类学会分支机构数量占总数的比重
理科	1204	46	26	22.53%
工科	2070	78	27	38.73%
农科	374	16	23	7.00%
医科	1149	28	41	21.50%
交叉学科	547	42	13	10.24%
汇总	5344	210	25	100.00%

（数据来源：中国科协全国学会年检数据）

2. 专业委员会增长迅速，占分支机构半数以上

据 2019 年年检数据显示，从分支机构的类型来看，专业委员会占八成以上，共 4350 个；其次为工作委员会，共 767 个；专项基金管理委员会 7 个，如图 7-40 所示。

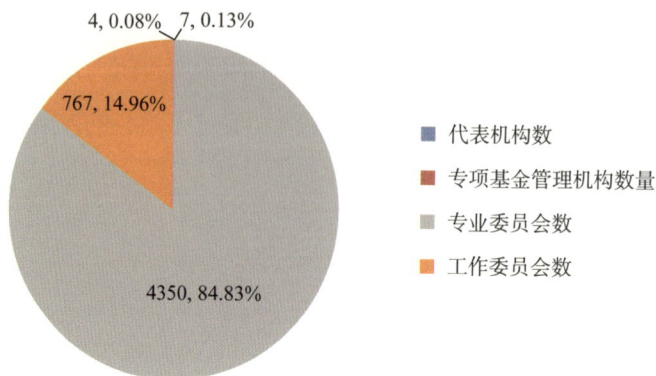

图 7-40 2019 年全国学会分支机构分类情况

（数据来源：中国科协全国学会年检数据）

2019 年专业委员会数量达到 4350，比 2015 年增加了 1356 个，增幅达到 45.29%，如图 7-41 所示。专委会的迅速发展，反映出学会更加突出了工作细分和专业化。

图 7-41 2015—2019 年全国学会专业委员会数量及其占分支机构数量比重

（数据来源：中国科协全国学会年检数据）

五年来，各学科学会专业委员会数量均呈现稳步上升态势，其中医科和交叉学科发展迅猛。医科学会专业委员会数量由 2015 年的 505 个增长到 2019 年的 998 个，累计增长约 97.62%；交叉学科学会专业委员会数量由 2015 年的 259 个增长到 2019 年的 412 个，累计增长约 59.07%。医科学会专业委员会数量五年内基本翻番，发展势头迅猛，如图 7-42 所示。

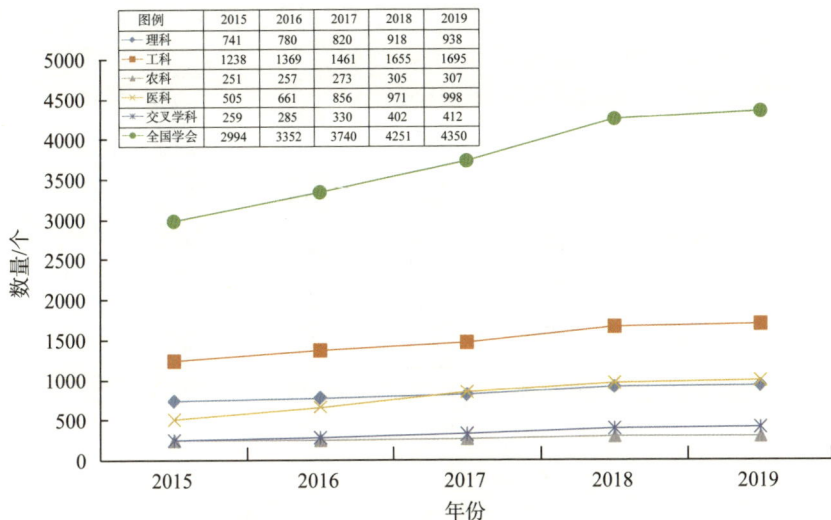

图例	2015	2016	2017	2018	2019
理科	741	780	820	918	938
工科	1238	1369	1461	1655	1695
农科	251	257	273	305	307
医科	505	661	856	971	998
交叉学科	259	285	330	402	412
全国学会	2994	3352	3740	4251	4350

图 7-42 2015—2019 年全国学会及五类学会专业委员会数量趋势图

（数据来源：中国科协全国学会年检数据）

2019 年，全国学会中专业委员会超过 50 个的机构达到了 10 家，其中 7 家为医科学会，专业委员会数量最多的三家是中国研究型医院学会、中华中医药学会和中华医学会，如表 7-22 所示。

表 7-22 2019 年全国学会专业委员会数量排序

序号	学会名称	专业委员会数
1	中国研究型医院学会	132
2	中华中医药学会	89
3	中华医学会	88
4	中华预防医学会	74
5	中国抗癌协会	65
6	中国中西医结合学会	61
7	中国环境科学学会	56
8	中国电工技术学会	56
9	中国地质学会	55
10	中国康复医学会	50

3. 工作委员会数量增幅显著

年检数据显示，2015—2019 年以来，全国学会工作委员会数量增长了

42.83%。2019年工作委员会数量达到767个,比2015年增加了230个(图7-43)。

图 7-43 2015—2019 年全国学会工作委员会数量及其分支机构数量比重

（数据来源：中国科协全国学会年检数据）

其中在全国学会中工作委员会超过 10 个的学会有 11 个，中国营养学会和中国地球物理学会并列第十位，如表 7-23 所示。

表 7-23 2019 年全国学会工作委员会数量排序

序号	学会名称	工作委员会数
1	中国测绘地理信息学会	16
2	中国生物多样性保护与绿色发展基金会	16
3	中国实验动物学会	14
4	中国药学会	13
5	中国机械工程学会	12
6	中国复合材料学会	12
7	中国图象图形学学会	12
8	中华护理学会	12
9	中国科学技术期刊编辑学会	12
10	中国营养学会	11
11	中国地球物理学会	11

4. 管理的制度化和规范性程度有所提高

中国科协积极推进全国学会制度建设。近年来，全国学会办事机构的制度化建设和规范化管理取得重要进展，已基本形成涵盖财务管理、资产管理、档案管理、印章管理、会员管理等领域的规章制度体系，办事机构运行基本做到有规可循，有法可依。

2019 年度全国学会年检数据显示，94.76% 的学会制定了分支（代表）机构管理制度，比 2015 年增长了近 5 个百分点，如图 7-44 所示。

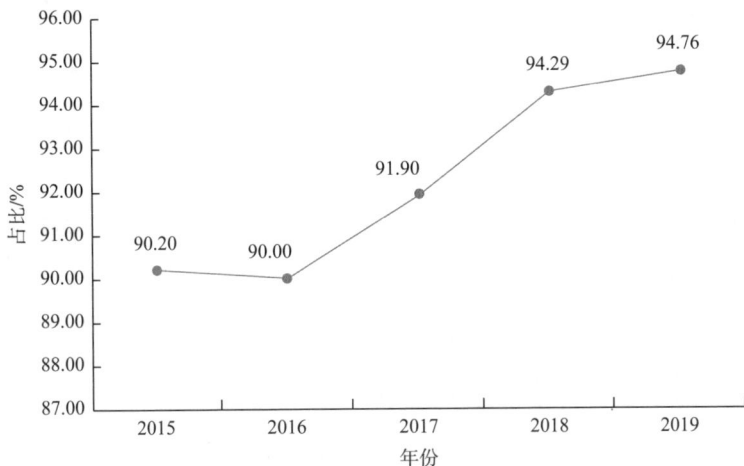

图 7-44 2015—2019 年有分支机构管理制度的学会占全国学会的比重
（数据来源：中国科协全国学会年检数据）

第一，加强对分支机构的规范管理，制定分支机构管理制度。完善分支机构财务管理与服务，激发分支机构活力。健全制度，规范化管理。《民政部 财政部 人民银行关于加强社会团体分支（代表）机构财务管理的通知》（民发〔2014〕259 号）文件发布后，学会响应号召，明确规定学会分支机构的全部收支纳入学会财务统一核算、管理。如中国复合材料学会及时制定并下发了《中国复合材料学会关于加强分支机构财务管理的通知》，修订了分支机构管理办法，从制度上保证了分支机构财务管理的规范化。学会在每个财政年度都对分支机构的独立账簿进行提前审计与通报，并统一汇总纳入学会年终财务审计、统计报表等工作中。

第二，加强对分支机构的动态管理。加强对分支机构成立的条件审核、活动组织管理、工作评估等，建立有进有出的动态管理机制，保证了分会的活力和存在的价值。一方面，建立严谨的分支机构成立条件。如中国细胞生物学学会于 2016 年对《中国细胞生物学学会下属分支机构管理条例》进行修订。10 年前，为了促进专业分会的发展，学会规定只需 24 名学科带头人提出就可以申请成立分会，学会专业分会快速增长。自2015年起，学会根据学科发展需要，对专业分会设立提出了更高的要求，需要5名以上来自不同省份和地区的理事发起，向学会提出申请，由分会管理委员会进行初审，初审通过后将参加答辩，答辩通过后提交理事会审议，理事会审议通过后正式成立。中国复合材料学会建立分支机构指导名录，规范名称与业务领域。为适应学科与产业发展，学会建立了分支机构命名分类指导目录，厘清分支机构业务领域，保障学会覆盖全学科领域，并避免分支机构业务交叉。分支机构指导名录由专家编制，经过广泛征询意见后形成提案，并经学会常务理事会审议通过，成为学会规范性文件。指导名录按六个类别罗列名称，并明确了分会及专业委员会的命名区别。学会要求名称不符合指导名录的分支机构全部变更名称，得到了各分支机构的理解、配合与支持，保障了学会深化改革工作的整体推进。

第三，采取有效措施激励分支机构开展活动发展会员。如中国复合材料学会对分支机构采取专款专用、资金支持的政策，保障分支机构活力。学会代分支机构收取的会议费、会费、捐赠等费用，除产生的税费及直接产生的管理类费用外，全部用于分支机构举办学术交流活动及自身发展建设。同时学会还设立专项基金，以资金支持的形式鼓励分支机构承接专题学术沙龙等专业细分领域的学术活动。针对分支机构举办学术活动中出现的现场缴费多、刷公务卡缴费多的情况，学会逐渐形成了"超过30人的学术活动由秘书处派出财务人员协助现场收缴费用"的工作模式，解决了分支机构催缴费用困难、财务专业人员缺乏等实际问题，得到了分支机构的广泛好评。中华口腔医学会在分支机构中采取大委员会制，二级专业委员会（分会）会员数量与委员规模挂钩，激发二级专委会发展会员动力。

第四，加大对分支机构的监督力度。一方面，推行分支机构信息公开制度。中国复合材料学会建立了分支机构财务定期公开制度，在分支机构主办的活动结束后公开其各项收支，在年终学会分支机构财务审计后公开其全年活动的收支明细，接受学会理事会及其他分支机构的监督。另一方面，加强总会对分支机构的监督，定期对分支机构进行考核，对不合格的分支机构进行相应处罚，直至撤销。如中国复合材料学会对分支机构梳理，撤销了4家不符合要求的分支机构，变更 9 家分支机构名称。中国农学会积极探索推进分支机构考核评估，建立"有进有出、优奖劣汰"的动态调整机制，先后撤销分支机构 3 个，变更名称 1 个，变更挂靠单位 1 个，新成立 1 个，中国仿真学会 2015 年开始对分支机构进行考核，同时制定《中国仿真学会分支机构考核办法》，2017 年修订了《中国仿真学会分支机构管理办法》并开始对分支机构进行考核，对2015—2016 年连续两年考核不合格仿真器专委会提整改要求，2018 年对中国仿真产业工作委员会予以撤销。在 2015—2019 年期间，整改专业委员会 1 个，撤销工作委员会 1 个，表彰分支机构 7 个。随着改革的推进，各分支机构由过去"一盘散沙"转变为紧紧围绕学会中心工作的"一股绳"。

五、实体机构稳步发展

五年来全国学会下属实体机构数量持续增长，类型和项目不断丰富和深化，显示出学会经营意识和经营能力的提升。学会实体机构的发展呈现出如下的特点。

1. 近年来实体机构的数量持续增加

2019 年，210 个全国学会有 96 个实体机构，比 2015 年增加了 12 家，增幅为 14.29%，如图 7-45 所示。

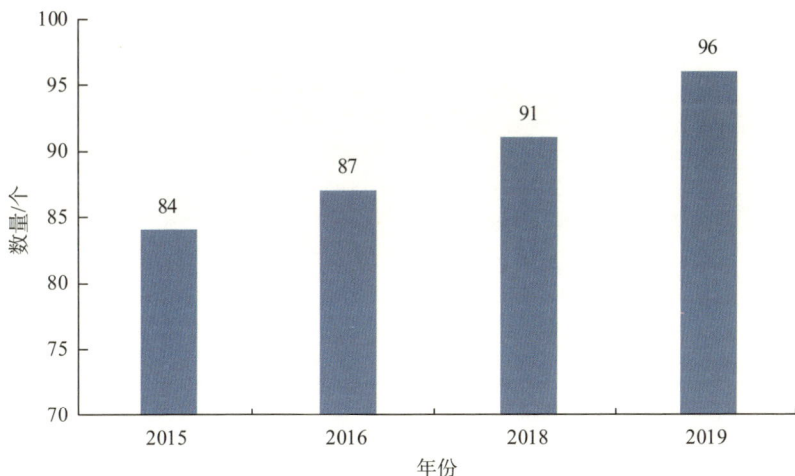

图 7-45 2015—2019 年全国学会实体机构数量变化（缺少 2017 年数据）
（数据来源：中国科协全国学会年检数据）

2. 学会对实体机构拥有控股权

学会拥有的实体机构中，79 个是学会控股 51% 及以上，占比 82.29%，如表 7-24 所示。学会拥有对绝大多数实体机构的控股权。

表 7-24 2019 年全国学会拥有实体机构持股比例情况

持股比例	学会数量
0	3
0%～30%（含）	8
31%～50%（含）	6
51%及以上	79

（数据来源：中国科协全国学会年检数据）

3. 工科学会实体机构最多

全国学会中，工科、医科和交叉科学会的实体机构较多，分别为 57 个（占比 59.38%）、20 个（占比 20.83%）、13 个（占比 13.54%），如图 7-46 所示。具体来看，学会下属实体机构的数量与学会所属学科性质有密切关系，应用型的学科贴近经济社会生活，实体机构相对较多。

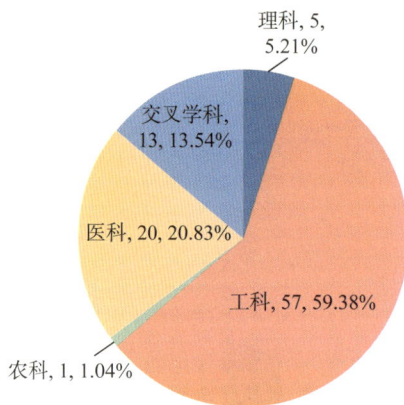

图 7-46 2019 年全国各类学会拥有实体机构情况
（数据来源：中国科协全国学会年检数据）

六、学会经营能力提升

随着学会经营能力提升，学会自身也获得了来自各个方面的收入，办会的基础条件不断得到改善，有力支撑了学会办会能力。从学会的收入、支出和资产规模变化可以很清楚地看到这一可喜的变化。

1. 收入来源拓展，收入额不断实现递增

经过核算，近 5 年来，中国科协全国学会总收入逐年递增，年均增长率 17.61%。据统计，2015 年全国学会收入 28.24 亿元，2019 年全国学会收入 49.59 亿元，五年增长了 75.60%，比 2012 年增长了 137.96%，如图 7-47 所示。

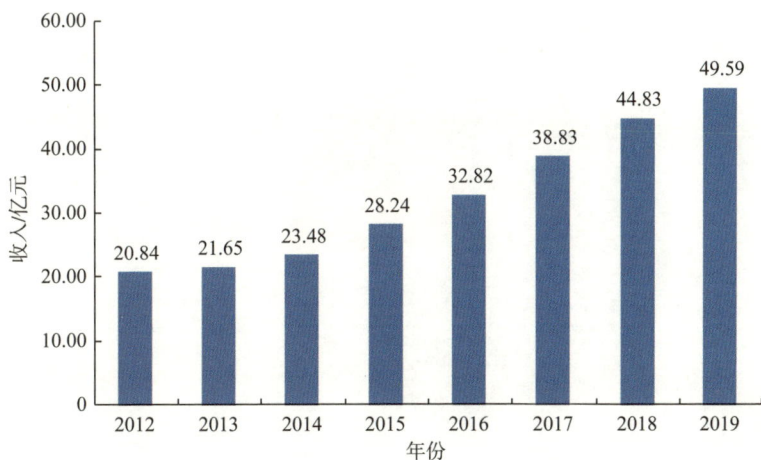

图 7-47 2012—2019 年全国学会收入情况
（数据来源：中国科协 2019 年度事业发展统计公报）

2. 收入以提供服务和政府补助为主

学会的收入来源包括提供服务收入、政府补助收入、捐赠收入、会费收入、投资收益、商品销售收入及其他收入。根据年检数据显示，2019 年全国学会的主要收入来源为提供服务收入和政府补助收入，提供服务收入占比七成以上，收入总额约为 2015 年的 1.76 倍。

从学会收入发展趋势图、政府购买服务趋势图、捐赠收入图和服务收入趋势图看，学会在总收入不断递增的条件下，为社会提供服务收入一直不断增长，学会收入结构的调整显示出学会服务社会能力不断增强，自身造血能力加大。

3. 业务活动成为学会最大支出

2019 年，全国学会业务活动成本 32.05 亿元，比 2015 年增加 15.37 亿元，占学会费用支出的 50% 以上，是学会最大支出，而日常开支和管理成本比例则分别为 1/3 和 1/5 左右。

4. 超过七成的学会收大于支

在学会深化改革阶段，政社分开，脱钩脱挂改革持续深入，对学会的收入带来一定影响。根据学会年检数据分析，2019 年能够达到收支基本平衡的学会数为 8 个，占比 3.81%；收不抵支的学会有 49 个，占比 23.33%；收大于支的学会达到了 152 个，占比 72.38%，如图 7-48 所示。

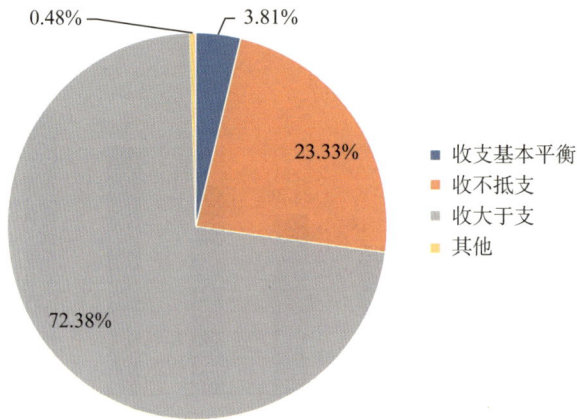

图 7-48 2019 年全国学会收支平衡情况
（数据来源：中国科协全国学会年检数据）

第八章　不同类型学科学会发展状况

近五年来，在《科协系统深化改革实施方案》、学会能力提升专项等一系列政策措施的激励下，中国科协全国学会得到迅速发展。本章基于重点数据和大量典型案例，按照不同学科方向，以工程技术类学会为重点，全面阐述其发展状况，分述基础类、农科类、医科类学会的发展特色。交叉学科类学会因领域分散，在此不做专门分析。

一、基础类学会发展状况

中国科协所属学会中，基础类学会主要包括理科学会的大部分和农科、医科学会中的基础性学科学会，其主要功能是促进基础学科的发展，推动科学知识的传播、交流与普及。近年来，基础类学会在中国科协指导下，不断加强学会党建工作，坚持学术本位和价值引领，广泛开展科学普及服务，积极建设科技智库，深入落实内部治理改革，学会的组织建设和各项事业都取得长足进步。本研究选择当前中国科协所属全国学会分类体系中的 44 个理科学会（未含国际组织），分析其总体发展情况。

1. 党建引领学会发展政治方向

所有基础类学会均已设立党组织，党组织形式包括党委、党支部等。各学会党组织党员人数差异较大，党员人数超过 100 人的有中国地球物理学会、中国地震学会、中国优选法统筹法与经济数学研究会等。

中国岩石力学与工程学会把"设立中国共产党的组织，开展党的活动，为党组织的活动提供必要条件"列入学会章程。学会党委成立以来，积极发挥学会各项工作的政治引领和政治吸纳，稳步落实党的组织全覆盖，先后建立了 13 个二级机构基层党组织，十九大代表、学会副理事长康红普院士和十九届中央委员会候补委员、学会常务理事王旭东于 2018 年数次宣讲十九大会议精神，积极发挥党在学会的群众组织方面的作用。中国环境科学学会扎实开展学习宣传贯彻党的十九大精神"五大活动"，围绕"促进科技成果转化""邻避效应问题化解"两个主题，由领导班子成员带队结合具体业务工作深入开展大调研活动，组织全体党员深入讨论、提炼成果并形成对策建议、转化为具体业务工作指引。严格"三会一课"制度，加强党支部建设。在 2018 年创建星级学会党组织试点评价工作中，学会获得优秀称号。

调研发现，大部分基础类学会均对学会党建工作的落地有活动抓手，每年通过组织丰富多彩的党建活动，实现对科技工作者的政治引领和价值引领。中国数学会于 2016 年 11 月成立了学会功能型党委及学会秘书处党支部后不断加强党建工作，学会在学术年会举办期间同时召开学会理事会功能型党委扩大会议，并在年会举办地举办一次党员学习教育活动日。此外，学会充分利用学会网站及微信公众号等网络平台，定期传达党中央和上级部门的重要文件精神与指示以及介绍学会党建工作进展，从而引领会员贯彻党的路线、方针、政策。

2. 学术活动促进学会国际化发展

（1）学术交流活动日趋活跃

学术活动是基础类学会的"看家本领"。基础类学会的业务活动基本以提高学术交流的质量和水平作为主要任务和着力点，通过采取多种形式活跃学会的学术气氛，鼓励学术争鸣，为会员和科技工作者的科技创新营造良好学术环境。

多数基础类学会建立了学术年会机制，并着力将其打造成为本学会的精品学术活动项目。44 家学会在 2016 年共组织学术活动 740 场，2017 年为 800 场，2018 年为 846 场。2015—2019 年基础类学会组织国内学术会议波动增长，2015—2019 年分别为 672、788、698、695 和 752 场，2019 年比 2015 年增加 11.90%；参加人数呈逐年上升趋势，2019 年为 258446 人次，比 2015 年增加了 100429 人次，增长率为 63.56%（图 8-1）。学会的办会水平和通过会议为会员服务的意识不断增强，经统计，有 90.34% 的学会会员享受过学会提供的参会信息服务，51.26% 的会员表示通过加入学会会员，在会议注册费方面得到了优惠减免。

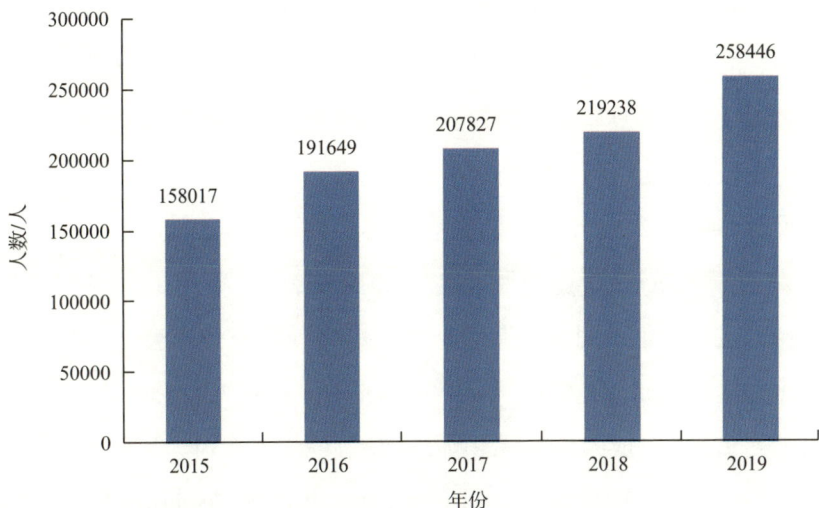

图 8-1 2015—2019 年基础类学会国内学术会议参加人数
（数据来源：中国科协统计年鉴）

2018 年 8 月 28—30 日召开的"2018 年中国地理学大会"，来自国内外 4000 余名地理学人齐聚古城西安，围绕"新时代中国地理学的发展"，分享新发现、交流新思想、探讨新问题、共绘新时代中国地理学发展的新蓝图。大会特邀 8 位中外院士和 4 位中外著名学者做大会报告，其中包括美国地理学家协会（AAG）、英国皇家地理学会（RGS）代表。大会共设 61 个专题分会场分别以学术报告会、科普报告会、圆桌会议等形式进行了交流，其中包括 1 个英文国际交流分会场、1 个中文中日交流分会场、科普报告会、研学旅行专家研讨会等，共有 1500 多名与会者做了口头发言，另有 150 多人进行了板报交流。中国地理学大会这个交流平台助推了我国地理科学创新发展，拉动了中国地理学会建设世界一流学会的进程，为中国发展、"一带一路"建设和全球人类命运共同体建设发挥了地理学科应有的作用，也为出版商和企业机构搭建了地理科技成果展示平台，促进了产学融合，推动了学会"协同化"建设。会议形成的咨询报告"关于中华文明探源要高度重视西秦岭的建议"，得到了中办的批复。

（2）主办期刊质量高

基础类学会非常重视学术期刊建设，按照同行评议的原则建立严谨、公正、科学的审稿制度，以保证刊物的学术质量，尊重和鼓励学术创新，引导科技工作者客观、准确、诚实地介绍自己的学术研究成果。因而，基础类学会主办期刊在相关领域内一般具有较高的知名度和认可度，从文献检索机构发布的影响因子等指标来看，也保持了较高水平。

根据科睿唯安2018年发布的影响因子，中国化学会与其他机构联合主办期刊的25种学术期刊中，影响因子超过2.0的有9种，其中《化学学报（英文）》继续保持中文SCI学术期刊之最达2.735，与英国皇家化学会合办的《有机化学前沿（英文）》和《无机化学前沿（英文）》双双突破5.0，其中《无机化学前沿（英文）》已成为该领域影响因子最高的学术期刊。完全独立自主创办的旗舰新刊——《中国化学会会刊（英文）》（*CCS Chemistry*）于2018年5月正式宣布创刊，获得了来自化学领域的广泛关注和支持。该刊瞄准国际一流，实行国际化运作模式，聘用国际期刊专家运营，组建了全部由国际一线著名化学家、包括5位诺贝尔奖获得者和8位中国科学院院士组成的国际化编委会，对稿件和期刊的质量严格把控和监管。

中国细胞生物学会主办的 *Cell Research* 连续获得中国科协科技期刊国际影响力提升计划A类支持，2018最新影响因子为15.393，在生命科学领域亚太地区学术期刊中排名第一，被评为2018年中国最具国际影响力学术期刊第一名。《分子细胞生物学报（英文）》（*Journal of Molecular Cell Biology*）获2018年中国科学院科技期刊出版基金，入选中国科技期刊登峰行动计划。

2019年基础类学会主办科技期刊209种，比2015年减少了15种，降幅为6.70%，虽数量减少，但质量有所提高。2015—2018年基础类学会主办科技期刊情况，如图8-2所示。

（3）人才培养和举荐形成稳定机制

整合学会各项资源，建设与落实科技人才的举荐、遴选与培养工作，是学会的重要任务。基础类学会通过提供继续教育培训、人才举荐等服务，从而拥有了对会员和科技工作者的强劲吸引力和凝聚力。2016—2019年全国基础类学会向省部级（含）以上科技奖项、人才计划（工程）举荐人才数分别为 205 人、215 人、165 人、169 人（图 8-3）。学会开展继续教育服务，针对会员和科技工作者在科研、生产、管理等方面急需解决的问题，满足不同岗位专业技术人员完善知识结构的实际需要，同时也可作为对专业技术人员水平评价的重要标准。学会还利用同行认可的机制，积极举荐人才，如推荐两院院士、学科带头人等，从而履行发现人才、举荐人才的社会职能，帮助优秀科技工作者脱颖而出。

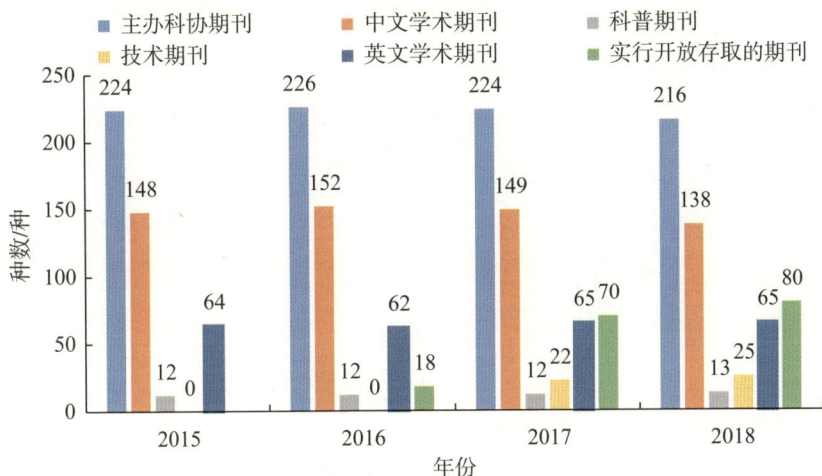

图 8-2 2015—2018 年基础类学会主办科技期刊情况
（数据来源：中国科协统计年鉴）

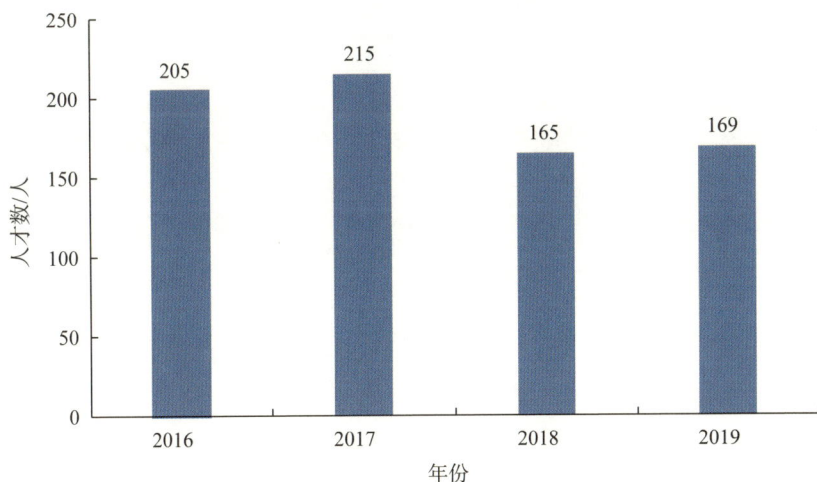

图 8-3 2016—2019 年基础类学会向省部级(含)以上科技奖项、人才计划(工程)举荐人才数
（数据来源：中国科协统计年鉴）

中国力学学会创新发现和培养青年人才机制，全方位持续开展青年人才托举工作。为了能够发掘有潜力的"小人物"，学会创新发展新的遴选机制，对于提名人不以论文数等硬性要求，宽泛入围，给更多没有在起步阶段取得优秀成果的青年人机会，让他们也能得到快速发展的机会，不至于被埋没。同时，严格执行评审制度和公示机制，通过全体常务理事和青年人才托举领导小组两级评审，多方面考虑，层层选拔，并且通过全国公示，最终确定培养人才。根据人才的特色进行针对性的培养和个性化的引领，为每位托举人才匹配导师，定期召开导师见面会，提供个性化指导；开展国内外大师讲习班，邀请国内外力学领域的顶尖科学家开办培训班和小型研讨会，将国际前沿的科技成果和学术思想近距离地传授给我国青年学者；搭建丰富的国内外学术交流平台，给青年人提供相互交流、自我展示、增进了解的平台，为后续项目开发与合作打下基础；推荐青托人才主持国内外学术会议、社会任职等，提升其国际影响力和学术号召力（图8-4）。

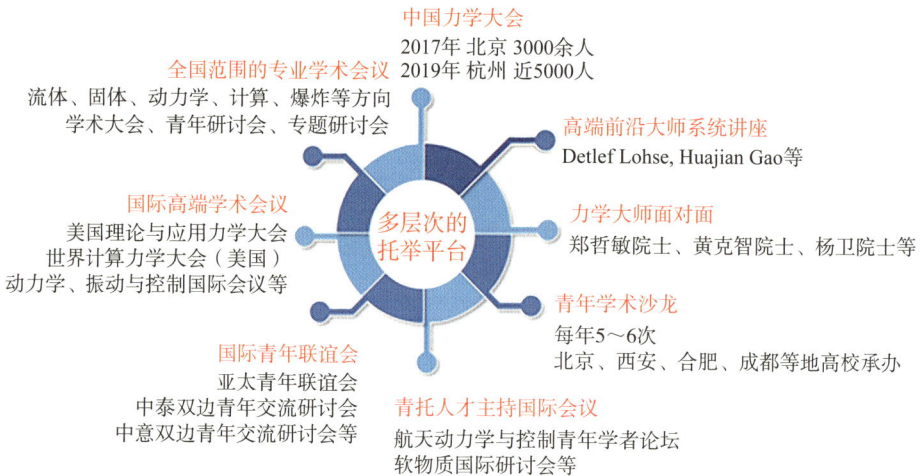

图 8-4 中国力学学会特色人才培养平台

中国岩石力学与工程学会持续开展系列评奖活动，包括中国岩石力学与工程学会"科学技术奖""青年科技奖""优秀博士论文奖""第三届全国高校城市地下空间工程专业青年教师讲课大赛""第三届全国高校城市地下空间工程专业大学生模型设计竞赛"等。学会人才方面也在国内外产生重大影响，包括：学会名誉理事长、监事长钱七虎院士荣获2018年度国家最高科学技术奖；

学会推荐的由龚晓南院士等科研人员完成的"复合地基理论、关键技术及工程应用"项目荣获国家科技进步一等奖；候任理事长何满潮院士当选阿根廷国家工程院院士；理事长冯夏庭教授当选四大国际组织（ISSMGE、ISRMIE、IGS、LAEG）组成的国际地质工程联合会主席；学会提名副理事长李术才教授获第十二届光华工程科技奖。

近年来基础类学会教育培训工作呈现较为明显的创新发展趋势，主要表现在培训活动市场化、教育内容国际化、培训手段多样化、培训管理职业化等特征。如与高校、科研单位、企业、国际组织等联合举办，采取慕课（Massive Open Online Course，MOOC，即大规模开放在线课程）等新型教学模式等。中国环境科学学会围绕国家及科协、生态环境部相关政策及法律法规，结合学员教育培训具体需求信息，在培训班选题与培训内容设计方面提高培训时效性与针对性。针对长期培训项目"企业环境守法管理""场地评价修复"等编制高品质的专业课程体系，打造精品培训品牌，提高培训的专业性、权威性。

（4）科技奖励成为政府科技奖项的有益补充

科技奖励是科学共同体的一项重要职能，无论在国内还是国际上，学会自发设奖已成为一种普遍趋势。学会设立的科技奖项，一般是基于相关领域同行评价开展，实现奖励对青年科研人员的托举和激励作用。学会长期关注在科研一线、欠发达地区、从事企业创新、科技普及工作及女性等各类科技人才的成长，形成对政府设立科研奖项的有益补充，突出表现了学会的公共性、社会性、基础性优势。

基础类学会充分利用其学术交流平台，对学科发展、科学技术普及、科技咨询、国际交流等方面做出突出贡献的科技工作者和优秀科技团队进行奖励，弘扬科学精神，倡导诚信奉献品德，不断激发他们的创新热情。2015—2019 年全国基础类学会表彰奖励科技工作者共 6830 人次，其中女性科技工作者 1553 人次，占比 22.74%，40 岁以下科技工作者 4234 人次，占比为61.99%（图 8-5）。调查显示，50.16% 的学会会员将获得同行评价和认可作为加入学会会员的重要原因，44.13% 的个人会员享受过学会的优秀论文、科技成果等奖励服务，32.71% 的个人会员获得过优先推荐参加学会奖励的资格。

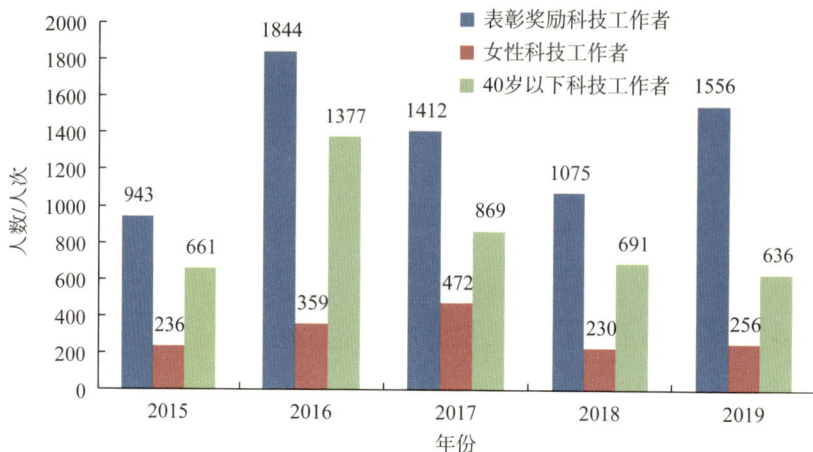

图 8-5 2015—2019 年全国基础类学会表彰奖励科技工作者人次
（数据来源：中国科协统计年鉴，其中 2019 年为 45 岁以下科技工作者）

中国力学学会把设立有国际影响力的科技奖项作为完善和优化学会奖励体系的重要举措和实现学会向国际一流学会迈进的重点工作之一。2018 年发起设立国际性科技奖项——"亚洲力学奖"，依托北京国际力学中心平台开展工作。设立该奖项对提升中国力学在国际上的影响力、巩固中国力学在亚洲中心地位具有重要作用，填补了中国力学学会奖励体系中缺少国际性大奖的空白。通过对标国际上运作成熟、影响力大的科技奖，举办专家座谈会，总结国际科技奖励的运作模式，探索国际化的提名规则和评审流程，学会办奖的水平得到有效提升。

中国地质学会打造具有重大影响力的科技奖项，自主开展的评奖工作成效显著，奖励品牌影响力不断扩大。14 位优秀青年地质科技工作者荣获"第九届黄汲清青年地质科学技术奖"。100 名野外一线优秀青年地质工作者获得"第三届野外青年地质贡献奖——金罗盘奖"，鼓励了优秀青年地质人才在野外一线建功立业。评选出的"年度十大地质科技成果和十大地质找矿成果"代表了我国年度地勘行业重要科技进展及找矿成果，获奖成果被中国自然资源报、中国矿业报和相关网站进行了广泛报道，进一步提升了学会的社会影响力。

3. 科普服务覆盖广泛

在科普工作队伍建设方面，各学会通过专兼职科普工作人员，广泛开展科普效益显著的活动。如图 8-6 和图 8-7 所示，2016—2019 年全国基础类学会拥有科普专职人员和科普兼职人员呈波动上涨趋势，2019 年全国基础类学会有科普专职人员 119 人，比 2016 年增加了 82 人，增长率为 221.62%；2019 年全国基础类学会有科普兼职人员 2305 人，比 2016 年增加了 1367 人，增长率为 145.74%。从实践看，我国学会利用其从上到下的科普组织网络，依靠广大科技工作者，面向农村、城市、企业和各界群众开展形式多样、内容丰富、成效显著的群众性科普活动，为提高全民科学文化素质，实施科教兴国战略起到重要的支撑作用。

图 8-6 2016—2019 年全国基础类学会科普专职人员数量
（数据来源：中国科协统计年鉴，其中 2019 年只有科普专职人员统计数据）

图 8-7 2016—2019 年全国基础类学会科普兼职人员数量
（数据来源：中国科协统计年鉴，其中 2019 年只有科普兼职人员统计数据）

基础类学会通过影像制作、多媒体展示、展板、挂图、科普报告会、期刊、科普教育基地、沙龙等形式，成为我国科普活动中的重要力量。调查显示，66.22%的会员对基础类学会组织的科普活动表示满意。如图 8-8、图 8-9 所示，2016 年基础类学会举办科普宣讲活动 4270 次，其中开展科技咨询 2247 项，为 4 年最高。作为服务公民科学素质提高的一项重要工作，基础类学会在科普方面还有加强改进和进一步提升的空间。

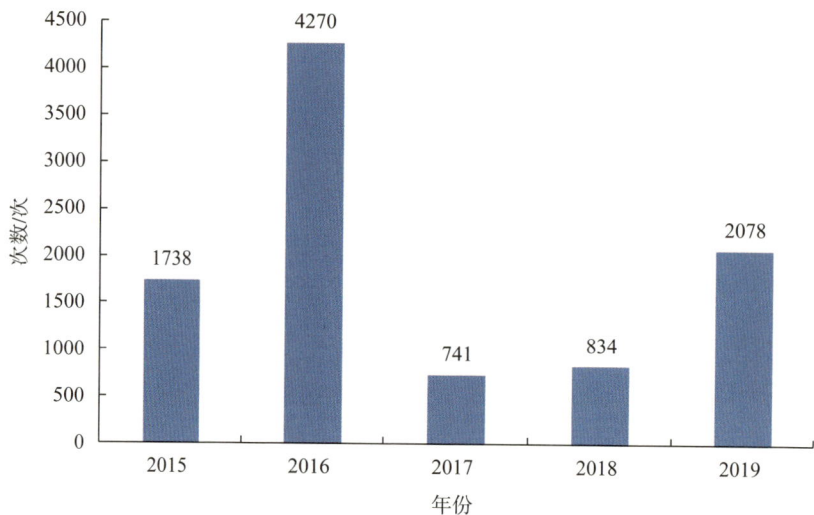

图 8-8 2015—2019 年基础类学会举办科普宣讲活动次数

（数据来源：中国科协统计年鉴）

图 8-9 2015—2019 年基础类学会各种类科普宣讲活动场次

（数据来源：中国科协统计年鉴，其中缺少 2017 年数据）

中国生态学学会打造"生态科普校园行"品牌科普活动已连续开展10年，旨在面向青少年群体进行生态科普知识传播和生态学科推广，传输生态文明理念，培养他们的生态环保意识。经不断努力推广，活动现已逐步从局部地区开展到全国范围。在地方学会和分支机构的大力支持下，分别在北京、重庆、江苏、广东、吉林、福建、江西、黑龙江、安徽、辽宁、广西、四川、云南等省（区、市）的校园开展丰富多彩、形式多样的各类主题科普活动，每年参加活动人数近30万。学会科普教育基地广西崇左白头叶猴自然保护区利用"白头叶猴大讲堂"科普平台，针对不同年龄段设计不同体验活动课题，利用寒暑假、周末等节假日，让同学们深入保护区跟专家护林员一起开展巡护、监测以及安装红外线相机，并通过生动的科普讲解让青少年了解白头叶猴及其生存环境的同时，更体会到保护区保护工作的重要性及必要性。保护区还组成"白头叶猴大讲堂"小分队，邀请专家及资深护林员，到校园内开展白头叶猴科普巡讲，定期展示白头叶猴精美宣传展板，开展相关知识趣味竞赛和以保护白头叶猴为主题的校园生态文化活动周，组织演讲、绘画、歌舞、手机拍摄等活动，建立白头叶猴艺术团，形成白头叶猴科普剧，在校园进行表演和进行录制播放。

4. 智库支撑彰显本领

（1）开展科技咨询

学会的咨询服务活动是为社会服务的重要方面，基础类学会利用其大量专家优势，为政府、企业、社会提供各种信息、技术、合理的解决方案和建议，从而促进政府、企业改善管理、提高效率，促进社会和谐发展，不断提升社会影响力和社会地位。近年来，基础类学会组织的技术咨询活动影响不断扩大，2016—2019年基础类学科共开展科技评估174项，且逐年增加，2019年开展科技评估66项，比2016年增长了153.85%，如图8-10所示，60.59%的受访者对此类活动的参与频次表示满意。

中国气象学会发挥第三方评估优势，社会影响力不断提升。学会接受地方政府委托，承担浙江省温州市文成县地方特色气候资源评估论证工作，联合中国凉都六盘水市政府召开"气候养生旅游论坛"，加强已论证和申请论证的地方政府在推进生态文明建设、精准扶贫方面开发利用地方特色气候资源等方面的经验交流，受到地方政府欢迎；承接中国气象局野外科学试验基地的现场评审、实地考察工作，科研院所整改评估工作，得到主管部门的认可；在中国科协支持下开展大气学科发展前沿动态调研工作；积极选派专家参与中国科协组织的预防与控制生物灾害分析等科技咨询工作；接受有关单位委托两次开展科技成果评价工作。

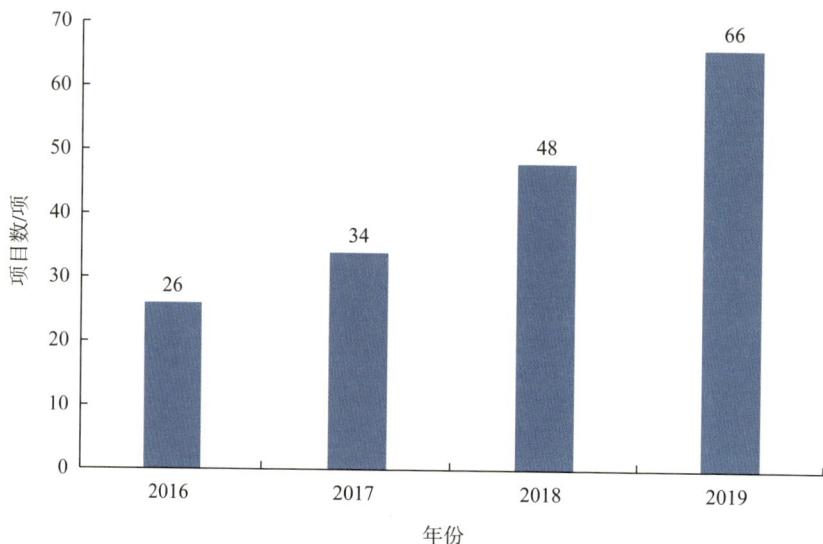

图 8-10 2016—2019 年基础类学会开展科技评估项数
（数据来源：中国科协统计年鉴）

（2）积极建言献策

政府决策者面对的决策对象往往是处于复杂环境中的动态系统，分析与解决这些问题，会涉及自然科学和社会科学的众多领域，因此学会对政府部门在科技、经济和社会发展中涉及的重大问题、重大项目的调查研究、建言献策，可以发挥非常突出的作用。近年来，基础类学会组织决策咨询、建言献策的活动频次更加密集，2019 年基础类学会举办决策咨询活动 38 次，组织参与立法咨询 4 次，提供决策咨询报告 61 篇，如图 8-11—图 8-13 所示。60.81% 的受访者表示对此类活动的参与次数表示满意。

中国生态学学会闵庆文、薛建辉、陈利顶 3 位副理事长，于 2018 年当选为第十三届全国政协委员，在随后的全国两会上，提出了有关"农业文化遗产"等一系列文化建言。学会从生态领域各角度出发，积极主动参政议政，向政府

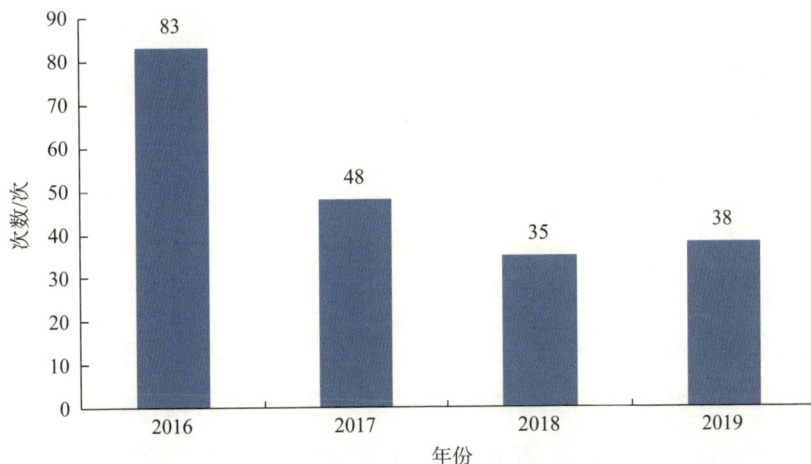

图 8-11 2016—2019 年基础类学会举办决策咨询活动次数
（数据来源：中国科协统计年鉴）

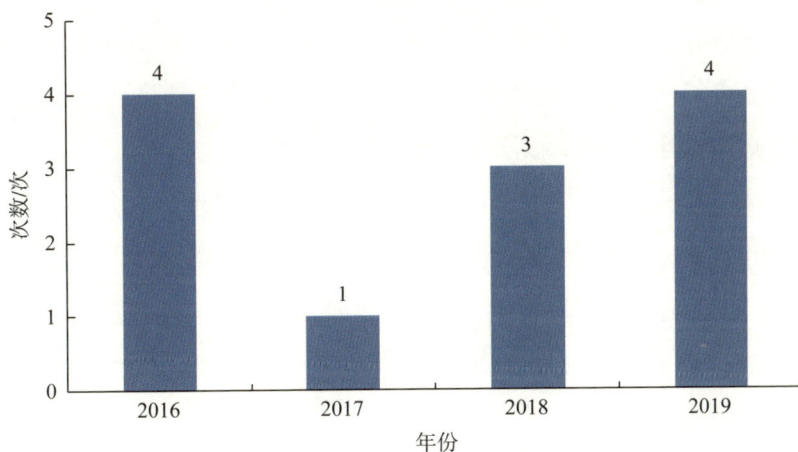

图 8-12 2016—2019 年基础类学会组织参与立法咨询数
（数据来源：中国科协统计年鉴）

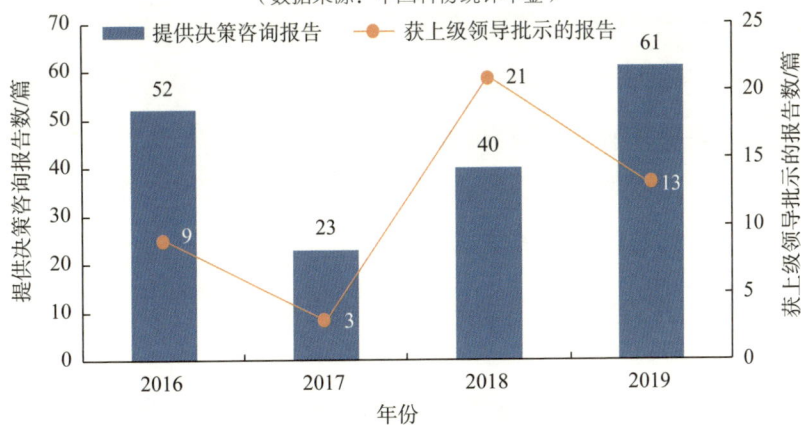

图 8-13 2016—2019 年提供决策咨询报告数
（数据来源：中国科协统计年鉴）

部门提出合理化建议，推动地方建设。淡水生态专业委员会提出的"关于加强抚仙湖生态环境保护与精准管理的建议"的报告被中共中央办公厅采用；"抚仙湖局部水域水质退化"的报告得到云南省委书记陈豪的批示。红树林生态专业委员会向广西壮族自治区人民政府提交的"我区红树林保护与旅游开发调研报告"以《参事资政专报》的形式报送自治区政府主要领导，获得批示。生态遥感专业委员会提供决策咨询报告和建议5篇，均被中办或国办采纳，1份被国家领导人实质性批示。中国生态学学会产业生态专业委员会参与国家发展和改革委员会循环经济关键重大技术工艺设备遴选咨询、山东潍坊城市总规划的修编和区域协调发展专题；针对我国当前生态保护与修复面临的难题，提出了包括筹建生态建设主体机构等建议的"创新生态建设管理模式与机制，提升生态保护和修复工程持续性"咨询报告。生态水文专业委员会向四川省人民政府提出了"全方位推进紫色土农业区生态清洁小流域建设，促进生态农业快速发展"的咨询建议，被四川省政协推选为2018年重点督办的重大提案；向甘肃省人民政府递交了"祁连山水源涵养林保护与建设若干建议"的咨询报告；向四川省人民政府提交了"关于四川省乡村振兴战略实施中全面推进'厕所革命'的对策建议"，获得主管副省长的批示，并推动四川省在2018年12月份正式颁布了89号文《四川省人民政府办公厅关于进一步推进全省"厕所革命"工作的意见》。

中国海洋学会的极地科学国际学术研究咨询报告，为党和政府及中国科协提供战略决策咨询，得到主管部门的采纳和认可；学会的极地国际学术活动，规模与影响逐年扩大，对推动我国科学技术创新发展和相关政策制定发挥了重要作用，尤其是在我国海洋部门推进的加快建设海洋强国，组织实施的极地科学优先发展，中国雪龙2号的建造立项等方面，海洋科学专家的倡导及提供的决策咨询起到了加速器的推进效果。

5. 组织建设日臻完善

（1）内部治理

民政部《社会团体登记管理条例》《社会团体章程示范文本》等政策文件明确规定，社会团体需要设立会员大会或会员代表大会、理事会（常务理事会）、法定代表人、专职秘书长，在这种规制下，我国基础类学会基本上具备治理结构的三个层次：会员代表大会是最高权力机构、理事会是决策执行机构、秘书处是办事机构。近年来，多家学会成立监事会，用以监督理事会工作，做到民主办会，治理结构进一步完善。

学会办事机构的工作人员力量，是衡量学会发展程度的重要因素。从调查结果来看，我国基础类学会的办事机构平均工作人员数量在 16 人左右，且多年维持在同一水平线，这在一定程度上也反映出多数基础类学会业务拓展不够、创新发展不强。

由中国科学院院士担任理事长的学会达到 21 家，占比接近半数。原因主要在于中国科学院是我国基础学科和基础研究领域最主要、最集中的机构，相关学科的学会在历史上挂靠在中国科学院系统，得到中科院提供的人财物支撑，也可以利用贴近业务主管部门的便利开展和拓展业务活动。大多数这样的学会，科学家和科技工作者自主办会的意愿很强，学科和学会自主性追求表现明显。

截至 2020 年 1 月底，44 家基础类学会中的 39 家成立了监事会，占比 88.64%，学会治理结构日趋完善。

（2）会员发展与服务

专业人才是科协进行科技创新的源泉，只有拥有源源不断的科研人才，才能保证我国科技事业不断进步。会员是科技社团的主体组成单元，是学会生存发展的基础和必备条件，学会作为为科技工作者提供服务的机构，在发现和培养各类人才方面责无旁贷。但发现人才并不是将人才简单的引入组织，而是需要在吸引进入组织以后，能够通过科学的策略激发其创造活力，也能使学会拥有源源不断的创新力量。

这一问题，我国学会普遍采用会员制度加以解决，通过对会员进行不同种类的划分，达到从内部激励会员的目的。因此，学会应具备以会员为本的基本理念，而发展会员和服务会员，则成为学会不断发展壮大的重要途径。在激发会员活力上，我国基础类学会更注重从个人会员这一角度展开，即将个人会员进行分类。

根据目的，这些分类方法可以被分为三种模式：

一是等级模式，学会按照会员资历将个人会员划分不同的等级。会员等级不同，所享受的会员服务也有一些差异。如野生动物保护协会将会员分为个人会员和单位会员，其中个人会员又能分为普通会员、资深会员和外籍会员。就前两者来说，普通会员的入会条件较为简单，从事该领域工作，并在该会业务领域内具有一定影响，且热心从事该事业者即可成为普通会员。而资深会员在普通会员要求的基础上还需以下条件：具有高级以上技术职称，具有10年以上管理经验的管理人员，或热心野生动物保护的著名企业家、社会知名人士，或具有15年以上野生动物保护协会会员会龄。除此之外还需要在该领域担任一定职务或成绩突出。在会员权利方面，资深会员除享受与普通会员同等的权利外，还有优先推荐参加国际学术组织、学术会议、考察、专业论证、评估等的权利。这种按照会员资历将会员划分等级的做法，为普通会员在学会中不断进步提供了明确的目标，也在一定程度上激活了会员在学会的活力。

二是梯度模式，学会按照会员资历和年龄，将个人会员划分为学生会员和普通会员。中国认知科学学会便采用了这种会员梯度的模式。认知科学学会将会员分为单位会员与个人会员，个人会员又包括普通会员、学生会员和通讯会员（外籍和港澳台会员）。其中学生会员是指高等院校或科研院所与认知科学学科相关各专业的在学本科以上学生。在权利享受方面，各会员所享受的其他权利都无区别，但是普通会员年度会费为100元，而学生会员年度会费为10元。中国认知科学学会这种梯度式的人才发现策略，虽然很难被解释为激活会员活力的策略，但却为学会今后发展储备了充足的后备军，不失为一种提前预订人才的优良策略。

三是混合模式，就是集中了等级和梯度两种形式的人才发现模式，大多数学会都采用了这一模式。中国心理学会将个人会员分为普通会员、学生会员、港澳台会员、外籍会员。其中，学生会员是伴随单位会员而存在的。单位会员，即国内有一定数量中国心理学会会员的心理学研究和教学单位、学术团体，在成为会员后上传在读学生名单，名单上的学生便可成为学生会员。另外，中国心理学会还将会士制度作为表彰措施，激励有突出成就和贡献的会员，以此来达到激活会员参与度的目的。

近年来，我国基础类学会个人会员数量整体处于增长态势，年增长率也有所提高，但波动较大。根据中国科协统计年鉴数据，44 家学会个人会员总数 2015 年为 862602 人，2016 年为 893304 人，年增长率为 3.56%；2017 年为 583122 人，年增长率为 –34.72%；2018 年为 584928 人，年增长率 0.31%，2019 年为 971046 人，年增长率为 66.01%（图 8-14）。其中会员人数增长较快的学会有中国生物物理学会、中国地球物理学会和中国运筹学会。

图 8-14 2015—2019 年基础类学会会员变化
（数据来源：中国科协统计年鉴）

（3）分支机构建设

随着学科发展和专业需求的增长，我国基础类学会的分支机构数量也在逐年增加。如图 8-15 所示，44 个学会的分支机构总数，2015 年为 899 个，2016 年为 938 个，2017 年为 1002 个，2018 年为 1112 个，2019 年为 1204 个。对比 210 家全国学会分支机构总数，2015 年为 3948 个，2016 年为 4208 个，2017 年为 4553 个，2018 年为 5007，2019 年为 5344 个。总体来看，基础类学科学会与各学科学会分支机构发展趋势较为接近。

（4）经营状况

基础类学会经营状况呈现稳定增长态势，如图 8-16 所示，44 个学会总资产由 2015 年的 8.01 亿元增长为 2019 年的 12.19 亿元，平均每个学会资产由 1819.81 万元增长至 2770.64 万元，年均增长率 10.45%。

图 8-15 2015—2019 年全国学会分支机构数量变化
（数据来源：中国科协全国学会年检数据）

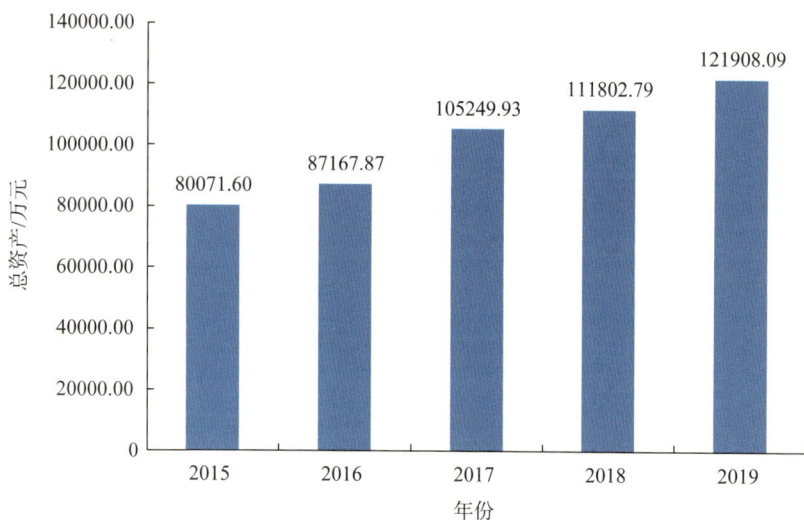

图 8-16 2015—2019 年基础类学会总资产（万元）
（数据来源：中国科协全国学会年检数据）

　　如图 8-17 所示，44 个理科学会总收入由 2015 年的 3.37 亿元增长至 2019 年的 5.40 亿元。各学会平均年收入由 766.72 万元增长至 1227.06 万元，年均增长率 12.01%。其中年收入最高的学会 2019 年达到 6.09 亿元，年收入最低的学会 2019 年仅为 81.52 万元。年收入超过 1000 万元的基础类学会有 18 个，年收入不足 100 万元的基础类学会有 1 个。与 210 家全国学会相比，基础类学会总收入年均增长率 12.01%，低于全国学会总收入年均 13.49% 的增长率；基础类学会平均年收入 1227 万元，也大幅低于全国学会 4129 万元的平均水平，突出反映了基础类学会经营能力相比工程类、农医类学会的显著不足。

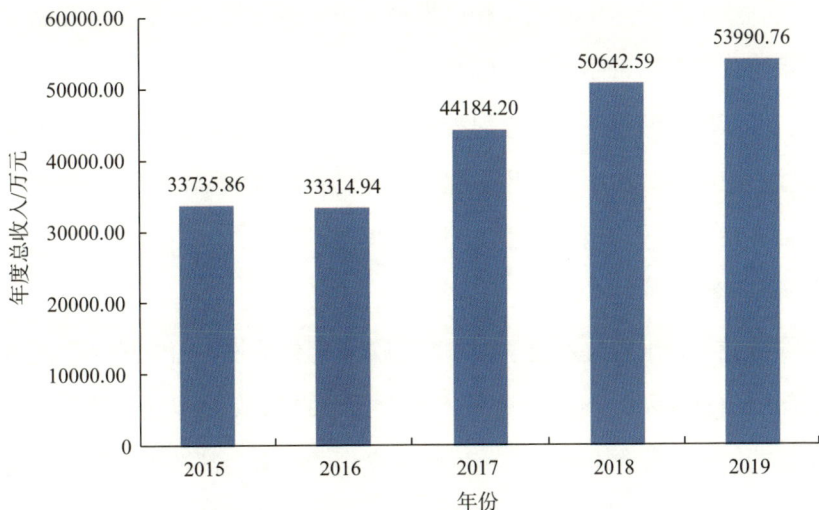

图 8-17 2015—2019 年基础类学会年度总收入

（数据来源：中国科协全国学会年检数据）

二、工程技术类学会发展状况

目前，中国科协主管的全国工程技术类学会数量为 78 个，在中国科协主管的 210 个全国学会中占比 37.14%。专业领域覆盖我国国民经济六大类：采矿业；制造业；建筑业；电力、热力、燃气及水生产和供应业；交通运输、仓储和邮政业；信息传输、软件和信息技术服务业。近五年来，在《科协系统深化改革实施方案》、学会能力提升专项等一系列政策措施的激励下，各学会积极抓住改革发展机遇，在服务科技工作者、服务创新驱动发展战略、服务公民科学素质提高、服务党委和政府科学决策、加强自身建设的能力提升方面都取得了显著成效。本研究对 78 家工程技术类学会的统计数据进行分析，并重点对中国机械工程学会、中国汽车工程学会、中国农业机械学会等 25 家全国工程技术类学会进行了全面调研走访，对其内部治理结构和方式、学术活动、科普、咨询、国际交流的发展状况进行总结。

（一）党组织建设与运行

学会加强党建创新，深入实施"党建强会"计划，着力扩大党组织覆盖面，

199

在理事会层面建立党委，在办事机构和分支机构层面分别建立相应层级的党组织，学会党组织建设逐年加强。积极推进党组织运行机制改革，提高制度化、规范化水平，各项运行制度不断健全。以突出和增强政治性、先进性和群众性为目标，以开展"两学一做"学习教育、"不忘初心、牢记使命"等为契机，大力加强党组织的政治引领作用，强化广大党员的政治意识、大局意识、核心意识和看齐意识，政治引领作用得到有效发挥。

1. 扩大学会党组织覆盖范围

中国科协主管工程技术类学会不断加强党组织建设，着力扩大覆盖范围。据学会年检信息显示，78 家工程技术类学会中的 77 家都建立了党组织，基本实现了党的组织和工作全覆盖，绝大部分学会的理事会都按照科协要求设立功能型党委，在秘书处层面根据党员数量情况或设立党总支 / 党支部，或与支撑单位其他部门成立联合党支部。在重点调研的 25 家学会中，21 家学会的办事机构设置了党组织。中国密码学会先后 9 个分支机构成立了党小组。

2. 健全党组织运行机制

全国学会积极推进党组织运行机制改革，不断完善相关制度与要求，提高了制度化、规范化水平。理事会党委对学会重大事项的指导、决策功能不断增强，办事机构党组织的执行能力显著提升，广大党员的政治立场更加坚定，先进性更加突出。

中国电子学会建立符合实际的党委工作制度，加强党对学会工作的有效覆盖与领导，党委加大涉及方向性和全局性的业务工作的研究，对重要事项提出指导意见和决策意见；适时组织召开支部书记会议，座谈研讨加强党建与业务融合的方式方法；探索开展"党建＋科普""党建＋学术扶贫"等活动，切实发挥党建带动作用。

中国复合材料学会制定了"党委工作规则""三重一大决策实施办法"等制度，保障学会党委对重要工作进行前置审议。中国照明学会、中国遥感应用协会完成党建强会项目，在网站、微信建立党的活动平台，同时健全党委工作规则，加强了党组织的作用发挥。

中国卫星导航定位协会党委制定《中国卫星导航定位行业自律公约》，带领理事党员遵守法律法规，加强行业自律，2018 年未出现任何违规违纪情况；以党组织为龙头，引导、规范行业从业者行为，推进行业诚信建设，维护行业公平竞争和企业正当利益，保障卫星导航产业持续健康发展。

3. 明确党的政治引领作用

学会党组织紧紧围绕党和国家工作大局和中央全面深化改革的总体部署，不断强化在学会深化改革中的责任和担当，充分发挥功能型党委、党总支对学会工作的政治引领作用，开展政治意识、大局意识、核心意识、看齐意识的宣传教育，引导广大党员进一步坚定政治立场，突出先进性。各学会党建与学会业务相结合，开展党建扶贫、党建科普、党建咨询等活动，探索党建工作与业务工作深度融合，业务领导能力不断增强。

中国水利学会将主题教育活动与学会自身能力建设相结合，在开展"不忘初心、牢记使命"主题教育的同时，围绕解决本单位存在的突出问题和群众反映强烈的热点难点问题等进行调研，形成"基层学会组织弱化问题与对策"的报告。

中国自动化学会开展"科技志愿，为爱前行"活动，聚焦贫困地区实际需求，围绕教育扶贫重点领域，组织动员广大科技专家投身科技扶贫，助学助教，努力打通科技志愿服务工作"最后一公里"。先后走进云南省红河哈尼族彝族自治州弥勒市弥勒第三中学、五山乡中心学校，陕西省榆林市衡山区的武镇中心小学等。活动期间，学会党支部为学校赠送科普图书、学习资料、各类文体用品等。

中国仿真学会以建设"学习型、服务型、创新型、聚力型"党组织为目标，在学会网站、《学会通讯》及微信公众号上开辟"党建强会"专栏，以灵活多样的形式宣传党的知识与工作，创建全方位、立体化的党建学习宣传阵地，不断强化党组织的影响力、号召力。

（二）学术建设与人才发展

学会着力提升学术活动的规模与质量，年会日益成为行业内学术交流的重要平台，品牌活动大量涌现。国际学术交流合作更加广泛，稳步提高学会发展的国际化水平。不断提高期刊在国内外的影响力，多个学会的期刊被国内外著名检索机构收录，期刊影响力指标不断上升。深入推进学科发展研究，建立学科发展研究常态化机制，充分发挥研究成果对学科发展的引领前瞻作用。学会成为优秀人才涌现的重要平台，青年人才的发展环境不断优化，科技奖励的公信力与影响力持续增强。加强科学道德与科研诚信的宣传教育，优化了学术生态环境。

1. 打造高端学术活动品牌

（1）年会成为学术交流重要平台

全国学会大力加强年会的组织工作，丰富会议内容，提升会议功能，使之日益成为行业内学术交流的重要平台，以大型综合性学术年会为核心的交流机制逐步建立。2018 年，全国工程技术类学会举办学术年会共 814 场。尤其近 5 年，25 家调研学会的学术年会均已形成本学科领域的年度盛会、品牌活动，多家学会的学术年会已成长为业内的千人甚至万人综合盛会。

"中国体视学与图像分析学术会议"每两年举办一届，通过近几年的打造，已成为国内体视学及相关领域规模最大、层次最高的学术盛会，成为中国体视学学会最重要的学术交流平台。中国卫星导航定位协会每年举办的"中国卫星导航与位置服务年会暨展览会"，汇聚了政产学研资各界精英，共同研讨、推动相关科技进步与产业发展，同时也成为检阅我国该领域科技推广应用成果，展示北斗卫星与互联网、移动通讯等行业融合发展的综合平台。中国电源学会创建"会展赛奖"四位一体和"技术培训 - 学术报告 - 工业展览"三位一体的年会形式，形成了独特亮点，提升了年会吸引力。

中国计算机学会举办的"中国计算机大会"涉及面广、规模大、影响力强，已经成为我国计算机领域集学术、技术、教育和产业为一体的盛会。"2019 中国计算机大会"取得了参会总人数超过 8000 人；近 80 场前沿技术论坛；近 400 位来自国内外计算机领域顶尖专家、企业家出席；近 20 个特邀报告的好成绩。此次大会为期 3 天，以"智能 + 引领社会发展"为主题，期间还举办了企业产品和技术发布会、创业项目宣讲和选拔等特色活动，举办 100 多个科技成果展。

中国汽车工程学会举办的"中国汽车工程学会年会暨展览会"是我国汽车工业领域的集行业技术、汽车展览为一体的盛会。2019中国汽车工程学会年会暨展览会规模达到15280人，包含74场会议、2场高层闭门峰会和11场发布及颁奖典礼，共奉献438场演讲报告。来自世界18个国家的专家学者参加会议，展览面积高达22000 m^2。论文投稿1025篇，录用531篇，其中英文论文录用116篇。

（2）学术会议品牌建设成效显著

各学会都把举办高质量、高水平的学会交流活动作为服务会员、增强学会活力、展示学会能力和提高学会凝聚力、吸引力的重要渠道。除大型综合性年会以外，全国学会还纷纷组织各种小型高端前沿学术和技术交流会议，搭建多层次、多形式学术平台，立足各自行业与专业优势，加强品牌化建设，积极打造精品会议，不断提升学术会议在本学科领域以及更大范围内的学术声誉和影响力。

中国电子学会统筹运用国内外优质资源，成功举办世界机器人大会、中国物联网大会、国际区块链大会等学术活动，已成为相关领域的品牌活动。围绕前沿问题与社会热点，举办振兴我国半导体技术与产业发展座谈会、我国关键软件与系统发展战略座谈会等高端专业研讨会，并形成专报上报相关部门；各专业分会每年举办30余个学术年会、50余个专题学术会议，其中全国微波毫米波学术会议、全国遥感遥测遥控学术年会等已成为国内本领域专业水平最高的活动。

中国图象图形学学会构建大型学术年会、高端前沿会议、专题论坛和沙龙相结合的学术交流体系，优化会议结构，创新会议模式，有效提升了学术交流质量，扩大了行业知名度。

此外，像中国水力发电工程学会举办"中国水电发展论坛"；中国标准化协会举办的"中国标准化论坛"；中国制冷学会举办的"中国制冷学会学术年会""全国暖通空调制冷学术年会""全国食品冷藏链大会"等都围绕本学科领域、本行业的共性关键、核心技术、热点问题，开展多种形式的大型品牌学术交流活动。

（3）学术会议国际化程度逐步提高

全国学会举办或承办了大量国际性学术会议，国内学术会议的国际化程度越来越高，邀请国际著名专家做大会学术报告，设立更多国际分会场，有效推动了学术界、产业界的中外交流。一些学会竞相承办国际组织系列会议或积极创办大型国际会议，越来越多的国际组织专业会议在华召开，形成了系列高端品牌会议。

中国公路学会举办的"世界交通运输大会"聚焦世界交通运输技术前沿，为行业和产业界分享交通科技创新前沿和发展战略。"2019世界交通运输大会"以"智能绿色引领未来交通"为主题，会议规模达到7000人，60个主题论坛、259个交流单元、240篇墙报论文、1472场学术报告，共有来自15个国际组织的代表出席会议。在世界交通大会期间开展的"中国主题年"活动，举办一些针对性强的专题活动或特色活动等，极大地提升了国际影响力。

中国惯性技术学会积极开展精密光机电国际学术研讨会、德国陀螺学术交流会议、俄罗斯圣彼得堡组合导航系统国际学术会议等国际学术会议，为广大科技工作者提供广阔的学术交流平台，也为我国惯性技术与国际接轨起到了桥梁和纽带作用。

中国消防协会2017—2019年承办了国际消防协会联盟全体大会、亚洲分会、执委会等会议，在国际舞台代表中国发声，并与世界20多个国家的消防协会建立了联系。

2. 国际交流合作更加广泛

（1）国际组织参与程度不断加深

各学会非常重视与国际专业领域科技组织的交流与合作，不断推荐专家到国际组织任职，国内专家在国际组织的任职数量逐年上升，为本领域学术与人才的国际化发展提供了保障，有力提高了我国工程科技的国际话语权，提升了我国科技工作者的国际地位。如图8-18所示，2015年全国工程技术类学会加入国际民间科技组织共153个，2019年达到315个，相比2015年增长了1倍。

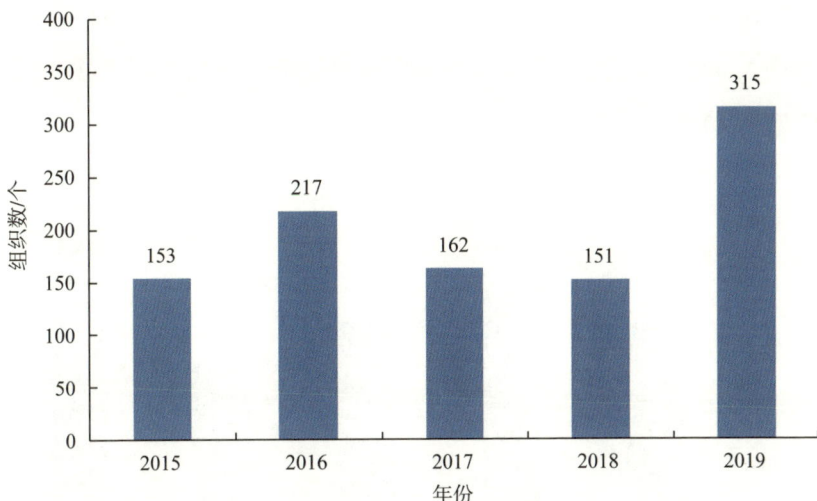

图 8-18 2015—2019 年全国工程技术类学会加入国际民间科技组织统计
（数据来源：中国科协统计年鉴）

中国机械工程学会代表中国（作为团体会员）加入了 11 个重要的国际组织，与 28 个国家的 47 个一流学术团体和专业组织签订了双边合作协议，并与 60 余个国家和地区的千余个科研、教学、设计、制造、咨询、中介以及社会公益机构建立了良好的合作关系。学会于 2011 年发起成立世界声发射代表大会，于 2013 年发起成立物理模拟与数值模拟国际联合会，于 2013 年发起成立世界物料搬运联盟，于 2018 年发起成立国际智能制造联盟。近五年来学会系统有 15 项系列国际学术会议，每年定期组织会员出国境参加的国际会议及展览有 20 项左右。

中国电子学会代表中国参加 IFIP、URSI 等国际组织，承接中国科协的"联合国咨商工作信息通信技术专委会秘书处"以及"世界工程组织联合会创新专委会秘书处"的工作，与 7 个国际机器人组织签署了合作备忘录，发起成立"亚洲智能机器人联盟"和"中德智能制造联盟"，开展中美绿色数据中心、中俄信息安全和网络安全、中德智能制造、中韩中以智能机器人等合作，积极抢占国际制高点。

（2）国际学术交流合作多样化

各学会通过邀请国外人员来访和组团出国考察交流，共同开展国际课题研究与项目合作，举办国际资质认证和参加大赛等活动，积极参与和广泛开展国际活动。2019 年全国工程技术类学会接待境外专家学者共 6273 人，相比 2015 年增长 44.77%（图 8-19）；参加境外科技活动人数达到 5521 人，相比 2015 年增长 30.74%（图 8-20）。

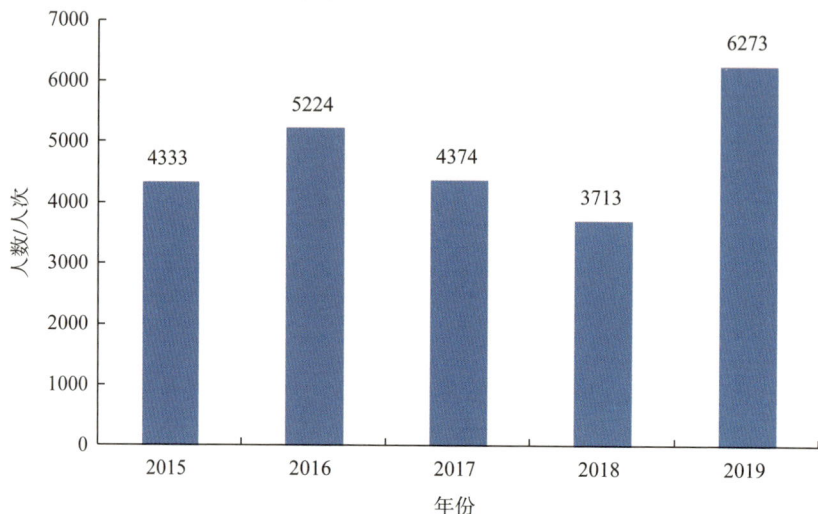

图 8-19 2015—2019 年全国工程技术类学会接待境外专家学者数量
（数据来源：中国科协统计年鉴）

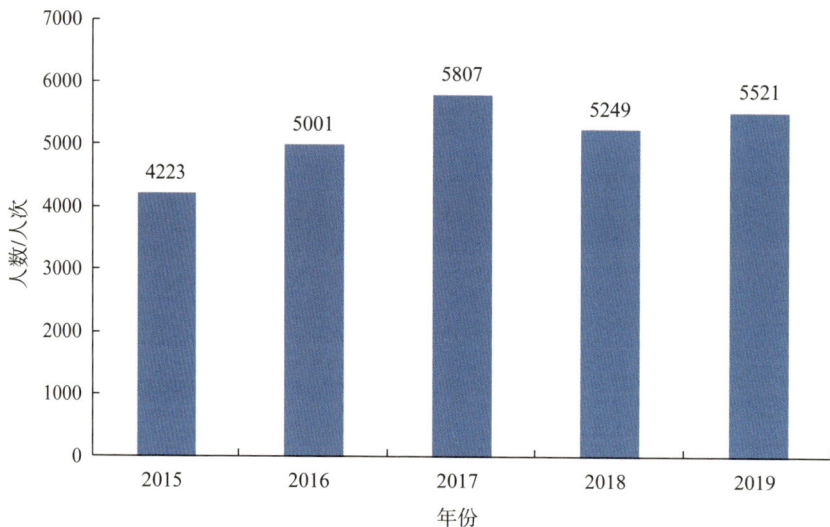

图 8-20 2015—2019 年全国工程技术类学会参加境外科技活动人数
（数据来源：中国科协统计年鉴）

中国汽车工程学会是"国际汽车工程联合会（FISITA）""亚太汽车工程年会（APAC）"的核心成员，并与国际著名汽车行业组织及汽车企业间建立了良好的合作关系，多年来一直与国外同行保持互访和开展学术交流活动。

学会承担了电动汽车倡议（Electric vehicle initiative, EVI）中方秘书处的工作，一直与国际能源署（International Energy Agency, IEA）保持着紧密的合作关系，并负责中方日常事务管理及国际合作交流等工作；代表中方正式加入IEA 先进燃料电池技术合作项目；参与联合国工业发展组织（United Nations Industrial Development Organization, UNIDO）的相关国际课题"中国汽车行业节能减排中长期规划研究""中国新能源汽车商业化推广模式"等研究，全球环境基金（Global Environment Fund, GEF）的相关课题"节能与新能源汽车示范运行效果评价""汽车节能技术发展规划"等研究。

中国公路学会作为交通运输部指定的"推动交通运输业走出去工作联系机制"陆路交通组牵头单位，先后开展了多批次"一带一路"沿线国家公路领域的考察交流活动，在学术交流、技术咨询、人才培养、标准研制等方面开展了多项合作。由学会发起成立的"一带一路"国际交通联盟，目前有 42 个国家加入，搭建了"一带一路"国家公路交通领域的固定合作机制，通过举办各种双边和多边的学术活动、积极开展以创新性、实用性为主的公路科技研究项目，深化与"一带一路"沿线国家和地区在公路领域的交流和融合，不断提升我国交通运输领域在国际上的影响力和话语权。

中国电机工程学会积极推进工程能力评价和工程师资格国际互认工作，2018 年与英国工程技术学会签订协议，联合开展工程师国际互认工作，陆续开展了 3 批国际工程师资质认证工作，近 200 名工程技术人员参加认证，通过认证将得到欧盟 20 多个国家、美国、澳大利亚、加拿大和东南亚诸多国家和地区的认可。

3. 科技期刊影响力逐年提升

（1）期刊质量和国内影响力逐步增强

全国学会立足国内学术发展实际，充分发挥工作主动性，大力推动期刊高质量发展，形成了一批优秀期刊。2018 年，全国工程技术类学会主办科协期刊 351 种，中文学术期刊 251 种，技术期刊 138 种，英文学术期刊 44 种，科普期刊 28 种；相比 2015 年，中文学术期刊和英文学术期刊数量增长较快，分别增加了 34.22% 和 62.96%；实行开放存取的期刊发展迅速，由 2016 年的

15 种期刊增加到 2018 年的 107 种，如图 8-21 所示。

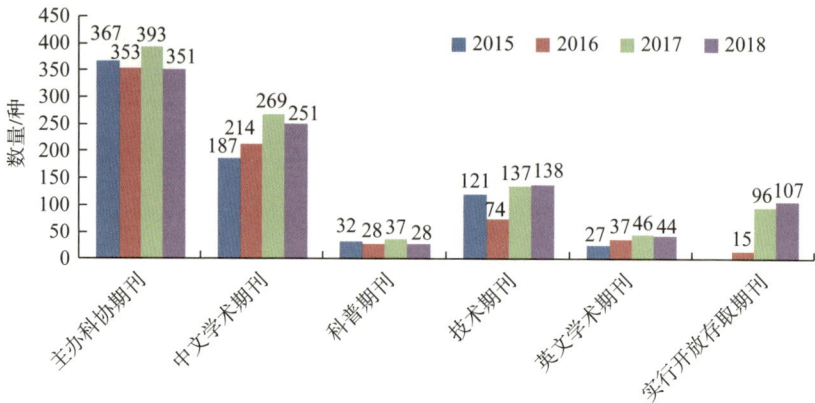

图 8-21 2015—2018 年全国工程技术类学会主办科协期刊数量

（数据来源：中国科协统计年鉴）

中国机械工程学会主办或合办的科技期刊共有 36 种，代表性刊物有《机械工程学报》《中国机械工程学报（英文版）》（*Chinese Journal of Mechanical Engineering*）《中国机械工程》《中国表面工程》等，对推动学科发展发挥了重要作用。

中国电子学会主办的《电子学报》入选中国科协精品科技期刊工程第四期（2015—2017 年）"TOP50 项目"，连续多年获得"中国最具国际影响力学术期刊"，多次获得全国优秀科技期刊奖和国家自然科学基金重点学术期刊项目资助，总被引频次连续 11 年稳居第一。《电子测量与仪器学报》入选中国科协精品科技期刊工程第四期（2015—2017 年）"学术质量提升项目"。

（2）国际影响力不断提升

各学会坚持正确办刊导向，着力打造一批具有核心竞争力和国际影响力的一流科技期刊。学会在办刊工作中积极推动"引进来""走出去"，引进吸收了一批在国际上有较高学术影响力的专家进入编委和审稿队伍，同时积极向国际学术领域发展，努力提高国际声誉，影响力逐年提升。

Chinese Journal of Mechanical Engineering 近年来在中国科技期刊国际影响力提升计划、中国科技期刊登峰行动计划的支持下，期刊影响力指标大幅提升，并获得 2019 年中国科技期刊卓越行动计划的重点期刊类项目资助。

《中国电机工程学会电力与能源系统学报（英文）》（*CSEE Journal*

of Power and Energy Systems）持续优化国际编委团队，国际稿源比例达63.30%，于 2018 年成功进入 SCI 数据库，2019 年 6 月获得首个影响因子 2.68，进入 SCI Q2 分区。入选中国科协期刊登峰行动计划，2018 年获评"中国最具国际影响力学术期刊"。

中国农业工程学会和（美国）海外华人农业、生物与食品工程师协会联合主办的《国际农业与生物工程学报》（*International Journal of Agricultural and Biological Engineering*，IJABE）国际英文学术期刊，由国际编委会参与同行评审和指导办刊，同时出版印刷版和网络版。被 SCI 等 30 多个国际知名检索系统收录，在被 SCI 收录的国际农业工程期刊中排名第六，亚洲第一。

4. 学科发展研究引领前瞻

（1）学科发展研究呈现常态化

全国学会从学科自身发展和国家战略需求出发，将学科发展研究常态化，持续研究学科发展规律，预测学科发展趋势，有效推动了学科建设。

中国机械工程学会自 2006 年起，每两年组织研究机械工程学科发展，并编撰和发布《机械工程学科发展报告》，建立了持续发布机械工程学科发展研究成果的常态化机制。先后组织专家编撰完成了《2012—2013 机械工程学科发展报告（特种加工与微纳制造）》《2014—2015 机械工程学科发展报告（摩擦学）》《2016—2017 机械工程学科发展报告（机械设计）》等著作，涉及 40 多个专业领域，重点总结回顾机械工程学科发展所取得的重要成就，评述对学科战略地位及其转型升级有重要意义的新观点、新理论、新方法、新成果，通过对国内外学科的进展进行对比研究，预测学科未来发展方向，引领机械工程学科发展。

中国电机工程学会开展了《动力与电气工程学科发展报告》常态化的年度滚动编撰工作，总结学科进展，引领学科发展。中国复合材料学会面向国家战略需求，组织编撰、发布了《学科方向预测及技术路线图》《学科发展报告》《军民两用前瞻性技术发展目录》等，并参与了"十三五"国家重点图书出版规划、征集重大科学问题和重大工程技术难题等工作，有效引导了相关学科发展。

（2）成果战略引领作用明显

全国学会根据自身学科特色和行业特点，不断强化以"学科和产业技术发展报告"为核心的科技创新引领体系，突出研究成果对学科发展的引领作用。系列报告梳理总结评述所属学科在学术成果、研究动态、人才队伍、资源平台等方面的最新进展，结合学科最新研究热点、前沿和趋势，明确学科未来重点研发方向，提出学科发展策略，引导学科结构调整，促进优势领域发展，推进学科交叉融合，推动新兴学科萌芽，有效促进了学科布局优化、学科交叉融合与均衡发展。

中国机械工程学会组织出版了"1+11"技术路线图系列丛书，即《中国机械工程学会技术路线图》（第二版）+11分技术领域路线图，研究的技术领域包括中国机械工程技术11大技术领域，以及物流工程、特种加工、创新设计、设备管理与维修、塑性成形、焊接、铸造、再制造、高端轴承、食品与包装机械、无损检测等9项分技术领域，研究成果为政府、行业制订重要产业技术发展路径、政策和规划提供重要参考。

中国仿真学会征集"引领世界科学的前沿科学问题、建设世界科技强国的工程技术难题"，编写完成《仿真科学与技术学科方向预测及技术路线图》报告、《建模与仿真技术词典》《认知仿真对复杂系统建模的争论》学术沙龙文集，为行业技术发展起到了积极的促进作用。

5. 人才服务模式不断创新

（1）科技奖励激励人才成长

全国学会普遍加大科技奖励力度，努力做到公开、公平、公正，使科技奖励成为服务科技人才的一项重要措施。各学会为了促进行业科技进步、鼓励科技创新，充分调动科技人员的积极性和创造性，自主设奖日趋成熟，社会认同度不断提高。多数学会均设立了各自的科学技术奖，如中国铁道学会科学技术奖、中国仪器仪表学会科学技术奖、中国电工技术学会科学技术奖、中国自动化学会科学技术奖、中国航海学会科学技术奖等已成为相关行业最高奖项，中国惯性技术学会研究制定科技奖励办法，出台科技奖励实施细则，已成为科工局国防科技奖励的一个推荐渠道。中国体视学学会先后设立"科学技术奖""青年体视学奖"，表彰相关领域的科技创新，激励优秀人才奋发进取。中国仿真学会着眼于打造本领域的"诺贝尔奖"，实行全球征集、权威领衔、多级评审、有效监督的评奖机制，目前已经成为该领域一项权威的科技奖励。

很多学会为了表彰对行业做出杰出贡献的科技工作者，还在各自专业领域设立奖项，如中国水力发电学会的"潘家铮奖""水电英才奖"，中国农业机械学会的"中国农业机械学会青年科技奖""中国农业机械发展贡献奖"，中国机械工程学会"中国机械工程学会青年科技成就奖""中国机械工程学会科技成就奖"等。这种人才举荐的形式已经成为每个专业领域的精神丰碑，既是对本领域科学家们的肯定和赞扬，也是对青年一代科技工作者努力前行的激励。

（2）人才举荐凝聚优秀人才

全国学会充分发挥学术共同体的同行评价作用，积极向国内外重要奖项、重大工程推荐优秀人才，坚持在创新实践中发现人才、培养人才、凝聚人才、举荐人才，成为优秀人才推荐的重要通道。近年来，全国学会人才举荐渠道逐渐增多，包括院士举荐、全国优秀科技工作者评选、创新人才推进计划、全国创新争先奖、青年人才托举工程、中国青年科技奖、中国青年女科学家奖等，社会影响力持续扩大。

2019年，全国工程技术类学会向省部级（含）以上科技奖项、人才计划（工程）举荐人才数量共425人，其中推荐省部级（含）以上科技奖项数量237项（图8-22）；表彰奖励科技工作者17763人次，其中45岁以下科技工作者9011人次，女性科技工作者3563人次（图8-23）。

图 8-22 2016—2019 年全国工程技术类学会举荐人才和科技奖项推荐项目数量
（数据来源：中国科协统计年鉴）

图 8-23 2015—2019 年全国工程技术类学会表彰奖励科技工作者人数
（数据来源：中国科协统计年鉴）

中国电机工程学会结合中国科协"青年人才托举工程"项目，创新建立了"科协项目资助、学会资金支持、依托单位配套支撑、导师培养指导相结合"的青年人才托举机制，通过开展"中国电机工程学会青年人才托举工程"项目已培养扶持了 70 余名优秀青年会员。

（3）青年人才培养力度加大

近年来，各学会更加注重青年科技工作者的成长路径，不断加大对青年人才的支持力度，从大学生培养，到青年科技工作者的培养、人才托举、人才奖励，各学会不断创新工作形式，搭建活动平台，为青年人才创造良好的发展环境，让更多的青年科技工作者展示风采，成为推动行业发展的主要力量。

开展大学生创新创意大赛，培养大学生科技情怀，拓宽大学生科学视野，提高大学生创新能力、设计能力和实践能力，引导更多的大学生投身于工程事业的建设中。如中国机械工程学会及其专业分会开展的"中国大学生机械工程创新创意大赛"，2019 年度全国共有 522 所高校、2304 支队伍参加比赛，参赛学生达 1 万余名。大赛引导大学生开展创新创意实践探索，培养机械行业优秀人才，得到了高等教育学术界、高等院校和行业的广泛认可。

调动青年科技工作者积极性，提高青年科技工作者推动行业发展的参与感、成就感。中国计算机学会青年计算机科技论坛（CCF YOCSEF），由来自全国的青年学者、企业家及其他各界青年精英参与策划与组织，每年活动两百多次，针对计算机领域和社会热点问题展开思辨，向全社会发出专业和有思考的声音，已成为国内非常有影响力的品牌活动，平等、民主的氛围吸引和造就了一批青年计算机优秀人才，带动了学会发展。中国公路学会举办的青年科学家论坛，以"我要建言"的活动形式，征集青专委委员提案，入选提案在世界交通运输大会（WTC）上进行展示，一改以往学术报告交流的形式，提案人与专家学者现场展开热烈讨论，通过智慧碰撞，聚焦在"点"上的一个个提案逐渐编织成一张张活力无限的"公路科技创新蓝图"。

（4）继续教育和技术水平评价助力人才培养

全国学会形成了以公益性培训与社会化培训相结合、专家讲授与企业实训相结合、国内培养与国际交流相结合的继续教育培训模式。从2015—2019年全国工程技术类学会开展继续教育（培训）班情况统计来看，2017年和2018年开展继续教育（培训）班出现了较大幅度的下滑，但2019年与之前四年相比呈上升趋势，2019年全国工程技术类学会开展继续教育（培训）班共632次，培训人数达到86900人次，相比2015年，均增长了两成以上（图8-24）。

图 8-24 2015—2019 年全国工程技术类学会开展继续教育（培训）班情况
（数据来源：中国科协统计年鉴）

继续教育工作在得到科技工作者认可的同时，正逐渐成为科协系统落实"科教兴国、人才强国"国家战略、服务科技工作者技能提升的有效阵地。2018年，中国机械工程学会获人力资源和社会保障部批准成为国家级专业技术人员继续教育基地。学会以此为契机和发展动力，积极开展高层次、急需紧缺和骨干专业技术人才的培养培训工作。

开展专业技术人员水平评价。中国机械工程学会对机械工程技术人员开展水平评价，分为机械工程师和专业工程师两个系列，专业工程师涵盖了机械设计、热处理、铸造、塑性成形、包装与食品机械、物流工程、工业工程、设备管理、表面工程等9个领域；中国仪器仪表学会的专业水平评价分为见习工程师、助理工程师、工程师、高级工程师和正高级工程师五个级别；中国制冷学会对制冷系统、制冷空调设备、空调系统的专业技术人员提供专业水平评价，分为见习、助理、工程师、高级和资深五个等级；中国计量测绘学会开展计量测试、检验检测人员职业能力水平评价，分为初级、中级和高级三个等级。

中国图学学会紧紧围绕行业需求，联合国家人力资源和社会保障部教育培训中心，先后开展"全国CAD技能等级考试""全国BIM技能等级考试"的考评工作。2018年"全国BIM技能等级考试"报名考生近9万人，覆盖面广，证书含金量高，得到行业内相关单位的广泛认可，逐步构建政府推动与社会支持相结合的社会化、开放式的高技能人才培养体系。

6. 优化学术生态环境

全国学会积极贯彻中国科协关于开展全国科学道德宣讲教育工作的部署，积极落实《科技工作者科学道德规范》《学会科学道德规范》《关于进一步弘扬科学家精神加强作风和学风建设的意见》等文件，不断完善学术道德管理体系和工作制度建设。中国电机工程学会探索建立学会诚信档案制度，加强科学道德和学风建设，强化教育、监督、纠错机制，积极营造良好的学术风气和创新氛围。

全国学会将科学道德与科研诚信作为人才和科技健康发展的必要条件，进一步加强宣传教育与风气营造，收到了较好效果。2019年，全国工程技术类学会科学道德与学风建设宣讲活动达到153场，相比于2015年的50场，宣讲活动场次增加了2.06倍。如图8-25所示，受众人数由2015年的7223人增长到2019年的23083人，增加了2.20倍，宣讲专家数量由2015年的116人增长到2018年的1353人，增加了10.66倍。

图 8-25 2015—2019 年全国工程技术类学会科学道德与学风建设宣讲活动统计
（数据来源：全国学会统计年鉴，其中 2019 年未统计参加科学道德与学风建设宣讲专家数）

中国仿真学会明确各分支机构职责，广泛开展科学道德宣讲教育，加强会员学术诚信理念。中国人工智能学会将科学道德宣讲活动纳入各分支机构的年度考核，有效增强了分支机构净化学术生态环境的自觉性与积极性。中国农业工程学会开展"院士专家校园行"活动 10 余场，以宣讲科学道德和学风建设为主题，面向青年教师、研究生和高年级本科生，创新宣讲手段，如采用喜闻乐见小话剧等方式弘扬科学家精神，持续提升宣教效果。

（三）服务科技与经济社会融合

1. 深入实施创新驱动助力工程和"双创"服务活动

全国学会以创新助力工程为载体，广泛开展大众创业、万众创新服务活动，围绕地方经济和企业发展中的难题和需求，搭建产学研协同创新平台，协同开展共性关键技术研发应用，推进高端人才、技术、信息等创新要素的聚集，对促进科技经济深度融合和产业转型升级发挥重要作用。

如图 8-26 所示，全国工程技术类学会参与创新驱动助力工程的科技工作者 2016 年仅为 2927 人次，2019 年达到 102302 人次，是 2016 年的 34.95 倍。大众创业万众创新活动开展也快速推进，2019 开展大众创业万众创新活动 819 次，是 2016 年的 2.45 倍，其中举办双创竞赛、论坛、展览等创新活动 351 次，开展双创咨询、教育、培训等创新活动 342 次。

图 8-26 2016—2019 年全国工程技术类学会开展推进大众创业万众创新活动和
参与创新驱动助力工程的科技工作者情况
（数据来源：中国科协统计年鉴）

截至 2019 年底，中国电机工程学会依托创新驱动助力工程，共参与中国科协组织的技术服务对接会 8 次，调研企业 46 家，开展企业技术咨询和服务 23 次。还牵头组织开展创新示范市企业"四服务"对接会 26 次，组织专家 462 人次，解决企业发展实际难题 36 项。制定发布了"中国电机工程学会关于加强服务民营企业创新发展工作的意见"，为广大民营企业提供更多更好的科技创新服务，帮助企业完善科技创新体系，提升科技创新能力。

中国电子学会作为信息科技学会联合体、中国科协军民融合学会联合体、智能制造学会联合体的成员学会，积极承担和践行使命，促进学科发展与原始创新；搭建与升级科技成果转化平台，与清华大学、保定市、德阳市共建子平台，完成科技成果鉴定 140 余项。

中国复合材料学会与地方政府、行业领先企业合作建立泰安产业技术研究院，已孵化项目 10 项，产业化项目 2 项，实现直接经济效益 2500 万元；研制"企会宝"APP，成为业内首款移动信息服务平台，为产学研用各界提供精准对接，用户已超 3000 人。

中国航空学会与相关单位联合举办中国航空创新创业大赛，以创新创业为突破口，有针对性地挖掘航空领域的创新项目，为企业提供展示和交流平台，促进有价值的项目、资本与载体的有效对接。其作为唯一代表航空全产业链的全国性双创活动，已成功举办四届，上千个航空项目参赛，近 200 个项目获奖。

2. 创新科技经济融合服务模式

全国学会主动整合政府、企业、高校、科研机构等资源，打通合作渠道，探索科技经济融合新模式，形成了产业协同创新共同体、专家工作站、学会服务工作站、产学研基地共建、技术咨询、会议展览推介、人才联合培养等工作模式，柔性引进一批优秀科技工作者到地方和企业，进一步强化了全国学会作为政产学研创新主体之间的枢纽型组织联系作用，引导广大科技工作者在经济建设主战场充分发挥科技创新引领作用，为科技经济深度融合提供科技服务和人才支撑。

中国机械工程学会与乐清市委市政府、温州市科协共同发起成立温州乐清电气产业技术创新联合体，进一步健全完善促进科技成果转化对接服务机制和产学研协同创新机制，加强乐清电气产业技术创新联合体成员之间的技术交流与合作。通过举办专题活动、高峰论坛、高端访谈等系列活动，组织100余名专家走进乐清进行技术服务和实地调研，为当地电气产业发展和企业技术创新提供智力服务。

中国纺织工程学会建立生态纺织产业协同创新共同体，整合纺织企业、高等院校、科研机构和金融机构等创新主体，促进科技成果转化，探索打造传统产业转型升级创新模式，助推地方纺织产业创新发展。自2015年以来设立了55个学会工作站，构建了三个研究院，以集群地为中心基本形成点线面完整体系，支持当地企业科技创新，支持当地政府产业规划，包括培训和培养人才、科普推广等。

中国仿真学会倾力打造国家级、国际性仿真技术交流与展示平台，主办2016世界仿真技术应用展览会，提供军民融合仿真科学技术的双向转移、产品应用、技术交流和项目对接服务，助力100多家高新技术企业响应国家创新战略，布局仿真领域。2018年与珠海高新技术开发区和格力集团签订战略框架协议，共同打造凝聚会员、人才培养、产学研融合的三维立体、高质量平台；2019年与珠海市斗门区签订人才培养、技术支持等多方面合作框架协议，进一步推动珠海高新技术开发区智能制造与仿真技术深度融合，实现科技创新加速区域发展。

3. 深入一线助力地方发展和精准扶贫

全国学会立足优势资源，积极服务地方经济社会发展，事业发展空间不断拓展。并通过科技培训、技术推广、结对帮扶、定点扶贫、对口援助等方式，对不同贫困区域环境、不同扶贫对象实施精准扶贫，助力贫困地区经济发展与技术进步。

中国公路学会先后与安徽马鞍山市、浙江舟山市人民政府等地方政府，以及西南交通大学、山东交科、福建规划中心、高德地图、滴滴出行、智慧物流网（G7）等 20 余家科研机构、科技型企业签订了"创新驱动战略合作协议"，组织相关专家深入工程建设一线。以交通基础设施建设为主要抓手，为中国科协定点扶贫点山西省吕梁市临县城庄镇程家塔村和岚县长门村捐建"爱心桥"，服务于我国贫困地区脱贫致富和地区经济社会发展。

中国农业工程学会依托农口应用型学科优势，与 11 个省、市、县科协建立联系，共建学会服务站、创新驿站、科技成果转化基地。在新疆石河子市启动"北斗导航融合精准农业赋能新疆创新试验区建设"项目，推动产业融合，助力地方经济和环境建设。组织专家学者开展蓖麻改良技术、机械收割技术的探讨与研究，创新出多个矮化、适合于机械收割的高产高品质蓖麻新品种，通过绿色蓖麻产业，推进生态修复与扶贫，助力精准扶贫。

4. 群策群力抗击疫情助力复工复产

2020 年，新冠肺炎疫情暴发以来，多个全国学会发挥优势群策群力，及时部署，发动专家科学战疫，发声发力组织应急科普，正确引导民众防控疫情，主动建言献策助力行业产业抗击疫情、复工复产。

中国粮油学会、中国食品科学技术学会、中国纺织工程学会等及时部署开展应急科普。通过官网、微信公众平台等第一时间发布科普文章和视频，为营造良好的社会舆论环境，减少公众对疫情恐慌焦虑情绪，维护社会稳定，打好防疫阻击战提供智力支持。中国建筑学会、中国风景园林学会、中国印刷技术协会等制定应急措施规范和团体标准，为疫情期间公众生活和复工复产提供具有可操作性的指导和参考。中国机械工程学会、中国公路学会、中国制冷学会等积极建言献策，中国金属学会、中国自动化学会、中国电子学会等利用线上面向广大科技工作者和社会公众开办讲座、研讨、培训等，助力防疫和复工复产。

（四）专业服务能力提升

1. 承接政府转移职能工作平稳发展

各学会立足各自特点和优势，积极承接政府职能转移，重点承接以科技评估、工程技术领域职业资格认定、技术标准研制、国家科技奖励推荐等为主的科技类社会化公共服务职能。

全国学会获得国家科技奖励推荐资格的数量稳步增长，推荐采纳率不断提高。中国机械工程学会、中国电机工程学会、中国公路学会等可以直接提名参评国家科学技术奖励，中国电机工程学会推荐的候选成果已连续 6 年共获得 7 项国家科学技术奖励一等奖及以上级别的奖励。

2006 年我国启动工程教育专业认证工作，推动建立具有国际实质等效性的工程教育质量保障体系。中国机械工程学会作为中国科协首批推荐的全国学会之一、全国首个认证分委会秘书处单位参与认证试点。中国电工技术学会承接电子信息与电气工程类工程教育认证工作，中国仪器仪表学会承接仪器类工程教育认证工作等。2016 年，中国科协代表中国加入《华盛顿协议》，在工程教育领域实现突破性的国际互认，为推动我国工程教育国际化和我国工程技术人才全球流动提供可能。

中国航海学会承接了交通运输部的全国船舶系列高级专业技术职务任职资格评审工作。自 2016 年以来，进行高级船长、高级轮机长、高级引航员的船舶技术高级人才的评价和选拔工作，船舶系列高级专业技术资格评审工作日趋专业。

2. 第三方科技评估与成果评价服务逐步拓展

近年来全国学会充分发挥学会在评价中的独立第三方作用，深入开展机构评价、政策评价、项目评价等科技评估服务工作，推动建立健全科技评估制度，提供宏观层面的战略评估，促进科技评估的公平、公开和公正。2019 年全国工程技术类学会从事科技评估1572 项，相比 2015 年增加了 34.94%（图 8-27）。

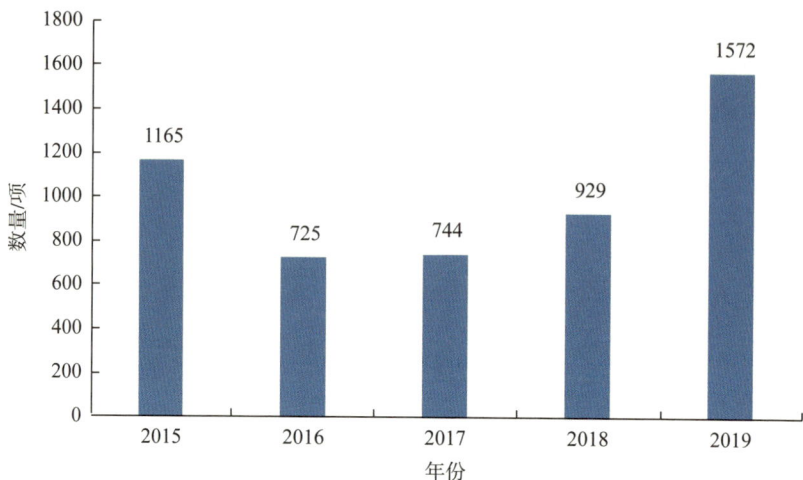

图 8-27 2015—2019 年全国工程技术类学会科技评估数量
（数据来源：中国科协统计年鉴）

中国机械工程学会积极承接科技部"工程领域国家重点实验室 2018 年度评估""中信重工双创示范基地第三方评估""《国家中长期科学和技术发展规划纲要（2006—2020 年）》制造业领域实施情况评估""《国家中长期人才发展规划纲要（2010—2020 年）》（先进装备制造与智能制造领域）评估"等 10 余项第三方评估服务项目。

中国电影电视技术学会承接了全国双创示范基地评估项目，按科协要求组织专家评估中国普天信息产业集团公司、招商局集团有限公司、万向集团公司3 家示范基地。中国水利学会等 7 个学会参与完成了水资源高效利用与工程安全研究中心等 17 个国家工程研究中心评估工作。

各学会都积极组织开展专业化的科技成果评价与鉴定工作。2018 年，中国水力发电工程学会开展科研成果评价 136 项，技术成果鉴定 43 项；中国公路学会开展科研成果评价 88 项，技术成果鉴定 60 项；中国航海学会开展科研成果评价 73 项，技术成果鉴定 10 项；中国电工技术学会开展科研成果评价 30 项，技术成果鉴定 30 项；中国仪器仪表学会开展技术成果鉴定 39 项。中国电机工程学会制定了评价管理办法及规范化文件，持续规划、优化评价的工作流程，严格按照惯例办法和工作流程的细则开展评价工作，近三年来，共完成成果评价 651 项，评价成果涵盖了电网、发电、新能源利用、环境保护等领域，多个项目获得了中国电力科学技术奖和国家科学技术进步奖。

3. 团体标准制定工作成效明显

2016 年，包括中国科协所属的 12 家全国学会在内的全国 39 家社会团体参与了团体标准试点工作。两年后，试点工作取得了明显成效，显示出团体标准旺盛的生命力和强烈的市场需求。全国工程技术类学会团体标准 2016 年研制数量仅为 185 项，2018 年研制数量达到 341 项，增加了 84.32%（图 8-28）。几年来，中国公路学会累计发布 19 项，在研标准 250 多项；中国电机工程学会已立项标准 304 项，发布 134 项；中国机械工程学会累计发布 20 项，在研团体标准达 70 项。

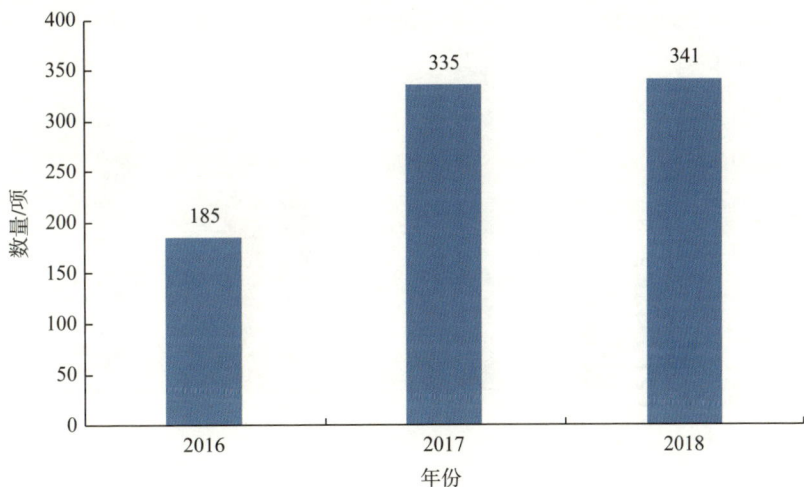

图 8-28 2016—2018 年全国工程技术类学会团体标准研制数量
（数据来源：全国科协统计年鉴）

（五）科学普及

1. 科普基础条件不断加强

全国学会围绕科技成果普惠共享的目标，深入推进科普基地和专家队伍建设，加强科普志愿者的招募与培训，积极促进原创作品的生产与传播，奠定了日益扎实的工作基础。多数全国学会成立专门负责科普工作的科普部门，配备专职科普工作人员，有组织地开展科普工作。2019 年，全国工程技术类学会的科普专职人员达到 193 人，兼职人员 2768 人，注册科普志愿者 5536 人；2018 年从业人员普遍为中级职称以上或大学本科以上学历人员，其中专职人员 273 人，兼职人员 1915 人，如图 8-29—图 8-31 所示。

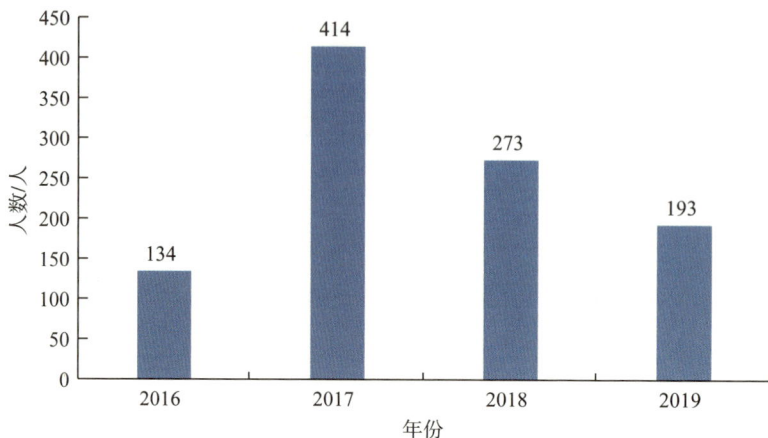

图 8-29 2016—2019 年全国工程技术类学会科普专职人员数量

（数据来源：中国科协统计年鉴）

图 8-30 2016—2019 年全国工程技术类学会科普兼职人员数量

（数据来源：中国科协统计年鉴）

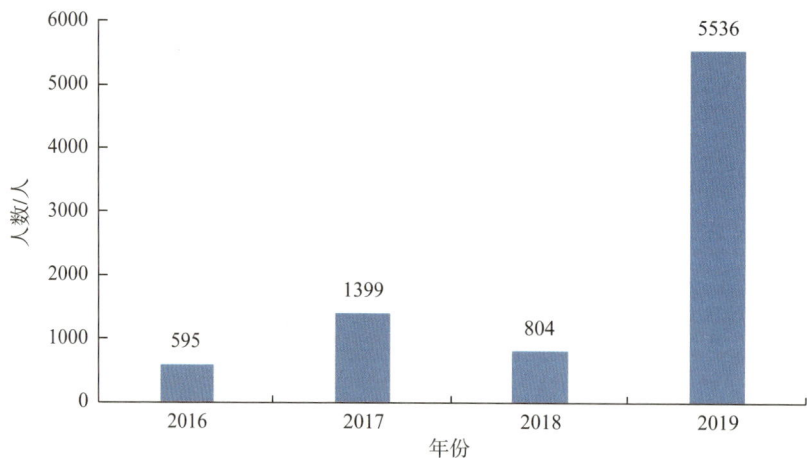

图 8-31 2016—2019 年全国工程技术类学会注册科普志愿者数量

（数据来源：中国科协统计年鉴）

中国兵工学会建设了3个全国科普基地，以军事科普为特色，通过青少年及军事爱好者等重点人群的科学素质行动带动全民军事科学素质的整体水平持续提升。

中国仿真学会将中国智慧交通谷确定为科普基地，承担中国科协科普部"虚拟现实科技馆研发项目"，主办"西门子杯"中国智能制造挑战赛，打造学会科普品牌，并加强科学传播专家团队建设，培养科普专家队伍，6名专家2019年获得中国科协首席科学传播专家称号。

中国金属学会于2017年组建"金属材料学科""轧制学科""炼钢学科"3支科学传播专家团队，开展了"宣传日活动"、交流互动体验活动和"钢铁生产虚拟仿真比赛"等一系列科普活动，极大推进了钢铁生产基础知识在公众中的普及。

2. 科普形式和内容日益丰富

全国学会根据科普内容与受众特点，不断创新活动形式，组织开展了丰富多彩的特色科普活动。举办各类科普讲座、院士专家科普报告会、科技竞赛、科技培训、专题展览、青少年科普夏令营、公益宣传等内容丰富、形式多样、影响广泛的科普活动。

中国航海学会以普及航海科学知识，构建航海科技教育的现代科普体系为依托，使得科普活动系列化。建立中国海军博物馆、中国救捞陈列馆、广州舢舨洲灯塔科普基地等41家航海科普教育基地；举办了34届全国青少年航海夏令营；连续15年参办"中国航海日"活动，主办5届"中国航海日论坛"；利用线上线下互动等多种方式，组织航海科普讲堂、水上安全知识进校园科技活动周、中国航海日全国青少年航海科普知识竞赛等多种形式的科普活动。先后组织编写出版了《中国航海史》《中国船谱》《中国救捞史》等一大批航海史书。这些科普活动既加强了青少年的航海科普意识，开拓视野，提升航海兴趣，又丰富了珍贵的航海历史文化，扩大航海科普知识受众面，逐步形成了航海大科普工作格局。

中国计量测试学会将扶贫和科普有效的结合，采用夏令营形式开展科普活动。自2015年开始组织"计量筑梦我爱北京"贫困山区中学生夏令营科普活动，以计量科普为主线，将计量知识、计量应用贯穿其中。5年来，来自西藏自治区日喀则市的藏族，云南省贡山县的独龙族、傈僳族、白族、怒族，广西壮族自治区的少数民族，四川凉山的彝族，新疆、贵州、黑龙江等省区中的维吾尔族、赫哲族、侗族、苗族等，近100名来自贫困山区少数民族学生参加了"计量筑梦我爱北京"科普活动。此外，中国计量测试学会建立了中国计量大学计量博物馆、长春中国光学科学技术馆等10多个科普教育基地。

3. 科普品牌建设成效明显

全国学会科普工作取得了良好的社会反响，初步实现了普及科学知识、传播科学思想、弘扬科学精神的效果。在建立学会科普品牌的同时，引导建设众创、众筹、众包、众扶、分享的科普生态，提高科协系统科普工作的影响力。

中国机械工程学会打造"中国好设计"科普品牌。为多角度展示创新设计在产品创意创造、工艺技术创新、商业模式创新方面的价值，向全社会广泛传播创新设计理念，启动了"中国好设计"评选活动。结合"中国好设计"评选活动，搭建了以"中国好设计"为主题的科普平台，通过"中国好设计"案例研究、图书出版、奖项评选、网站、微信公众号以及在全国设立若干"中国好设计区域中心"，创新科普方式，提高科普质量，拓展科普效果，打造科普品牌。

中国航空学会重点培育的品牌科普活动"国际无人飞行器创新大奖赛"，以无人飞行器为主题，集科技性、趣味性、娱乐性于一身，融科技创新、科学普及、航空文化、旅游产业、无人机及通航产业于一体的国际知名航空飞行盛会，为扩大品牌持续影响力，大奖赛改每两年举办为每年举办，广泛普及了航空航天知识。

中国水利学会打造集学术交流、咨询和科普于一体的品牌活动。自2016年开始主办"中国水之行"活动，通过举办实地考察调研、交流座谈咨询等方式，组织中国水之行讲坛、科普讲座、河边课堂、书刊赠阅等活动，从分析解决当地水旱灾害频发、水资源短缺、水生态损害、水环境污染等问题的需求出发，为当地政府提供决策咨询。"中国水之行"活动计划在10年内，走百城、进千校、小手拉大手，带动上亿人增强爱水节水洁水护水意识。

4. 新媒体科普不断涌现

随着互联网技术的迅猛发展，新媒体科普逐渐成为主流。全国学会充分依托现有传播渠道和平台，大力做好"互联网＋科普"工作，积极采用公众号、微博、抖音等新媒体技术传播科学知识，普及科学文化，如制作科技广播影视节目、科普动漫作品和主办科技网站等，使得科技传播的手段和方式更加多样化，科普的趣味性和可视性得到提高，提升了科普的实际效果。

中国公路学会着力实施"互联网＋公路科普"计划，将传统科普依靠图表、展板、文字等展示模式向动漫、影视、虚拟现实（VR）等方式结合过渡。通过互联网（中国公路学会网、中国公路网官方网站）和移动端（公路科普微信公众号订阅号、公路科普微博）等渠道，传播和发送科普专辑，用简洁明了、通俗易懂的形式及时发出科学权威的声音和信息。

中国农业工程学会结合学会期刊平台，建设线上线下的农业工程科普平台。线上运营科普专栏，完成《农业工程技术农业信息化》科普杂志网站改版，微信公众号"农业信息化"全年发布82篇文章。线下出版科普杂志《农业工程技术》，每年出刊36期，刊出科普文章7000余篇；出版科普书籍《农用无人机100问》，在田间观摩会上，向农户和种粮大户免费发放500余册。

（六）智库建设

各学会发挥学会专家智力资源优势，积极主动地参与到国家重大战略决策咨询和重要政策的制定实施上，通过提供决策咨询报告、发布研究报告、反映科技工作者建议等，服务科学决策的能力不断提高。在此基础上，有的学会在专业领域逐步建立特色智库，成为科技智库中不可缺少的重要组成部分。

1. 提高服务科学决策能力

全国学会紧紧围绕国家创新发展需求，大力挖掘自身服务潜力，同时注意加强与国际知名智库合作，为专家提供建言献策平台，形成有影响力的决策咨询报告。2018年全国工程技术类学会提供决策咨询报告仅有96篇，2019年实现了跨越式增长，决策咨询报告数量达到353篇（图8-32）。

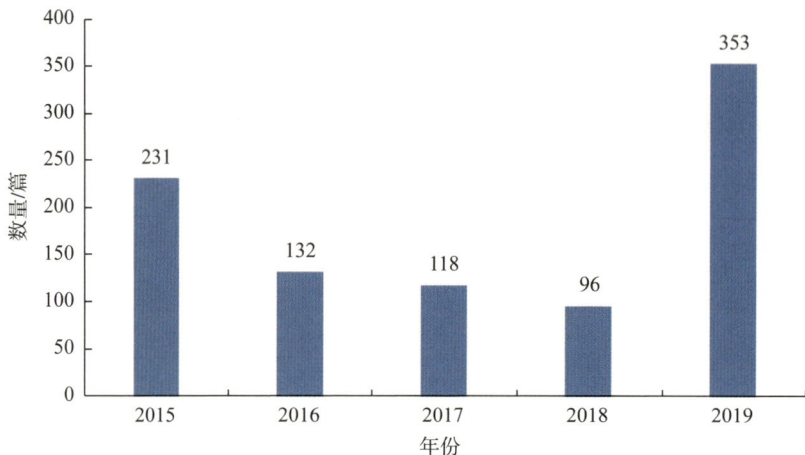

图 8-32 2015—2019 年全国工程技术类学会提供决策咨询报告数量
（数据来源：中国科协统计年鉴）

中国电机工程学会先后承担了国家发展改革委、国家能源局、中国科学院、中国工程院委托的决策咨询项目 38 项，完成国家发展改革委和中国科学院委托的"构建我国新一代电力系统""我国新一代能源系统战略研究"，为引导与保障"十四五"期间新一代电力系统建设提供决策建议；承担中国科学院委托的"雄安新区智慧能源系统战略研究"，提出构建雄安新区智能能源系统的战略蓝图，为我国建设新一代城市能源系统提供有效借鉴。学会积极参与政府政策法规制定，接受国家能源局委托，组织编制《电力安全生产三年计划（2018—2020 年）》《〈防止电力生产事故的二十五项重点要求〉典型案例盘点》，并已获发布或实施。

中国水力发电工程学会 2015 年提交全国政协会议《关于减少水电"弃水"提高清洁能源利用效率的提案》，促成国家能源局研究形成《关于解决川滇两省水电严重弃水问题的报告》，提交弃水问题及解决建议获李克强总理和张高丽副总理批示，之后国家能源局和地方政府出台了一系列相关文件。

中国汽车工程学会近年来完成了工信部《新能源汽车产业发展规划（2021—2035 年）》专题研究及规划起草工作；牵头科技部《面向 2035 年的交通领域科技发展战略》研究；完成了《节能与新能源汽车技术路线图 2.0》总报告初稿及四项深化研究；启动了中国工程院《中国智慧城市、智能交通、智能汽车深度融合发展战略》研究工作；完成中国工程科技中长期发展战略项目——《面向 2035 智慧城市的智能共享汽车系统工程研究》。

2. 推动高端科技创新智库建设

建设高水平科技创新智库，是中国科协落实"四个全面"战略布局，在科技创新和经济建设主战场更加奋发有为，走中国特色群团发展道路的重大举措。2018 年全国工程技术类学会发布智库品牌报告 39 份，如图 8-33 所示。

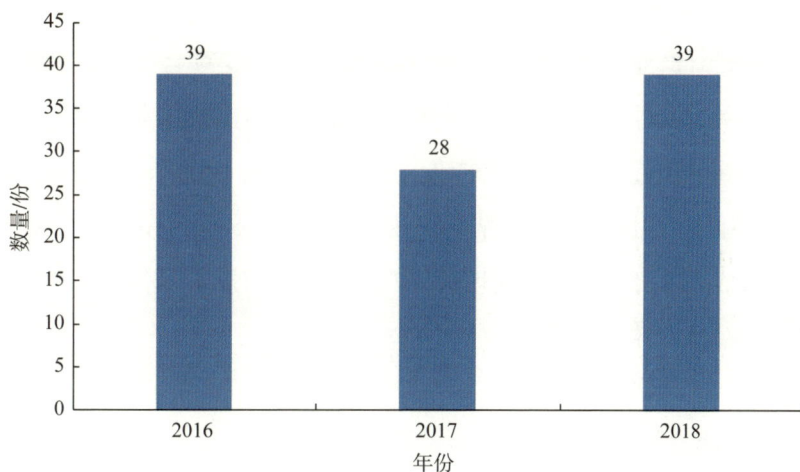

图 8-33 2016—2018 年全国工程技术类学会发布智库品牌报告数量
（数据来源：中国科协统计年鉴）

中国汽车工程学会打造汽车工程科技战略智库，重点构建汽车战略研究咨询体系，在汽车产业战略研究、产业研究和科技咨询等方面形成了较强的研究和咨询能力。2015 年成立的"中国汽车技术战略国际咨询委员会（iTAC）"是一个完全国际化的高端汽车智库。目前，中国汽车工程学会已形成中远期战略研究与规划支撑体系和聚焦行业热点与前瞻领域的产业研究支撑体系，在汽车产业政策效果评估、新能源汽车财税激励政策、汽车产业年度发展报告、汽车产业发展规划等方面为商务部、质检总局、全国汽车三包专业技术委员会、中国标准化研究院等政府或机构提供咨询和政策建议等。

中国公路学会以重大项目为纽带，开展全局性、战略性、前瞻性、针对性和储备性问题研究，为主管部门科学制定行业技术和发展政策提供技术支撑和政策依据，先后发布一系列高质量有影响力的智库产品，如《中国交通运输发展报告》《中国绿色公路发展报告》《中国公路养护发展报告》《京津冀交通一体化发展报告》等，为行业提供有价值的战略咨询与决策研究服务。

中国机械工程学会形成了中国机械工程技术路线图、机械制造强国战略研究、智能制造发展研究、创新设计战略研究等四大智库品牌，如《中国机械工程学会技术路线图》"1+11"系列丛书、《中国智能制造重点领域发展报告》、"智能制造'双十'科技进展"等，其研究成果多次成为国家制定相关政策的参考依据。中国机械工程学会联合兄弟学会、协会建立3个咨询活动特色平台，即中国创新设计产业战略联盟、中国科协智能制造学会联合体、中国科协核心基础零部件关键共性技术产业协同创新共同体，服务产业技术发展。

中国卫星导航定位协会着力打造"北斗智库"，2018年完成由中国科协资助30万元的"中国北斗助力精准农业示范工程"，通过引进北斗精准农业新技术，形成北斗产业伺服农业现代化的服务体系与技术标准，取得了良好的经济效益和社会效益。

（七）组织建设与管理

1. 完善学会内部治理

（1）内部治理结构建设明显增强

多数工程技术类学会设立了规模适中的理事会，建立健全监事会（或监事）。理事长和秘书长人选的推荐渠道及作用发挥呈现良好态势。中国图象图形学学会坚持学术水平和服务意识相结合的理事推选原则，确保理事会和常务理事会的规模适中，既便于议事决策，又能全面开展工作。中国体视学学会在深化改革之初就建立了监事会，并制定了议事规则。

重点调研的25家学会中，13家调研学会的理事长人选为支撑（代管）单位推荐，其中中国农业工程学会的理事长人选既为支撑（代管）单位推荐，也为学会内部民主推荐。其他12家调研学会的理事长人选推荐渠道为学会内部民主推荐，其中中国计算机学会的理事长人选既为学会内部民主推荐，也可以由会员自荐参选。

11家调研学会的秘书长人选推荐渠道为支撑（代管）单位推荐，其中中国农业工程学会的秘书长人选既为支撑（代管）单位推荐，也为学会内部民主推荐；其他 13 家调研学会的秘书长人选推荐渠道为学会内部民主推荐，其中中国计算机学会的秘书长人选既为学会内部民主推荐，也可以从社会公开招聘。

截至 2020 年 1 月底，78 家工程技术类学会中，52 家学会设置了监事会或监事，占比达到 66.67%。中国计算机学会的监事会建立最早，在 2008 年建立，监事人数 4 名；中国机械工程学会于 2011 年建立监事会；中国航海学会于 2015 年建立监事会；其余 12 家调研学会建立监事会均在 2017—2019 年期间。

（2）学会运行制度不断健全

全国学会着眼于激发创新活力，建立务实高效、位阶有序的会议制度，制定科学明确的议事规则，确保工作依章依规开展。同时，全国学会着力优化领导人员构成，提高基层一线科技工作者和中青年科技工作者比例，代表性不断提升。中国电子学会先后制定了一系列会议制度和议事规则，理事会、监事会及秘书处定期召开会议，讨论决策学会重要事项；调动理事、监事参与学会工作的积极性，保证理事、监事正常履职，提高其参与度和归属感。

中国图象图形学学会大力提高科技领军人才在理事中的比例，目前已达到三分之一以上；制定理事考核制度，连续两次缺席常务理事会或理事会将自动除名，改革后常务理事会出勤率超过 91%，理事会出勤率超过 70%。

2. 强化会员管理与服务

（1）会员管理服务的工作基础更加扎实

全国学会普遍重视发展新会员，大部分设置了专门机构或指定专人负责，发展会员的系统和机制也不断建立健全。2018 年，全国工程技术类学会团体会员数量 34496 个，个人会员达到 151.32 万人（图 8-34）。其中，高级（资深）会员为 12.68 万人，女性会员为 23.48 万人，学生会员为 13.65 万人（图 8-35）。

25 家调研学会都很重视会员的管理与服务。其中，16 家调研学会设有专门负责会员工作的机构，其他 9 家调研学会无专门机构但有专人负责进行会员管理。2016 年以来，部分学会在深化改革的过程中，逐步将会员管理与服务工作的重点转移到个人会员，转移到广大的科技工作者上来，把为会员服务作为学会的立会之本。中国汽车工程学会、中国自动化学会等纷纷投入建设会员管理系统、会议管理系统等信息化平台，对会员工作实行统一管理，强化个人会员管理与服务，实现会员新增及参与各种活动的实时信息统计，方便会员参与活动办理注册和缴费，加强了会员工作的支撑力度。

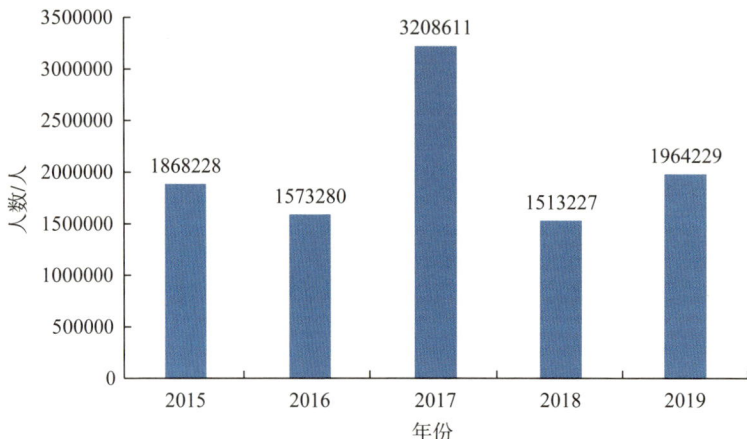

图 8-34 2015—2019 年工程技术类学会个人会员数量

（数据来源：中国科协统计年鉴）

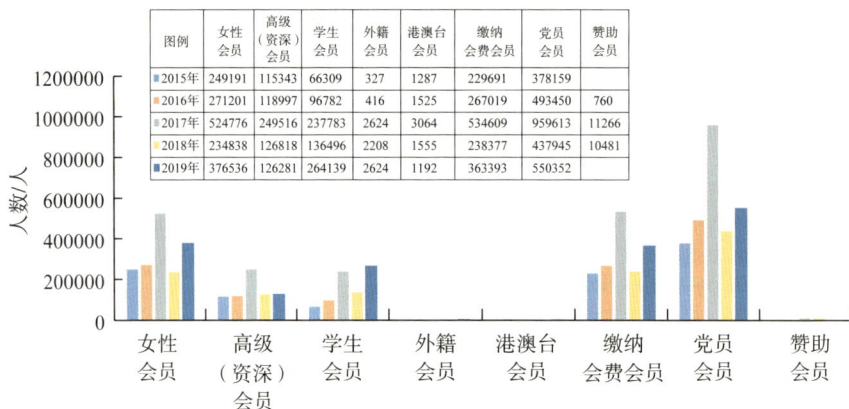

图例	女性会员	高级（资深）会员	学生会员	外籍会员	港澳台会员	缴纳会费会员	党员会员	赞助会员
2015年	249191	115343	66309	327	1287	229691	378159	
2016年	271201	118997	96782	416	1525	267019	493450	760
2017年	524776	249516	237783	2624	3064	534609	959613	11266
2018年	234838	126818	136496	2208	1555	238377	437945	10481
2019年	376536	126281	264139	2624	1192	363393	550352	

图 8-35 2015—2019 年工程技术类学会不同类别个人会员数量

（数据来源：中国科协统计年鉴，其中缺少 2015 年和 2019 年赞助会员人数）

（2）会员发展渠道多样化

全国学会根据会员来源群体的不同特点，通过创建品牌学术活动、表彰奖励学术创新、举办科技展览、优化交流平台等多种途径，大力吸引新会员。各学会发展个人会员的渠道不同，有的通过学会秘书处直接发展，有的通过分支机构发展，也有通过地方学会发展，也有的是以上几种渠道并存。

中国计算机学会充分发挥专业委员会、会员活动中心等作用,开展形式多样的学术交流活动,吸引个人会员加入。目前注册缴费会员 6.4 万人。会员可通过 37 个不同领域的专业委员会、32 个城市会员活动中心、49 个学生分会,27 个由青年精英组成的青年科技论坛得到涵盖学术交流、参观访问、公益活动、咨询服务、人才举荐等各类活动。为方便会员就近参加学会活动,在全国 32 个城市设立会员活动中心,发展会员也是分部(活动中心)的重要职责。在全国的 49 所高校或研究院所建立学生分会,开展学术交流、创新创意活动等,每年累计活动次数超过 300 场,通过举办符合学生会员需求的活动来发展学生会员。

中国汽车工程学会 2016 年提出会员发展从单位会员向个人会员转变,到 2019 年在线注册缴费的会员达到 4.6 万人,增加了近 15 倍。学会将发展会员、为会员服务融入每位员工的血液,鼓励人人发展会员。从秘书长到每个员工都有自己的二维码,通过二维码发展会员,实时统计每个员工发展的会员人数并形成实时排名榜单。依托高校在地方设立会员活动中心,高校负责提供容纳 1000 人以上的报告厅,并组织学生、老师等相关人员,学会邀请知名专家做报告和讲座,通过这些形式来开展会员活动,发展学生会员和普通会员。

中国农业工程学会创新会员发展机制,将基层会员工作站模式扩大至高校。2017 年在华南农业大学、沈阳农业大学等地建立了 5 个高校会员工作站,开展了 5 场会员活动,新发展学会会员 700 余名;2018 年会员发展向基层和企业延伸,在日照海卓液压有限公司建设企业会员工作站,扩大会员覆盖面;2019 年在华中农业大学和浙江大学新设了会员工作站。

(3)会员服务手段逐步专业精准

学会会员由不同层次的科技工作者构成,服务需求呈现多层次、多样化、专业化等特点。学会通过制定工作规划、加强会员管理、搭建服务平台、打造会员日等方式,不断创新服务产品以满足不同年龄层、不同专业水平会员的各种需求。通过对会员进行分类和动态管理,探索运用各种信息技术手段,使会员服务更加精准化、多元化。会员对学会发展的认同感、责任感和荣誉感逐步提高,充分体现出科技工作者之家的意义。

中国颗粒学会逐人核对会员数据库中的会员信息，同时通过核查与每位会员建立起快捷、有效的联系，定期推送学会期刊最新发文信息、搭建服务会员的学会网站，增加会员对学会的认可度。

中国消防协会坚持会费低标准、服务高标准，在协会网站上建立与会员交流互动的平台，听取会员意见和呼声，参加展览会、科技年会、创新产品评选等活动实行会员优先，并组织会员单位赴国外参展，助力一大批新产品打入国际市场。

中国计算机学会会员除了获得学术交流活动优惠参加、优先参加的便利，还可通过数字图书馆、CCF DIGITAL、CCF 新闻在线、出版物等获得专业的电子资源。学会提出为会员提供从 6 ～ 60 岁的服务理念，从面向小学生、中学生的竞赛，到针对学会会员、普通会员、高级会员、青年科技工作者和院士专家开展不同层级的服务产品。根据会员特点设置特色服务内容，如面向计算机专业人才的国内最高规格学术会议中国计算机大会；面向青年计算机优秀人才的青年计算机科技论坛；面向青少年的全国青少年信息学奥林匹克；面向全国高校计算机院系教师的 CCF 计算机课程导教班；面向高校学生的 CCF 走进高校以及计算机类专业工程教育认证等。

3. 加强办事机构职业化建设

（1）支撑单位多元化，机构建设独立化

全国学会在发展过程中与挂靠单位的关系处于调整阶段，逐步从挂靠关系向支撑关系转变，从依附关系向合作关系转变。有些学会在发展过程中逐步与挂靠单位脱钩，走上独立发展的道路，如中国航海学会、中国公路学会、中国造船工程学会等。

（2）工作人员专职化有序推进

学会办事机构工作人员专职化有序推进，采用社会招聘等形式，吸引更多优秀人才加入学会，从业人员数量保持快速增长。2019 年从业人员数量达到1860 人，相比 2015 年增长了 11.11%（图 8-36）。全国工程技术类学会 2019年社会聘用人员为 958 人，与从业人员的占比达到 51.51%，相比 2015 年从业人数增长了 56.28%（图 8-37）。但从对 25 家学会的调研结果来看，办事机构工作人员规模差异较大。最少的 3 人，最多的 90 人。从整体规模看，办事机构工作人员规模在 30 人以上的学会仅有 8 家，2/3 以上的学会办事机构工作人员规模在 30 人以下。

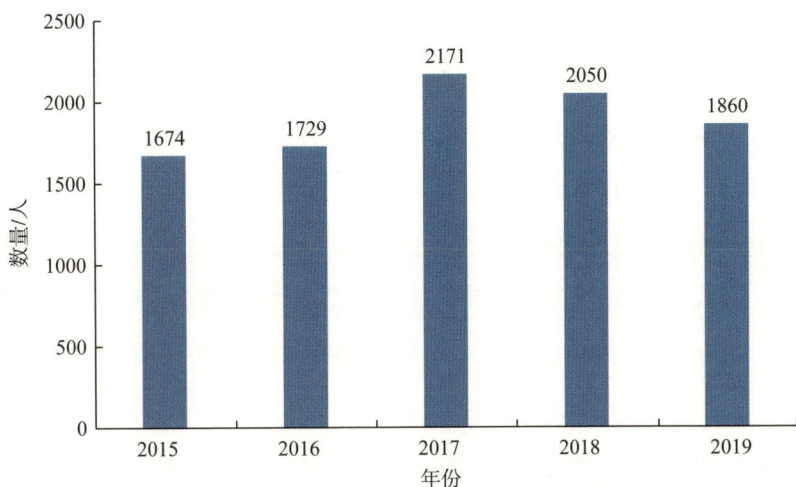

图 8-36 2015—2019 年全国工程技术类学会的从业人员数量
（数据来源：中国科协统计年鉴）

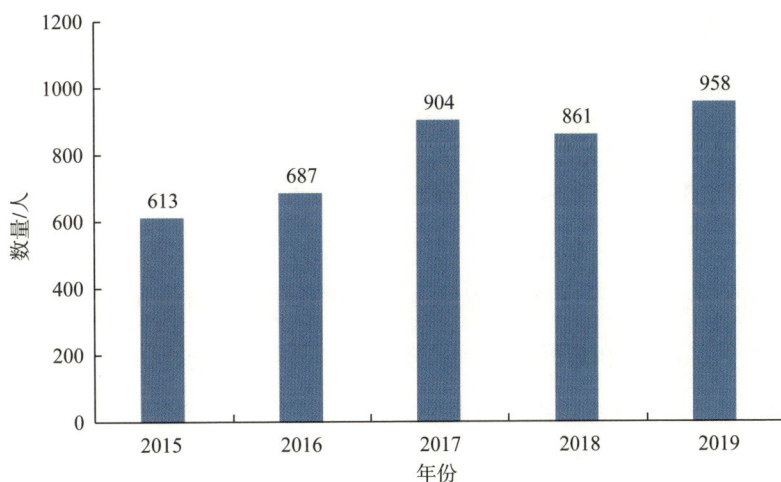

图 8-37 2015—2019 年全国工程技术类学会的社会聘用人员数量
（数据来源：中国科协统计年鉴）

（3）实体机构建设成效初显

学会推进办事机构的实体化建设，扩大无挂靠学会的试点工作，打造运转高效、规范有序的实体办事机构。12 家调研学会有所属企业，接近 25 家调研学会的半数。其中9家调研学会只成立了1家企业，3家学会成立了多家企业。从调研数据来看，40人以上规模的调研学会均有所属企业。

（4）办公条件不断改善

办事机构实体化建设的条件更加优化、资源更加丰富，在办公用房、经费保障等方面普遍有所改善。在25家调研学会中，8家调研学会拥有自有产权办公用房，9家调研学会由支撑单位无偿提供办公用房，其余8家调研学会的办公用房全部为租赁用房。仅有2家调研学会是合署办公。

（5）办事机构管理更加规范

全国学会普遍制定了办事机构的工作制度和运行规则，按规定设置专职岗位，安排工作人员，为依法依规办事提供必要保障。25家调研学会均有独立银行账户，全部单独建账和进行独立核算。80%以上调研学会均有专职会计和专职出纳。中国电子学会相继出台、完善了《中国电子学会总部项目管理实施办法（试行）》《中国电子学会会费管理办法》等50余项规章制度，规范了工作标准和流程，促进了学会健康可持续发展。中国复合材料学会统筹推进总部与分支机构财务一体化管理，依托审计工作委员会，每年审计学会预算决算，统一运用北京航空航天大学财务系统，并接受该校财务监管。

4. 细化分支机构管理

全国学会根据各自实际，依法依规建立、调整、改革分支机构，逐步实现其类型、数量合理化，职能发挥正常化。根据《中国科协所属全国学会分支机构管理办法（试行）》，全国学会普遍建立了其分支机构管理办法，制定了考评机制，规范分支机构开展活动，多数学会已对分支机构的财务和公章实施统一管理。一些学会对长期不开展活动的分支机构采取警告、更换支撑单位或撤销等措施，有效激发了分支机构的活力。25家调研学会均制定了学会分支机构管理办法或细则，加强所属分支机构的规范化管理。各学会对分支机构建立了定性或量化的考评机制，分支机构财务均纳入总会财务进行统一管理，开展活动的费用在总会列支报销。

中国自动化学会尝试对分支机构管理辅以评估考核与评优激励措施。中国自动化学会目前共有51个专业委员会，9个工作委员会。每年学会开展分支机构评估工作，创新了"分支机构秘书长—秘书长—理事长—党委—常务理事/理事工作会议"五级例会制度，借鉴罗伯特议事规则，制定学会议事制度，形成位阶有序的议事规则。规范了分支机构创建组织管理评估等相关工作，促进了分支机构的良性健康发展。

中国职业安全健康协会根据分支机构开展活动情况，近两年撤销了四家分支机构。中国复合材料学会 2016 年推出《指导名录》，对成立分支机构作出明确规定，成立技术应用类的分会和专委会，可由行业专家通过《指导名录》程序、理事长办公会增补、理事会提名等三种途径申请。中国风景园林学会将加强分支机构管理作为改革重点，由专职副秘书长负责，对财务、人事进行严格管理，确保不出问题。中国图象图形学学会对专委会进行三个方面的改革：引入考核机制，鼓励学科前沿方向的学者申办新的专委会，通过制定条例规范专委会的管理与服务。

5. 推进学会信息化建设

随着信息化网络化时代的到来，全国学会积极推进信息化建设，建立起多种信息化工作平台，通过网站、微博、微信、微信公众号、APP 等网络媒体资源，探索"互联网＋政策服务"等新型工作模式，开展网上"建家交友"等新型活动，快速响应会员需求，在拓展和丰富学会服务手段的同时，也提高工作效率和服务能力，更提升学会影响力和凝聚力。信息化建设早已成为助推学会腾飞的必备工具。

中国水利学会的手机 APP"学会通"，开发完成门户网站、业务应用系统、表决系统和内部工作平台的手机 APP，实现学会业务工作的移动服务，方便学会广大会员和工作人员使用，全面提升学会信息化水平和服务能力。

中国复合材料学会建立会员管理与服务、宣传、办公等 8 个信息化平台，实现了信息化运营，年度发布信息上万条，总点击浏览量超百万次。中国电影电视技术学会积极办好学会网站，突出学术性、信息时效性，增强服务功能，运行和维护学会及分支机构微信公众号，在公众号上及时发布研讨会等演讲视频，通过线下活动、线上直播方式并行传播。

三、农科类学会发展现状

目前中国科协所属农科类学会共 16 家。近年来，各农科类学会积极把握学会深化改革机遇，优化学会组织结构，完善治理体系和治理结构，改革探索适合学会发展的机制和路径，抓好学会组织经营管理，加强自身能力建设，提高专业化和职业化水平，增强在自身领域的权威性和社会认可度，不断提高学会的学术影响力、会员凝聚力、社会公信力和自主发展能力，在科技评估、工程技术领域职业资格认定、技术标准研制、国家科技奖励推荐、职业技能培训等方面发挥学会作用，成为党和政府发展科技事业的重要力量。

1. 党建引领学会改革发展

强化学会政治引领，稳固共同思想基础。一是成立功能型党委把握方向。调研数据显示，农科类全国学会均能及时落实《中国科协关于加强学会党建工作的若干意见》，在理事会层面成立理事会功能型党委，制定相应制度明确理事会功能型党委职责和定位，定期组织开展党组织活动，功能型党委由中国科协学会党委统一管理。二是党建工作与学会改革融合发展。理事会党委充分发挥政治核心作用，履行"党要管党、从严治党"的政治责任，对理事会及常务理事会研究和讨论的重大议题提前进行审查，提出指导性意见，把参与"三重一大"决策、把关定向的职责落到实处，推进"两学一做"学习教育常态化制度化。三是将会员和广大科技工作者紧密团结在党中央周围。号召会员和广大科技工作者学习先进事迹，动员他们投身创新驱动发展战略，引导其坚定理想信念，自觉在思想上政治上行动上与以习近平同志为核心的党中央保持高度一致。如中国园艺学会党委结合实际情况，认真制定了《学会党委工作规则》，并按照"有条件的学会党委可积极探索在分支机构组建党的工作小组，并指导开展工作"有关要求，结合自身实际情况，积极探索在分支机构设立党建工作小组。由学会理事会层面、办事机构层面、分支机构层面组成的多层次学会党建工作组织体系逐步形成，为学会党组织全面贯彻中央精神和中国科协工作部署提供可靠组织体系保障。

加强基层党组织建设，发挥党员先锋模范作用。一是秘书处开展学习型创新型党支部建设。深化改革以后，各农科类学会积极推动"两个全覆盖"工作进程，为学会党组织全面贯彻党中央精神和中国科协工作部署提供可靠组织体系。截至2020年，16家农科类全国学会中，12家建立了学会办事机构党组织，规模较大的学会办事机构成立党委或党支部，规模相对较小的学会办事机构成立临时党支部或联合党支部。通过在秘书处成立党组织贯彻落实"两学一做"学习教育常态化制度化，认真实施"三会一课"制度。二是完善党支部工作制度，严肃党内政治生活。组织学习贯彻党的十九大精神和习近平新时代中国特色社会主义思想，履行全面从严治党和党风廉政建设责任。开展优秀共产党员、优秀党务工作者等先进人物评选活动，设立党员示范岗，要求全体党员挂牌上岗，树立先进典型。三是发挥党员先锋模范带头作用。组织党员开展各种类型的主题党日活动和主题教育活动，建立既突出党建元素，又有利于党建与业务有机融合的工作机制，充分发挥党支部战斗堡垒作用，发挥党员先锋模范作用，以党建促发展，推动学会工作持续健康开展。如中国农学会认真学习贯彻习近平新时代中国特色社会主义思想，深入开展"不忘初心、牢记使命"主题教育，严格"三会一课"制度；印发《中国农学会2019年党的建设工作要点》，推动全面从严治党各项举措落地见效，为学会事业科学发展提供组织保障；组织全体党员赴北京西山无名英雄纪念广场开展"不忘初心缅怀先烈牢记使命砥砺前行"主题党日活动，组织党员干部参观新中国成立70周年大型成就展，学会秘书长以"牢记初心使命勇于担当作为奋力谱写新时代服务'三农'新篇章"为题讲党课，增强党员干部继承和发扬革命先烈矢志不移跟党走的信心和促进学会事业科学发展、为实现农业农村现代化作贡献的决心。

　　2. 科技交流合作促进创新发展

　　（1）重视学术交流品牌建设，促进学科科技创新

　　学会作为联系科技工作者的重要纽带，定期针对学科或行业热点，组织高水平学术会议，召集学科内科技工作者进行学术交流，开展学术研讨，为学科和行业发展贡献专家智慧。重点培育青年科技专题活动如举办青年科学家论坛、青年学者研讨会等，广泛邀请学术及企业界青年精英参与其中，就业内及社会重大问题进行研讨和思辨，形成有价值且代表不同声音的结论和建议，

向社会传播最前沿学术思想和科技动态。访谈得知，各农科类全国学会基本形成了定期举办学术年会机制，一般为一年或两年举办一次学术年会，召集几百至几千不等的学科或行业内科技工作者参会。通过为国内外科技工作者搭建学术交流平台，优化办会机制，早定计划、主题和时间，提升服务质量，打造学术交流品牌，促进学科和行业科技创新和学术交流。如图 8-38 所示，各全国农科学会举办学术会议数量较为稳定，基本保持在每年 300 场次以上，从国内学术会议参会人数来看，从 2015 年的 74176 人增长到 2019 年的 97597 人，可见农科类学会举办的学术会议影响力不断提升。高端学术会议也从 2016 年的 33 场次提高到 2018 年的 66 场次，学术会议的层次和水平不断提高，保证了学术交流的高质量和影响力。

图 8-38 2015—2019 年农科类学会国内学术会议及参加人数情况

（数据来源：中国科协统计年鉴）

（2）着力开展行业发展研究，助推行业繁荣发展

组织院士专家开展基础学科研究和行业应用研究，梳理研究动态、学术成果、国际合作、人才队伍和资源平台等方面的最新进展，总结发展趋势，明确未来重点方向，形成学科或行业发展研究报告，为学科和行业发展提供方向指引。如中国林学会每年组织相关领域的专家学者开展学科发展研究、学科发展报告等研究工作，已成为引领学术方向、推动学科发展的标志性品牌。中国农学会自 2006 年起，组织由院士或知名专家牵头，农业科研机构、高等院校的专家和教授广泛参与的基础农学学科发展研究，从各年度选择基础农学一、

二级学科分支领域，研究基础农学学科的重大进展、重大成果、国内外比较、发展趋势和发展展望。

（3）打造一流期刊，发挥期刊学术交流功能

科技期刊作为科技知识生产传播交流的重要渠道，提升学会科技期刊质量和水平，将学会科技期刊打造成品牌，更有利于传播推广科技成果。农科类学会坚持正确办刊导向，以提升期刊学术水平为重点，着力打造具有核心竞争力和国际影响力的一流科技期刊。统计数据表明，2018 年，农科全国学会主办51 种科技期刊，其中中文学术期刊 41 种，英文学术期刊 9 种，全年发布论文10050 篇，其中英文期刊发表论文 729 篇。如中国林学会主办的《林业科学》，形成了学术水平高、审稿客观公正、讲求学术民主等特点，2018 年综合影响因子为 1.259，是林业科学研究领域排名第一的中文期刊。

（4）致力国际交流合作紧跟发展潮流与趋势

坚持走出去学习先进科技知识。国际科技组织作为各个国家间科技交流的重要组织形式，有序加入既能彰显我国科技影响力，又可促进国际间科技合作。学会加入国际科技组织，参与国际交流；参加国际科技学术会议，主动学习先进思想和理念；参与国际组织事务，提高在国际社会中的话语权；完善人才举荐机制，支持我国科学家在国际组织中任职，将优秀科学家精准推送到国际组织领导层，提升中国科技界的国际话语权和主导权。从统计数据来看，2019 年，16 家农科类全国学会中，11 个学会加入了 43 个国际民间科技组织（图 8-39）。其中中国园艺学会参加了多达 10 个国际组织，63 位国内专家在国际民间科技组织中任职，在国际社会中具有一定的话语权。中国植物病理学会与亚洲各国和美国密切开展交流合作，成立了亚洲植物病理学会，中国植物病理学会的前任副会长兼任了美国植物病理学会副会长，致力于推动世界植物病理事业发展。

坚持引进来促进国际合作交流。通过参加会议、参与展会、组团互访等多种形式，邀请发达国家、欠发达国家等专家学者来华交流，与其他国家和地区建立稳定合作渠道，举办或承办国际会议，开展多种形式合作和交流。2019年共有 9 家农科学会参加了 24 场境内国际学术会议，其中中国农学会参加了

7 场境内国际学术会议，在国际大会上发出中国声音；1386 人参加国外科技活动，学习国外先进知识和技术，邀请了 1957 名国外专家学者到我国进行学术交流，为学科和行业内国内外专家学者提供学术交流平台。中国农学会积极搭建国际化学术交流平台，举办"中国国际肥料大会"等学术会议，邀请美国、德国等 150 余名专家，就猪瘟及非洲猪瘟防控、生物防治等领域开展学术交流与合作研究。2018 年中国畜牧兽医学会主办"第二十五届国际猪病大会"，吸引了来自 6 大洲 42 个国家的 1500 多名国际参会代表，有力地促进了全球生猪产业生产效率和产业素质提升。

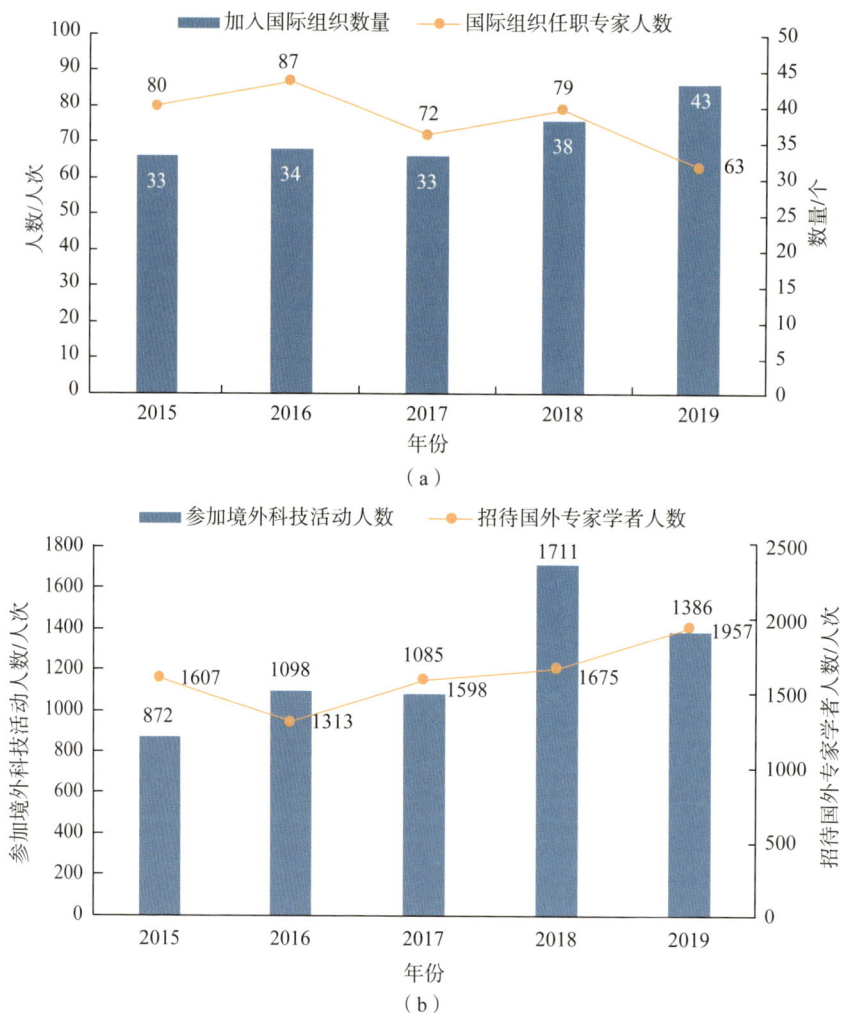

（a）

（b）

图 8-39 2015—2019 年农科类学会国际交流情况

（数据来源：中国科协统计年鉴）

3.组织学科表彰奖励激发科技创新发展活力

（1）设立科技奖励项目

农科学会致力于学科或行业发展，设置科技奖励项目，每年评选学科或行业领域做出突出贡献的科技工作者或专家团队，将先进的科技成果进行展示，宣传杰出人才的先进事迹，激励广大科技工作者不断取得突破，持续为中国科技事业发展发力。如图 8-40 和图 8-41 所示，2018 年，农科学会设立 24 项科技奖励，表彰 3206 名科技工作者，其中 809 名女性工作者得到表彰奖励，1090 名 40 岁以下科技工作者得到表彰奖励；2019 年农科学会表彰奖励了 3779 名科技工作者，其中女性工作者 930 名，40 岁以下工作者 1781 名，大大激励了科技工作者为科技发展作出应有贡献。中国林学会梁希奖已成为行业内最高

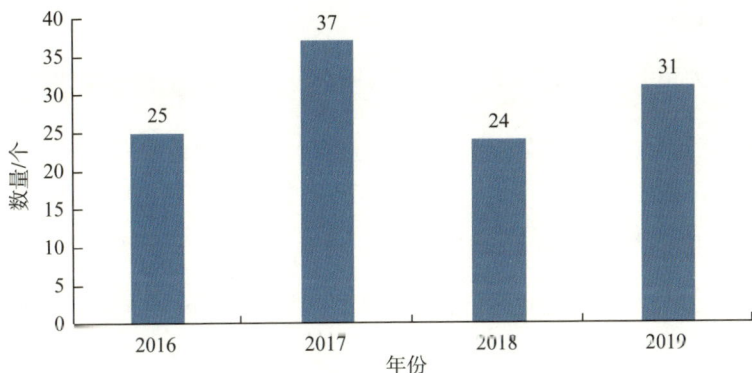

图 8-40 2016—2019 年全国农科类学会所设科技奖项数量
（数据来源：中国科协统计年鉴）

图 8-41 2015—2019 年表彰奖励科技工作者及女性、40 岁（2019 年为 45 岁）以下人数
（数据来源：中国科协统计年鉴）

奖项，认可度和影响力得到显著提升。中国水产学会设立范蠡科学技术奖，包括科技进步类、技术推广类和科学普及类，在水产行业具有很高的认可度和影响力。

（2）致力人才举荐工程

学会充分发挥自身优势和特点，把发现、培养、凝聚、举荐和用好人才贯穿在学术交流、科学普及、决策咨询和组织建设各个方面，通过搭建国内外专业学术交流平台发现人才、设立奖励品牌举荐人才、举办宣传表彰活动激励人才、当好"科技工作者之家"凝聚人才，团结带领广大科技工作者更好地为经济社会发展服务、为提高全民科学素质服务，把全国学会建设成为社会公众支持、科技工作者满意的重要人才服务渠道。各农科学会为中国科学院、中国工程院举荐优秀人才，为中青年优秀学者提供发展平台，为中国科技事业发展供给人力资源，激发科技创新活力，调动广大科技工作者积极性，推动科技事业蓬勃发展。如图8-42所示，2019年全国农科类学会向省部级（含）以上科技奖项、人才计划（工程）举荐了273名科技人才，其中向省部级（含）以上科技奖项推荐项目为46项。如中国农学会2019年完成推选"两院"院士候选人、创新人才推进计划、第十六届中国青年女科学家奖、2019年度未来女科学家计划、高等学校科学研究优秀成果奖等候选人推荐评审工作，共计推荐候选人15人；完成2019年百千万人才工程国家级人选和国家"万人计划"青年拔尖人才候选对象推荐评审工作，共计推荐候选人110余人。

图 8-42 2016—2019 年农科学会科技奖励工作开展情况
（数据来源：中国科协统计年鉴）

4. 发挥学科优势服务行业与社会

（1）有序承接政府转移职能

各农科类学会根据市场需求转变发展理念，主动出击，从工作实践中寻求发展机会，改变学会组织对政府部门、挂靠单位的过度依赖，发挥人才、资源和技术优势，根据乡村振兴战略实施和乡村社会发展需要，积极有序承接科技评价、市场信息收集等职能，为党委政府决策贡献社会组织力量。如中国水产学会发挥自身专家和技术优势，积极承接了中国水产品市场价格统计、水产品市场信息收集、贸易跟踪研究等 3 项职能，成为学会稳定持续的一项工作内容。

（2）搭建科技成果评价服务平台

社会组织作为科学共同体的主要组织载体，基于社会组织本身既非政府机构，亦非科研院所和企事业单位，有条件保证评审、论证的独立性、客观性和公正性，开展第三方科技成果评价具备先天优势。为发挥社会组织的资源和科技优势，社会组织致力于建立科技成果转化交易服务平台，整合科技成果资源，开展科技成果收集、整理、评价与推介发布等工作，依托大数据系统建立和完善科技成果转化数据库、专家人才库、技术需求库、科技政策库等数据库，建成稳步发展的科技成果转化平台，对科研机构资质、科技计划或规划等进行评价，创新评价机制，客观评价科研成果，推广应用科技成果，得到广大科技工作者的认可，提升学会的社会影响力。如图 8-43 所示，2019 年农科类学

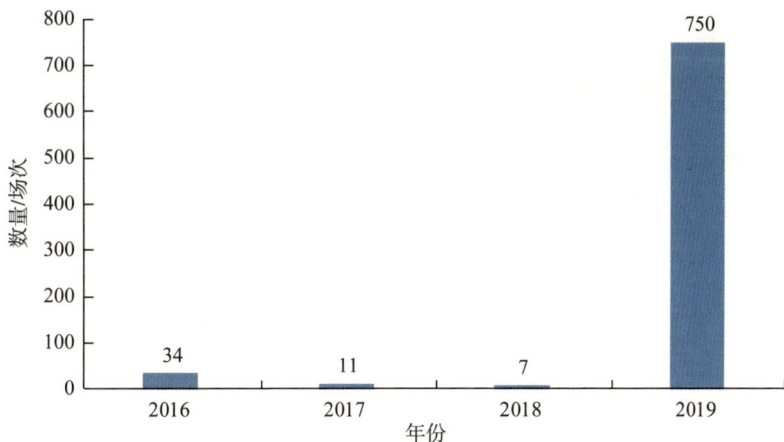

图 8-43 2016—2019 年全国农科类学会开展推进创新创业活动数量
（数据来源：中国科协统计年鉴）

会组织开展了 750 场次推进创新创业活动，与 2016 年的 34 场次相比，呈指数级增长，为科技事业发展贡献学会力量。如中国农学会针对《国家中长期科学和技术发展规划纲要（2006—2020 年）》农业领域实施情况，组织 60 余名院士专家开展评估，形成专门报告，为新一轮规划纲要编制提供决策参考；组织开展国家"大众创业万众创新"农口示范基地评估，总结凝练的"双创"基地典型经验做法，《中国财经报》还在头版予以专门报道。

（3）开展团体标准研制工作规范运行管理

在政策支持和鼓励下，各全国农科类学会深化体制改革同时，积极承担行业标准、团体标准研制工作，进一步完善团体标准管理机制，探索团体标准工作可持续发展体制机制，为学科和相关领域发布行业标准，满足创新和市场对标准的需求，推动新成果和新技术的应用和新产品品质的提升。深化改革以来，中国农学会、中国作物学会、中国植物营养与肥料学会等稳步开展了多项团体标准研制项目工作，弥补了相关学科的标准缺失，满足相关领域的标准需求。统计数据显示，2018 年农科类全国学会累计开展 19 项技术标准和 8 项团体标准研制，如图 8-44 所示。

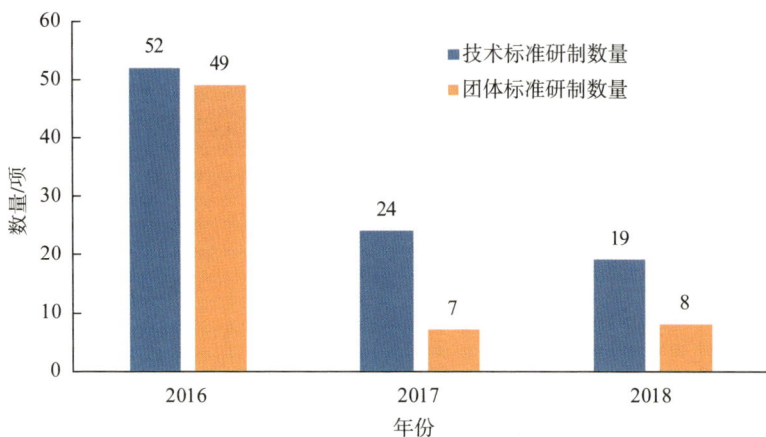

图 8-44 2016—2018 年全国农科学会技术标准、团体标准研制数量
（数据来源：中国科协统计年鉴）

（4）依托科技助力精准扶贫服务乡村振兴战略

农科类学会按照中国科协的统筹安排，积极组织相关领域专家参与精准扶贫和乡村振兴战略，为贫困地区转变产业发展方式、提高公民科学素质提供科技

服务，为我国精准扶贫和乡村振兴事业贡献社会组织的智慧。学会利用专家学者资源，选派行业专家到西部和贫困地区开展科技扶贫，帮助贫困地区发展优质特色产业，转变粗放的生产发展方式，依靠科技进步加快产业发展，实现脱贫致富；与贫困地区政府签订合作协议，组织科技专家定点深入乡镇开展农民培训、技术指导、技术推广等科技服务，将先进的科技资源引入贫困地区，为脱贫致富服务。如中国农学会面向山西临县等国家级贫困县，组织开展扶贫干部培训，编制贫困村振兴建设规划，组织院士专家赴贫困地区开展技术咨询服务。中国林学会筛选出适宜贫困地区的优良品种，试验示范适宜生态条件的种养增收新模式，帮助贫困县脱贫致富。中国水产学会结合科技扶贫，组织行业科学家参与到扶贫工作中，赴云南省推广稻田综合种养技术，科技工作者全员参与到红河州扶贫，帮助农民采用先进生产技术，促进产业发展，助力精准扶贫。

5. 宣传普及科学知识服务公民科学素质提升

科普服务基础得到有效夯实。农科类全国学会围绕科技成果普惠共享的目标，制定适合市场需求的科普工作制度，推进科普组织建设和运行管理。学会深入推进科普基地和专家队伍建设，培养和选拔高水平科普人才，壮大专兼职科普人才队伍，推动科普志愿者队伍建设，优化科普人才结构，完善科普人才激励机制，调动科普人员的工作积极性和主动性。调研结果显示，大多数学会成立了专门负责科普工作的科普部门，配备专职科普工作人员，为科普服务工作奠定了坚实的基础。从统计数据来看，2019年农科类学会建立科技志愿服务组织45个，科技志愿者人数达3895人。

科普形式日益丰富。农科类全国学会根据科普内容与受众特点，改变传统科普思路，聚焦公众需求，拓展科普服务对象，细分科普服务产品，激发科普市场活力和社会公众创造力，精准满足公众多样性个性化科普需求，为贫困人群、农民群体等提供科普服务。青少年是人才队伍的后备力量，是社会发展和进步的希望，将青少年群体纳入科学普及对象中，激发青少年的科学热情，培养青少年的探索精神，为科技发展和进步储备人才力量。2019年，全国农科类学会累计举办科普宣讲活动878场次，其中专家科普报告会172场次，专题展览46场次，科技咨询534场次，科普日、科普周活动74场次，青少年科普活动 106 场次，科普活动受众人数达到 1036.93 万人。中国作物学会面向公众开放作物科普基地，展示 30 种作物，78 个品种，设置 40 场专业讲解，吸引了来自北京的大中小学生、新闻媒体和社区居民等 1700 余人预约参观。

打造科普品牌。充分发挥学会的社会组织功能，整合学会系统科普资源，采取线上线下相结合的方式，打造科普品牌，开发品牌衍生品，延伸品牌价值，推动科普领域牢固树立精品意识和质量意识，为社会提供更多更好的公共产品和科普服务。学会充分利用"互联网+"形式，发挥专家优势，通过互联网和移动端等渠道传播科学知识，正确引导社会舆论，利用公众号、微博、抖音等新媒体开展品牌科普宣传工作，扩大宣传影响力，提高工作效率。统计数据显示，2019 年全国农科类学会主办科技网站 13 个，浏览人数达 159 万余人；主办科普微信公众号 19 个，关注人数达 14.63 万人；主办科普微博 2 个，近 1000 人关注微博发布的科普信息。

社会效应不断彰显。农科类学会通过创新科普机制、丰富科普活动内容，取得了科普工作的良好社会反响，初步实现了普及科学知识、传播科学思想、弘扬科学精神的效果。如图 8-45 所示，2019 年全国农科类学会举办 878 场次科普宣讲活动，受众人数达到 1036.93 万人，举办实用技术培训 991 场次，7.5 万余人通过培训提高了专业技能和综合素质，507 项先进实用新技术、新品种得到推广应用。

图 8-45 2015—2019 年农科类学会科普活动组织情况
（数据来源：中国科协统计年鉴）

6. 建设高水平科技创新智库

农科学会依托高层次专家学者，集成学会专业资源，在服务科学决策、引领社会思潮方面发挥积极作用，形成专门决策咨询品牌和资源积累。据统计，深化改革以来，全国农科学会在决策咨询、智库品牌建设、政策解读等方面取得积极成效。2019 年，全国农科类学会举办决策咨询活动 394 场次，组织参与立法咨询 12 场次，提供决策咨询报告 80 篇，其中 15 篇报告获得上级领导批示；反映科技工作者建议 30 篇，其中 8 篇获得上级领导批示。中国农学会围绕助力乡村振兴，组织院士专家起草《关于加强农业科技创新人才培养的建议》《关于农业文化遗产发掘与保护工作的报告》《农学会组织服务乡村振兴有关问题调研报告》《关于加快提升农民科学素质助力乡村振兴战略实施的调研报告》等建议和报告；组织农业科研杰出人才围绕农业科技体制机制创新、重大科技布局等建言献策，梳理形成 220 篇决策建议，凝练形成 15 篇高层次决策咨询报告，为党和政府在推进农业产业发展、强化农业科技服务等方面的决策提供了重要参考。

四、医科类学会发展状况

我国科协所属医科类全国学会共有 28 家。近五年来，各医科学会以习近平新时代中国特色社会主义思想为指引，按照科协系统深化改革要求，认真落实中央群团工作会议精神，紧密围绕党和国家事业发展大局，在学术交流、期刊建设、科学普及、继续教育、扶贫抗疫和自身建设等方面积极探索，勇于开拓，取得了显著成绩。在民政部全国性社会组织评估中，共有 4 家学会被评定为 5A 级，6 家学会被评定为 4A 级，整体展现出强劲的办会能力。以下基于 2016—2020 年《中国科学技术协会统计年鉴》《中国科协年度事业发展统计公报》等资料，结合访谈了解到的情况，对医科类学会发展现状进行阐述。

1. 搭建学术平台，努力引领科技发展

学会是促进学术和科技信息在不同创新主体之间交流与扩散的桥梁和纽带。面对我国医学发展实践和创新型国家建设的需要，各医科学会团结引领广大科技工作者聚焦学科前沿动态，荟萃专业优势资源，建设学术高地，形成以大型综合学术会议为主体、小型学科前沿和精准定位会议为补充的"大型、小型和精准"兼容的学术会议布局，搭建高峰论坛、学术会议、学术沙龙和学术报告等不同形式、不同层次的学术交流平台。学术会议的规模和数量稳步增长，品牌效应不断增强，国际学术交流"请进来"和"走出去"双向发力趋势显著，国际科技事务参与程度持续深化。

（1）会议频次规模稳中有升

2015—2019 年间，每年全国医科学会召开国内学术会议的数量不低于 900 场，平均每个学会每年召开 35 场学术会议以上。在会议规模方面，医科学会学术会议的人数稳步增长。医科学会 2015 年学术会议总参会人数为 473521 人次，2019 年则达到 770140 人次，较 2015 年增长 62.64%（图 8-46）。

图 8-46 2015—2019 年医科学会境内学术会议及参会人数
（数据来源：中国科协统计年鉴）

学会组织的会议规模进一步扩大。中国康复医学会主办的 2019 年第三届中国康复医学会综合学术年会暨国际康复设备展览会，以"守正创新、融合发展，构建康复事业共同体"为主题，聚焦康复医学科技发展前沿，展示国内外康复医学科技发展最新成果，吸引多个国际学术组织和众多国内外康复医学领域的近万名专家学者、行业同仁参会，线上观看人数近 40 万人次。中国抗癌协会主办的 2020 中国肿瘤学大会，设有 1 个主会场及 8 个主题会场，专题分会场达到 109 场次，共有 24 位两院院士、近 2800 位肿瘤学领域的知名专家学者参会，征文总数达到 13553 篇，论文数量创历届之最。

（2）品牌意识不断增强

加强品牌化建设，打造精品会议，不断提升学术会议在本领域内的影响力和美誉度，是吸引会员参加学术交流并通过学术交流凝聚会员的重要途径，是促进我国医科发展的重要力量，也是加强产学研结合应用的重要方式和扩大学会国际影响力的重要手段。医科学会打造的品牌会议数量不断增长，"一会一品牌"的效应逐步显现。

中国药学会主办的中国药学大会，从 1999 年首办开始，经过 20 多年的发展完善，已成为我国药学科技界有着广泛影响力的重要年度盛会。中国营养学会从 1993 年开始每两年举办一次全国营养科学大会，是展示我国营养学及公共卫生领域最新研究成果、推动学科全面发展的一个重要平台，业已成为该学会重点学术品牌活动。中国生物医学工程学会主办的中国生物医学工程大会，围绕医工融合，通过展示国际生物医学工程领域的最新成果、最新技术、最新产品，搭建起产学研结合的平台、推动成果转化，促进我国生物医学工程学科建设以及医工融合创新发展，形成很好的品牌效应。

（3）国际化程度曲折发展

随着我国经济社会的不断发展、医学实践的不断丰富和医科研究的不断深入，我国医科学会的国际影响力越来越大，大批学会竞相承办国际组织系列会议，强化国际会议"请进来"，或者自主创办国际会议，探索本土会议"走出去"。2015 年，科协所属医科学会境内国际学术会议举办数量为 127 次，参会论文数量 12125 件；2019 年，境内国际学术会议举办数量为 72 次，参会论文数量 22563 件，会均论文数比 2015 和 2018 年均大幅增长（图 8-47）。

2019 年，中国免疫学会在北京举办了第十七届国际免疫学大会，国内外参会人数超过 7000 人，创造了国际免疫学大会参会规模的新纪录，充分展示了中国免疫学工作者研究水平与热情，彰显了中国免疫学及学会的国际影响力，推动了中国免疫学事业的发展。中国中西医结合学会创办的世界中西医结合大会于 2019 年召开了第七次会议，来自美国、意大利和中国的多位院士、专家学者做主旨报告；12 位两院院士、2 位国医大师以及来自各国科研院所、医疗机构的海内外专家学者共计 4000 余人参加盛会，为我国本土会议"走出去"进行了有益探索。中国针灸学会、中国药理学会等配合我国"一带一路"倡议，积极与沿线国家展开学术交流与合作，取得了很好的效果。

图 8-47 2015—2019 年医科学会境内国际学术会议及交流论文数量

（数据来源：中国科协统计年鉴）

2. 立足专业优势，建设一流科技期刊

期刊出版是学会开展学术交流、传播科学知识和探索科技前沿的主要方式，对于服务广大会员，促进科技创新，推动学科发展，加快成果应用等具有重要作用。截至 2019 年，中国科协所属全国学会主办科技期刊 993 种，涵盖自然科学、工程技术等各个学科领域。其中，医科类全国学会主办的期刊达 364 种，约占全国学会主办期刊的 36.66%，期刊种类众多。中华医学会主办的期刊多达 187 种，形成中华、中国、国际、英文和电子期刊等 5 个系列品牌医学期刊集群，在建设世界一流期刊进程中成绩十分耀眼。在期刊质量方面，中国免疫学会出版的 CMI 期刊 SCI 影响因子在国际免疫学期刊中的排名自 2010 年以来连续 9 年保持稳定快速增长，2019 年在全球 158 种免疫学 SCI 期刊中排名第 15 位，在各个国家级学会期刊中排名第 1 位。中国抗癌学会主办的 30 本系列期刊中有 3 本被 SCI 收录，2 本在肿瘤学期刊中位列 Q1 区，1 本位列 Q2 区。中国药理学会主办的《中国药理学报（英文版）》（APS）在

国际药理学与药学领域 270 种期刊中排名第 26 位（Q1 区），比 2018 年上升27 位；在化学综合领域 177 种期刊中排名第 42 位（Q1 区），比 2018 年上升7 位；APS 发表论文在 2019 年度总被引频次达到 9668 次，均创历史新高。在中国科技期刊卓越行动计划中，有 3 本医科学会主办期刊入选领军期刊类项目，2 本入选重点期刊类项目，20 本入选梯队期刊类项目，2 本入选高起点新刊类项目，彰显出医科学会主办期刊的质量和潜力。

3. 开展继续教育，服务医科人才需求

医学教育分为三个阶段，包括医学基础性教育、医学专业化培养和继续医学教育。其中继续医学教育以学习现代医学科学技术发展的新理论、新技术、新知识和新方法为主要内容，注重先进性、针对性和实用性，能够保持、发展和增强医生服务于病人、公众和同行所需要的知识、技能和专业工作能力，帮助在职医疗卫生人员不断更新和完善专业知识与技术，跟上医学科学的发展步伐，是医科学会进行人才培养、会员服务和学术交流的一个重要手段。2019 年，我国国家级医科学会共举办继续教育培训活动 810 场，平均每个学会举办 28.93 场，参与培训人数 272304 人，培训规模不断扩大；28 个医科学会中有 22 个设有专门负责继续教育的机构，占比达 78.57%，组织机构相对完善；从形式上看，除了举办传统形式的专业技能培训班、研讨班、讲座等之外，各医科学会还利用线上手段，积极探索在线教育、网络课程等新途径，继续教育模式不断丰富；从覆盖面来看，各医科学会对基层医务工作者的支持培训力度不断加强，满足不同层次的继续教育需要。2018 年中华医学会共举办继续教育项目 157 项，计 218 期次，覆盖学员 19.85 万人次；其中举办免收注册费、培训费及支持西部地区的继续教育项目 122 期次，覆盖学员 3.91 万人次。中华医学会以基层卫生人才培养千人计划项目和重症医学专科资质项目为试点，实施远程继续医学教育，探索新的形式提升培训效果，发挥学会继续教育功能，支持基层医疗卫生事业发展。

4. 发挥学科特长，承担科技社团社会责任

（1）深入基层，助力脱贫攻坚

随着我国全面建成小康社会和脱贫攻坚工作进入决胜阶段，在党和政府坚

强领导下，社会各界团结一致，社会动员体系进一步强化。医科学会作为我国社会力量的重要组成部分，发挥自身特长，积极承担社会责任，深入基层开展扶贫工作，取得显著的成绩。在 2020 年中国科协表彰的为决胜全面小康和脱贫攻坚作出积极贡献的组织中，受表彰的 19 家"优秀扶贫学会"中有 7 家为医科学会。中国药学会通过科普扶贫、教育扶贫、消费扶贫等多种方式，助力脱贫攻坚，为国家药监局定点扶贫县引进帮扶资金 30 万元，完成消费扶贫 45.26 万元；开展"科学用药，科普扶贫"活动 10 场，捐赠药品 63 万余元、书籍 6.95 万余元，宣传活动覆盖人群达 1.3 万余人次。中国针灸学会开展"针爱梨园，扶贫助残党建系列活动"，建立扶贫助残基地，捐种梨树、劳保生活用品和药品达 4 万余元人民币；结合专业特长，奔赴山西临县等贫困地区开展针灸培训和义诊活动，服务贫困地区人民健康发展。中国防痨协会在 2017年 9 月与山西岚县人民政府签署三年帮扶协议，多次赴岚县开展义诊、科普、人才培训系列活动，组织岚县医疗卫生人员赴深圳、北京等地参加培训学习，为岚县医疗集团安装远程医疗系统，开展"互联网＋医疗健康"服务，提升了岚县医疗卫生水平，增强了岚县医务人员卫生服务能力，并提升了岚县群众防病治病意识。

（2）众志成城，抗击新冠肺炎疫情

新冠肺炎疫情暴发以来，党和国家高度重视，始终把人民群众生命安全和身体健康放在首位，打响了一场全民抗疫的阻击战。医科学会作为国家治理体系的重要组成部分，认真贯彻党和国家重要决策部署，发挥学科优势特长，积极投身抗疫行动，努力做好各项疫情防控工作，在抗击新冠肺炎疫情中扮演了重要角色，发挥了积极作用，有 16 家医科学会被中国科协评选为"优秀抗疫学会"。新冠肺炎疫情暴发初期，各医科学会纷纷发起倡议书，号召广大会员和医药科技工作者奔赴一线，投身抗疫行动。中国中西医结合学会先后组织所属各专业委员会共 97 位专家驰援湖北战疫前线，参与患者救治工作；迅速发布《新型冠状病毒感染的肺炎中西医结合防治科普手册》和《新型冠状病毒感染的肺炎之日常防护须知》等学术和科普作品，提出防治方案，宣传防护知识；捐赠 N95 口罩、医用帽、手套和消毒液等抗疫物资。中华医学会在科技部、国家卫生健康委和中国科协的支持之下，搭建起"新型冠状病毒肺炎科研成果学术交流平台"，截至 2020 年 6 月 21 日，该中文平台已发表论文 999 篇，相关期刊 104 种，PubMed 英文平台注册论文 222 篇；英文平台上线文献数量 597 篇，相关期刊数量 80 种；中英文平台总阅读量达 320 余万次，有效促进抗疫经验分享和学术讨论交流。在抗击疫情过程中，医科学会立足自身优势，明确职责定位，通过团结引领、智库咨询、学术交流、科学普及等发挥了重要作用。

5. 开展科普宣传，提升全民科学素养

公民的科学素养是衡量一个国家核心竞争力的重要因素，科普工作是提高公民科学素养的重要方式。随着我国社会物质文化水平的不断提高，人们越来越重视健康问题，通过医学科普可以很好地满足人民群众日益增长的健康知识需求，提高民众健康意识和健康水平。

科普活动次数不断增加，受众范围不断扩大。2019 年，中国科协所属医科学会共进行科普宣讲 47966 次（图 8-48），举办专题展览 2329 次，宣讲活动受众人数 559926418 人。各医科学会不断加强科普队伍和科普品牌建设，形成了以"专家＋骨干＋志愿者"为主的三位一体科普人才队伍；探索出一系列符合本领域专业特色的品牌科普活动。中国药学会连续 13 年承接国家药监局"安全用药"系列科普项目，围绕"安全用药，良法善治"主题，开展形

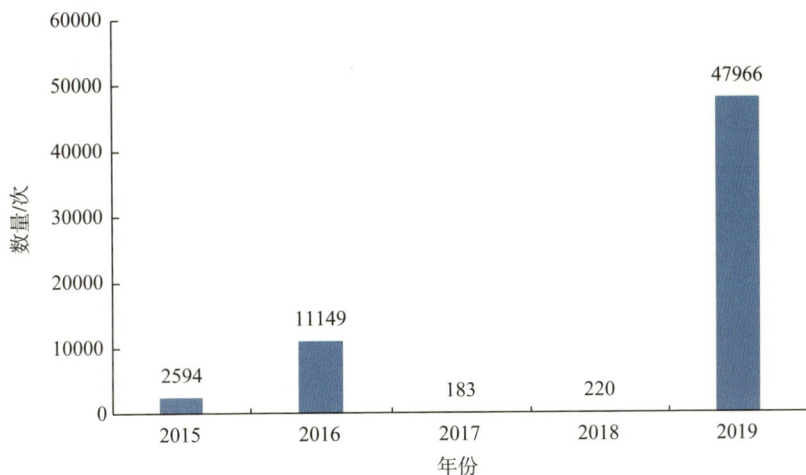

图 8-48 2015—2019 年医科学会举办科普宣讲活动
（数据来源：中国科协统计年鉴）

式多样、内容丰富的"全国安全用药月"活动。中国药学会发布 2019 年公众十大用药提示，并通过新华网、人民网、央广网、中国经济网、光明网等主流媒体进行宣传，促进全民用药安全，覆盖人群高达 2110.8 万人次。中国营养学会开展的全民营养周系列活动，从 2015 年设立至今，每年围绕公民营养健康问题，通过进校园进社区、在公共场所等开展"全民营养周"宣传活动，并结合微信公众号等新媒体形式，进行营养健康科普，品牌效应不断增强。

6. 加强自身建设，提高社团组织力

深化治理结构和治理方式改革，加强组织建设，是实现学会健康发展的基础。在《科协系统深化改革实施方案》的指引下，医科学会各项规章制度不断健全，做到依法依章开展活动，运行更加规范；会员代表大会、理事会和监事会逐渐形成权责分明、相互制约、协调运转和决策的统一机制，理事会规模与学会工作体量相适应，内部治理不断完善；办事机构实行秘书长聘任制，逐步实现实体化、职业化和年轻化的组织运作；管理方式不断优化，利用信息化手段，基本实现会员服务工具的信息化、会员管理平台的数字化和办事信息的网络公开化，取得显著的成效。中国药学会通过内部治理改革，第 24 届理事会实行秘书长聘任制，同时根据需要招聘专职工作人员 6 名，扩大了专业人才队伍；建立起科学规范的会议制度，2019 年召开理事会党委会 3 次、理事会 1 次、监事会 2 次、常务理事会议 8 次、理事长办公会 5 次、党支部委员会议 27 次、秘书长办公会 6 次、秘书处办公会 17 次，研究决定学会重要事项；修订完善财务管理制度和工作流程，成立监事会列席理事会和常务理事会，监督理事会履职情况和学会财务运行管理情况，民主监督机制逐步健全，为推动学会事业科学发展发挥了重要作用。

第九章　推进世界一流学会建设

随着我国全面开启社会主义现代化建设新征程，全国学会的创新发展进入了新阶段。学会工作要放在党和国家大局中加以考虑，放在构建国内大循环为主题、国内国际双循环相互促进的新发展格局中予以谋划，在把握新发展阶段、坚持新发展理念、构建新发展格局中找准历史方位、战略定位，为深化供给侧结构改革和扩大内需提供战略支撑，推动改革和发展深度融合、高效联动，努力把科技共同体的组织优势有效转化为高质量发展优势和现代化治理效能，把学会集聚的人才资源、创新资源势能有效转化为建设科技强国、实现"两个一百年"奋斗目标的强大动能。新时代新征程，加快建设中国特色世界一流科技社团，团结引领科技工作者为构建新发展格局做贡献，使命光荣、责任重大、挑战艰巨。

一、新时代学会发展的使命

1. 坚持正确方向，党建强会，打造政治坚定的价值共同体

坚持党的领导，始终是中国特色科技共同体最本质的特征和最大的优势。全国学会要全面落实新时代党的建设总要求，积极探索科技共同体特点的党建新模式，巩固"全覆盖"成果，促进党建和业务工作深度融合，确保正确发展方向，团结引领广大科技工作者听党话、跟党走。

2. 坚持守正创新，学术立会，提升"四个面向"的科技支撑能力

全国学会要始终以学术繁荣发展为根本要务，树立学术活动品牌，着力打造与建设世界科技强国相适应、与新时代国家创新体系和"四个面向"研发布局相协调的科技共同体，积极践行科技为民服务。

3. 拓展战略链接，开放兴会，建设跨界协同的国际创新网络

提升科技共同体的组织凝聚力重在开放和联结。通过理念价值认同、广泛组织联结、密切交流合作、夯实服务内容，把个体汇聚为集体、把要素集合为整体、把智慧转化为合力，更广泛地促进科技界开放、信任与合作，主动融入世界创新网络。

4. 提升治理效能，依章治会，建设联系密切的科技工作者之家

会员服务是学会发展的生命线，有效治理与科技发展同等重要。全国学会应通过聚焦创新发展内涵和科技工作者核心需求，通过持续深化改革不断强化发展动能。坚持法治与自治相统一，提升学会治理现代化水平，不断激发学会内生动力。密切联系和服务会员，做实"科技工作者之家"，增强科技工作者的认同感、归属感、获得感。

二、新时代学会发展存在的问题及挑战

1. 学会面临的挑战

（1）外部政策供给存在不足

现阶段，我国关于社会组织及科技社团管理的相关政策与制度供给存在不足，现有政策有待完善，成为制约学会发展的外部因素。2020 年全国学会会员问卷调查结果显示，会员对健全学会法律政策环境的呼声较高。14.42% 的会员认为学会发展非常需要健全法律政策环境，50.35% 认为需要，16.08% 认为无所谓，只有 6.64% 认为不需要。

第一，《社会组织法》以及《社会团体登记管理条例》尚未出台或修订。与五年前相比，两部法律的立法进程没有变化，学会的基本权利义务、财产问题、治理结构、政府与社会组织的关系等还欠缺法律层面的规定，使得政府对学会的管理与监管处于不定状态。

第二，学会相关政策法律不完善，税收、社会保险、劳动用工、职称评定、户籍管理、人事工资等政策供给不足。学会与政府、事业单位、企业相比，待遇有所差别，在税收优惠方面不及小微企业，也不及科技企业，因此对人才吸

引力度小，发展动力不足。

第三，登记制度与三级组织的制度矛盾仍然存在。一方面，新学会登记尚有困难，另一方面，不允许在分支机构下再设立分支机构，对于大学科领域的专业细分不利，对于新兴学科的发展不利。

（2）社会组织监管政策限制力度较大

《社会组织蓝皮书：中国社会组织报告（2019）》指出，当前对社会组织监督管理力度加大，一方面促进了学会规范化发展，另一方面，简单的一刀切监管，影响学会的灵活性和社会性。如按照事业单位审计学会，忽略学会的组织特点；又如对于以个人会员为主的学会而言，会费收缴结构应该是多元化多层次的，但是目前的四级会费结构，一定程度限制了学会的发展。

评价表彰奖励办法一刀切不符合国际规则。优秀论文的表彰是国际通例，但是为了规范评比标准达标行为防止乱收费，阻断了学会该项权利，抑制学会同行评价的作用发挥。

（3）行政化管理模式制约学会活力发挥

第一，我国学会管理体制还存在行政化特点，对学会的财务、人事、外事等管理制度上简单化套用行政化管理模式的现象普遍存在。财务管理上，部分学会沿用行政机关、事业单位财务制度。人事管理上，不少学会依然采用事业编制与合同聘用双轨制运行，在激励机制、公平待遇、户口福利等方面制约了开放性、专业化的专业人员队伍的形成，使得学会难以吸引和留住人才。同时对于理事长、副理事长等重要职位任职学者的国籍限制难以适应中国学会走上国际舞台、引领国际学术发展的需要。外事制度上，大部分学会需要依托于挂靠支撑单位或业务主管单位，从而同样必须参照行政机关外事管理办法，无法适应学术全球化的发展需要。

第二，行政化配置期刊刊号资源抑制学术交流。我国科技期刊实行主管、主办和出版的三级管理体系，期刊没有自主权，行政化配置期刊刊号资源，由于刊号资源的稀缺性，导致层层管理和限制，新兴学科、前沿学科等创办新刊困难。

第三，推进政社分开，学会发展资源减少。政社分开的配套政策不健全，推进工作的手段以及衡量标准成为不提供编制、不提供财政经费、不提供办公场所、不允许兼职等，这种分开是简单地切断学会与政府的联系，对没有构建社会资源的学会发展不利。脱钩脱挂后，政府购买服务力度加大，但是政府资助额度减少，承接职能的阻力仍在。

（4）多头管理需要统筹协调

如党建管理如何协同统筹，尚有待探索。对于办事机构党组织，理事会党委、业务主管单位党组织、支撑单位党组织需要分工管理、协调统筹。再如全国学会通常受到支撑单位、中国科协、民政部、科技部等"多方管理"，需要各方以学会为中心，协调管理，特别是在国家级项目申报、国际合作审批、人才智库建设等方面。

（5）乌卡时代挑战学会危机管理能力

目前我们正处于一个易变（volatile）、不确定（uncertain）、复杂（complex）、模糊（ambiguous）的时代——乌卡（即VUCA）时代，危机频出，学会的危机管理能力和参与社会治理的能力面临挑战。如何能预判其他危机、防患于未然、妥善处理和善后，是学会的必修课。

（6）学会面临多位竞争格局

第一，学会面临国际社团的竞争。国际性学会对中国科技工作者具有一定的吸引力。尽管其会费更高，但是由于科技评价体系的影响，国际期刊发表论文和国际会议交流的吸引力较大，入会的会议注册折扣对科技工作者有吸引力。

第二，学会面临国内行业协会的竞争。行业协会脱钩改革，促使行业协会积极争取社会资源，提高会员服务水平，加强标准制定、行业鉴定与评价、行业规划、政策咨询的推进工作，积极参与公共政策制定，在业务、单位会员发展上，与工科学会有一定交叉，一定程度上成为学会的竞争对手。

第三，高校科研院所与民办科研机构（民非），在技术研发、技术交易、评价、智库等业务方面，与学会也有交叉。

第四，学会与学会之间，新兴学会与原有学会之间，学会与其他学会的分支机构之间的竞争，也同样存在。

因此，如何与不同主体形成合力，建立互动合作而又良性竞争的格局，面对社会需求和社会资源，能否与之竞争，有否资格与之合作，是学会面临的挑战之一。

2. 学会自身存在的问题

（1）党建组织体系需要完善

第一，三级党组织体系需要进一步推进。理事会功能性党委和办事机构党组织的功能还需要落实和发挥。

第二，学会办事机构党组织与学会理事会党委和所隶属上级党组织的关系还需要理顺，对于兼职党员的双重组织生活还需要顶层设计。

第三，虽然目前实现了学会党建的"双覆盖"，但是由于一些学会规模小、党员数量少，党组织作用发挥不明显，甚至少数支部党组织作用发挥存在软、懒、散的情况，党组织的战斗堡垒和党员的先锋模范作用不能得到有效发挥。

第四，部分学会党建与学会发展结合还不够紧密，没有找到适合自己学会特色的融合点，党建强会的作用没有充分彰显。

（2）以学会为中心的支撑体制有待完善

第一，支撑单位的既干预又不支持学会发展的现象依然存在。从挂靠到支撑，部分学会缺乏改革动力和独立能力，对体制内资源的强依赖现象还依然存在，需要进一步提高学会的独立性和自主性。

第二，无挂靠单位的学会数量占比仍然较少，脱钩脱挂改革任重道远。

第三，官办色彩有待进一步降低。目前，学会的自主性程度、社会化程度还有待提升，秘书处机关化、官僚化现象降低了学会的独立性，从而模糊了学会的独特定位。据2020年学会会员问卷调查，会员对"官办色彩浓厚，群团性差"这一判断的态度，尽管多数会员对此表示不同意，但是，相比较其他问题而言，认为"官办色彩浓厚，群团性差"占比最多（4.94%的会员非常同意11.68%比较同意，27.82%认为一般）。

（3）内部治理能力还需加强

第一，会员代表、理事产生方式及理事的参与度还有进步空间。在2020

年会员问卷调查中，关于会员代表和理事的产生方式，均只有 10.19% 的会员表示变化非常大；关于理事会作用发挥，10.40% 的会员表示没有变化，24.61% 表示变化不大，34.84% 表示有些变化，仅有 19.00% 表示变化较大，11.15% 表示变化非常大。不及党建服务和秘书处服务变化大。

第二，理事长的决策功能还需进一步加强。2019 年全国学会年检数据显示，210 个学会中有 87 个学会的法定代表人由理事长担任，占比 41.43%。这说明，理事长对学会事务的参与度有限，一般是学界著名学者担任理事长起到学术引领作用，但是往往容易出现理事长在学会事务参与方面表现不足、决策功能有限的现象。需要建立相应机制，选择学术水平高、战略管理能力强，且有参与意愿和志愿精神的人担任理事长。

第三，内部风险防控机制还需加强。一方面，监事会履职能力和履职意愿需要提高。另一方面，社团发展速度与管理能力要相匹配，防止出现失控现象。如分支机构是近五年社团遭到行政处罚的最大源头，分支机构五年中升幅较大，如果相应配套管理制度和规范措施不到位，容易出现失控风险。

第四，秘书处建设制约学会发展。一方面，秘书处机构建设无法满足学会专业化、精细化管理需求。目前，秘书处内设机构的数量有限，2019 年全国学会办事机构总数达到了 660 个，虽然升幅较大，但是平均到每个学会，内设机构仅为 3 个，难以满足学会实务的专业化、精细化管理需求。另一方面，专职人员队伍制约学会管理和业务活动能力。尽管学会从业人员数量增长喜人，但是，2019 年签署劳动合同的数量仅为 2533 人，占从业人员比例仅为 68.20%，职业化水平尚处于较低层次。

（4）经营能力以及会员服务精细化仍是短板

第一，会员个性化需求尚未充分回应。据 2020 年会员问卷调查显示，会员获得学会提供的培训指导方面，还有 29.52% 的会员表示未曾获得相关服务，获得职业生涯指导、就业流动服务、求职简历指导等个性化服务的仅仅占比 12.36%、7.57%、5.95%。

第二，学会经营能力欠缺，会员收费服务潜力没有充分挖掘。据 2020

年会员问卷调查结果显示，多数会员购买学会服务的愿望不强烈，会员市场没有得到充分开发。就学会会员每年在学会消费金额来看，22.17%的人认为每年可以在学会消费的金额在100元以下，消费金额在500元以下的占比57.22%。消费金额在1000元以下的共占比75.17%，消费在1000元以上的仅占比24.82%。这意味着，学会尚未能打造高端的品牌化服务产品，挖掘会员需求，争取会员购买，浪费了巨大的会员市场。

（5）学术交流质量和形式有待改进

第一，学术会议组织和形式有待改进。据2020年会员问卷调查显示，会员上一次没有参加学会组织的学术会议，其原因主要是"没时间"（70.23%），然后依次是"没经费"（17.12%），"单位领导不批""没有信息""没有资格参加""其他"选项占比均在5%到10%之间，"其他"选项主要包括时间冲突、疫情影响、参加意义不大等原因。"不感兴趣""参不参加意义不大""活动质量不高"选项占比均在4%左右，分别为4.36%、4.10%、4.06%。这表明，一方面会员没有把学会组织的会议放在选择项的首位，另一方面，会议的时间和举办形式可以更加多元化，满足会员时间管理的需求。

第二，学术会议的质量还有提升空间。会员认为学术会议主要存在"平行论坛难以抉择"（占比29.56%）、"会议组织没有充分利用网络"（占比24.12%）、"缺少互动交流和讨论"（占比22.65%）、"注册费用高"（占比20.67%）等问题；"本人发言机会少"（占比14.57%）也是重要方面；认为"会议服务不到位""与会者层次不高""选题不切实际需要"分别占比6.81%、6.59%、4.53%，还有会员提出了交流时间短、参会人数过多影响交流互动时间、内容变化不大等问题。

（6）学会服务经济与社会发展能力有待挖掘

第一，科技奖项数量有限，科技评价功能受制。据《中国科协统计年鉴》数据显示，2019年设立科技奖项个数，平均每家学会只有1.79个，其中，人物类奖项个数平均仅为1.03个，成果类奖项数平均仅为0.70个，制约了学会科技评价功能。

第二，学术交流服务科技成果转化能力有待提升。据《中国科协统计年鉴》数据显示，2019 年平均每家学会举办的投融资、成果转化的学术交流仅有 1.35 场（次）。专家服务工作站（中心）的数量平均每家 1.20 个，专家服务团队个数平均只有 2.17 个。

第三，智库成果数量不多，服务政府能力有限。据中国科协统计年鉴数据显示，2019 年，形成专项调查报告篇数平均每家学会仅有 0.38 篇，反映科技工作者建议每家仅有 1.10 篇。

（7）学会整体发展不均衡

第一，学会发展不均衡。医科类学会和工程技术类学会比较活跃，无论是办事机构建设还是服务能力以及影响力，普遍好于基础学科学会和农科学会。

第二，学会收入两极分化较为严重，收不抵支的学会数量呈现增加态势。根据年检数据分析，2019 年能够达到收支平衡的学会数为 8 个，占比 3.81%，收不抵支的学会有 49 个，占比 23.33%，比 2015 年增加了 23 家。

2019 年，近五分之一的学会存在收不抵支，需要加强风险防控，确保收支平衡，确保学会生存和发展。如表 9-1 所示，各项收入的中位数与平均数差距甚大，这意味着，学会两极分化情况严重，财务支付能力不足，影响到学会的后续发展。

表 9-1 学会收入项数据排列一览表(单位:元)

	最大值	最小值	中位数	平均数
捐赠收入	95265796.57	0	0	774666.98
会费收入	16751068.21	0	433600.00	1297960.92
提供服务收入	963358615.90	0	5351745.94	17276603.46
商品销售收入	30101080.61	0	0	268282.13
政府补助收入	96187641.11	0	667113.00	2970928.35
投资收益	49071032.60	0	0	745974.11
其他收入	69230335.19	0	46962.85	554113.56

（数据来源：中国科协全国学会年检数据）

同时，学会的支出中位数和平均数差距也较大（表9-2），这意味着尚有部分学会活动开展少，办事机构社会化实体化运作能力弱。

表9-2 学会支出项数据一览表(单位:元)

	最大值	最小值	中位数	平均数
业务活动成本	606219378.90	0	5541975.44	15332536.04
人员费用	26941595.24	0	0	1183587.42
日常费用	601522966.00	0	1623539.99	9841217.10
固定资产折旧	11319049.89	0	0	89552.95
税费	4696412.90	0	5400.00	84303.60
管理费用	112081925.10	0	1268226.38	3706465.72
其他费用	69230335.19	0	16128.73	759005.40

（数据来源：中国科协全国学会年检数据）

第三，至少一半的学会在多个领域有待零的突破。据中国科协统计年鉴数据显示，88个年鉴数据项的中位数均为0。这意味着，还有至少一半的学会在这88个领域的工作需要实现从零到一的突破。可见，全国性学会的分类管理任务艰巨，学会发展任重道远。

三、加快建设世界一流学会的对策建议

十九届五中全会关于科技创新的重要论述，充分体现了以习近平同志为核心的党中央对创新发展的高度重视，是对科技界和科技社团在新发展阶段的动员令。全国学会要坚定不移走中国特色科技社团发展道路，抓住服务提升科技创新能力的关键，扭住组织赋能、治理创新的战略基点，把握团结引领科技工作者创新建功的主线，坚持依法依规与民主办会有机结合的原则，突出建构更高水平对外开放新高地的要点，着眼构建现代化、国际化科技社团的目标，以改革促发展，向开放要动力，加快建设世界一流学会。

1. 抓住时机，优化学会发展的政策环境

（1）落实《关于进一步推动学会创新发展的意见》

积极落实中国科协、民政部联合印发的《关于进一步推动中国科协所属学

会创新发展的意见》。《意见》与中国科协"十四五"规划制定和中国科协"十大"召开有机衔接，对完善国家创新体系建设，推进国家治理体系和治理能力现代化，具有重要意义。《意见》是专门为中国科协全国学会创新发展量身打造的政策文件，坚持问题导向、引领导向，聚焦学会在改革发展中遇到的难点、痛点问题，提出了务实可操作的有效有力措施。其中，支持学会国际化发展方面提出的"吸纳港澳台及海外知华友华科学家在学会任职""为中国科学家发起国际大科学计划等提供稳定支持""探索推动为国际科技组织总部在华运行设立账户""简化科技工作者以学会身份参加境外学术交流的审批程序"等措施；在支持学会服务科技人才成长方面提出的"鼓励学会设立具有广泛公信力和国际影响力的科学技术奖项""推动建立科技奖励动态清单"等措施；在提升学会治理能力方面提出的"鼓励在前沿新兴交叉等学科领域依法成立科技类社会组织""推动建立学会从业人员职级评价体系"等措施；在强化组织保障方面提出的"对长期不开展活动、违法问题突出的学会进行清理"等措施，分别针对解决学会国际化发展、人才评价举荐、办事机构专业化职业化等方面长期困扰学会的政策障碍。相关措施都是首次提出，具有突破性意义，体现出鲜明的创新意识、开放理念和改革精神。这些政策创新需要尽快确定责任主体，制定实施细则，加快政策落地，让学会受益发展。

（2）健全相关法律法规，拓宽学会发展空间

配合中央做好社会组织立法工作；积极协同民政部、科技部、国务院奖励办、财政部、人力资源和社会保障部、外事部等机构，大力推动学会发展所需相关政策的完善。2020年5月21日，财政部、税务总局、民政部发布《关于公益性捐赠税前扣除有关事项的公告》规定，符合条件的慈善组织在设立或认定当年可获得税前扣除资格；免税资格为取得税前扣除资格的前提，两种资格联动；社会组织评估为"必选动作"，等级需达3A或以上。公告实施的同时，财税〔2008〕160号文废止。在新旧政策衔接过程中，部分社会组织尽管运作规范，但仍可能无法在2020年度顺利获得公益性捐赠税前扣除资格。建议财政部、税务总局、民政部针对2020年度的公益性捐赠税前扣除资格确认出台相应的过渡政策，深入推进"放管服"改革，支持社会组织发展。在科技评估、

职业资格认定、技术标准研制、国家科技奖推荐等重点领域，积极引导，搭建学会与政府的磋商平台，积极推介优秀学会，努力完善协同推进机制和综合协调机制，为推进学会有序承接政府转移职能创造有利的政策环境，拓宽学会发展空间。

2. 分类管理，分批扶持，全面指导提升学会能力

（1）完善精细化的分类引导和支持体系

学科各有特点，学会有大有小，传统各不相同，这是学会发展的现实状况。不能简单化地一刀切，以统一标准去管理、引导和评价学会的能力建设。在尊重差异和多元的基础上，进一步完善精细化的分类引导和支持。加强全国学会分类研究，针对学会类型、发展水平、自身特点找出问题，找准对策。在能力提升支持、承接政府职能、组织体系改革、评估监督等方面进一步细化对不同学科、不同类型、不同发展阶段的学会的分类指导与支持。引导能力强、条件成熟的学会在治理结构改革、自主经营、国际化等方面先行先试。重点支持一批学会率先达到世界一流水平，分类支持一批学会在学术引领、智库咨询、科学普及、产学融合、国际化发展、数字化治理等方面形成世界一流特色专项，形成梯次发展结构。自然淘汰长期不活跃且多个统计年鉴数据项均为0的学会；对没有发展潜力的学会实行更新机制，让有意愿有实力的团队接手原有学会，或者推动成立新学会。

（2）中国科协积极发挥平台促进功能

中国科协作为科技工作者之家，是服务科技工作者、服务全国学会的组织，需要探索建立与全国学会紧密联系的工作机制，提供高质量、有温度的服务，为学会解难题、办实事，共同谋划推动未来发展。

科协作为业务主管单位，与其他政府职能部门作为业务主管单位不同，科协对学会没有干预，只有支持和培育，不存在政社分开问题。因此，在直接登记的新体制下，科协作为所属学会业务主管单位的角色和职能将被弱化，科协应充分利用这种天然优势，主动转换角色，提高科协对学会的凝聚力，以所拥有的政治优势、组织优势、资源优势、服务优势服务学会。此外，建议中国科协率先与高校科研院所建立创新科技评价体系，确立全国学会、中国期刊

在学术评价中的主体地位，作为扶持优秀期刊提升办刊质量的配套措施和扶持目标。

（3）推进中国科协对学会的评价反馈机制

围绕科技社团的功能定位、发展趋势以及深化科技社团改革创新的有关部署，探索一流学会建设标准，继续推进中国科协对学会的评价反馈机制，完善学会能力提升专项评价、世界一流学会评价等功能，使其成为学会分类管理、分类扶持的依据，推动学会向中国特色世界一流学会目标迈进。

3. 党建引领，完善党建强会与依章自治相结合的治理框架

（1）党建强会，完善三级党建组织体系

切实发挥学会党组织的政治核心和价值聚合作用，引导全国学会将坚持党的领导与学会依法依章程自治统一起来，完善三级党建组织体系，推动学会办事机构党组织接受学会理事会党委和所隶属上级党组织双重领导，继续推进学会理事会党委书记与学会主要负责人双向进入、交叉任职工作，把党组织建设基础夯实，把党组织生活与学会业务活动有机结合，探索和鼓励党建的创新模式。发挥党建工作的政治核心工作，把党建工作与学会文化建设、内部治理民主化进程、学会内控机制建设、学会业务有机结合起来。

（2）循序渐进，推动学会政社分开

对于学会，政社分开的核心是学会与原挂靠单位的关系重建，是学会与挂靠单位在人事权、财权、事权方面的分开。推动学会与原挂靠单位从挂靠关系走向支撑关系、从依附关系走向协作关系。明确支撑（挂靠）单位与学会之间的权责关系，探索灵活多样的多支撑形式，为学会自主办会、独立办会创造条件，本着"成熟一个、推进一个"的原则支持学会实现自主办会。取消挂靠不谋求一步到位，不搞一刀切，根据实际情况逐步推进。

（3）使命驱动，提高学会治理能力

第一，积极落实深化学会治理结构改革、健全学会治理方式的各项任务。关键不在治理结构形式上的完整，而在于推动建立能实际发挥作用、能负责、可问责的会员（代表）大会、理事会、常务理事会、监事会和秘书处，做到权责明晰，运转顺畅。

第二，加强学会负责人的挖掘培训、管理与监督。提高学会负责人的战略管理能力、愿景规划能力、使命驱动能力，履职尽责能力。以学会管理能力为首要选举选拔标准，不宜单纯以学术水平、知名度为用人标准，不愿履职、不能履职的负责人应及时退出。

第三，以会员为中心，落实民主选举和民主议事制度。改变部分学会存在的重经营轻会员、重团体轻个人的错误倾向，牢固树立以会员为主体的意识，尤其突出个人会员的主体地位，以努力提高会员发展、服务与管理水平为目标，增强对会员和科技工作者的吸引力和凝聚力，提高会员参与度和忠诚度，在提升会员管理服务水平基础上，提高会员认同和会员参与，唤醒会员权利意识，以会员管理改革促进治理体系建设的落实推进。

（4）能力建设，推进办事机构职业化改革

推进办事机构职业化、专业化，推动秘书长职业化。加强能力建设，加大秘书长岗前、岗中培训力度，完善常态化、规范化、专业化的学会培训体系，创新学会负责人和工作人员的发展理念、治理水平、管理能力、经营效果。充分利用慕课（MOOC）、移动互联网等新方式、新平台，创新学会从业人员培养方式，提高人才培养效率。

4.会员为中心，交流为载体，提升学会服务能力

（1）会员服务精细化

第一，把会员作为首要利益相关方。重视会员需求，建立会员动态数据库，采取有效方式搜集会员需求并有效回应需求；重视会员的个性化需求，提供个性化差异化的会员服务。

第二，建立健全会员管理的组织体系。加强会员部等内设机构建设，加强分支机构和代表机构建设，使其成为会员精细化管理、精准化服务的载体。

第三，建立健全会员的成长体系。以服务吸引会员，以民主机制凝聚会员，畅通会员参与渠道，设计符合会员特点、符合学科发展特征的会员成长体系，促进会员参与，加快会员成长，提高会员的获得感。

（2）学术交流基础化

第一，把提高学术交流质量作为学会基础性工作。如前所述，学术交流质量还有很大的提升空间。要关注学术会议论文的后续跟踪评价，提升学术会议质量。创新改革会议形式和方式。

第二，以学术交流为起点，把学术交流与服务经济和社会发展的驱动功能、服务党和政府的智库功能、服务社会的公器功能有机结合起来，全面提升学会的群众组织力、学术引领力、战略支撑力、文化传播力和国际影响力，坚持中国特色的学会发展方向，着力提供精准多元的会员服务产品，打造世界知名的学术活动品牌，建设世界一流的科技期刊，设立具有国际影响力的科技奖项，建设国际权威的智库品牌，提供优质普惠的科普服务，构建开放共享的产学融合服务平台。

（3）业务活动项目化

第一，重视各项业务活动的开展逻辑，以项目管理的思维开展业务活动，树立项目管理思维，建立需求-目标-方案-活动-服务-产生-影响的项目逻辑，遵循项目的研发、筹备、实施、反馈评估等科学流程管理，提升业务活动质量。防止出现以活动代替服务，以场面代替效果的倾向。

第二，提高学会从业人员的项目管理能力，以项目为核心，推动建立任务型组织、网络型组织，改革学会办事机构。

（4）学会评估科学化

第一，方法上，打造学会服务品牌，要重视学会服务和学会产出的社会影响评估。借鉴社会影响评估（SROI）工具，创新社会效益评估工具，科学评价学会的贡献和价值。采用定量化的方式把学会的经济效益和社会效益，特别是社会效益呈现给会员、政府和社会，以此作为吸引会员，整合资源的基础。提升对承接中国科协及其他机构项目的过程评估和结项评估的科学化。

第二，主体上，引导学会开展自我评估、会员评价，鼓励学会引入第三方评估机制，打造多元化实用化的评估体系。

第三，内容上，逐步探索学会信用评估体系建设，打造具有公信力的现代学会。

5. 信息化 + 国际化，提升学会核心竞争力

（1）以信息化为手段，实现学会流程再造

新冠肺炎疫情防控特殊背景下，学会应用信息技术的能力得到提升，学会信息化建设已成为提升内部治理民主化、内部管理高效化、业务运作透明化的契机，使其成为业务能力和管理水平的重要支撑，成为服务会员和政府及社会的平台、创新科普的工具、链接资源的中介。未来需进一步加强信息化建设，实现学会流程再造。

（2）以信息化为利器，提升学会危机应对能力

利用信息化工具，发挥学会在公共危机事件中的作用，使学会能提前预判研判危机，能在危机暴发中积极为党和政府出谋划策，有效进行舆情引导，提高全社会科学应对危机的能力。

（3）以国际化为导向，积极参与全球科技治理

积蓄国际化人才，吸引境外科技工作者，实施国际化战略；积极学习借鉴世界一流学会的成功经验，打造有中国特色的世界一流学会；打造世界知名的学术活动品牌和世界一流科技期刊，具有国际影响力的智库品牌，以及与国际接轨的科技奖励、评价和认证品牌，形成大科普格局和国际交流合作新局面；以更加开放的姿态，共建全球治理体系，推动多边、区域等层面科技治理规则协调，扩大朋友圈，凝聚开放、信任、团结的价值共识，积极打造面向国际的品牌活动和专项业务，建设有国际影响力的一流学会。

总之，学会要加大力度向四型科技社团迈进：建设智库型社团，从而强化思想创造力、决策咨询力和舆论引导力，科学识别人类面临的新问题新挑战和新的产业变革，更好发挥科技在支撑全球治理中的作用。建设平台网络型社团，从而推动产学主体结合，以更有效的方式培育青年科学家和中小企业，促进技术创新和市场创新，加快科技经济深度融合。建设数据驱动型社团，从而发挥科技社团广泛链接和数据积累优势，深化合作网络，完善数字治理规则，提升数字治理能力，推动数字经济与实体经济融合发展。建设开放合作型社团，从而共同应对挑战，推动科技更好地服务社会、创造价值、促进文明。

参考文献

ASAE & The Center for Association Leadership. 2011. 199 Ideas: Member Service and Engagement. Lawrence, KS: Association Management Press. p8.

董立人, 刘冉. 2018. 提高科技社团承接政府职能转移绩效研究. 行政管理改革, 12: 70-74.

方丹. 2019. 学会分支机构管理情况和发展建议. 学会, 4: 36-40.

高立菲. 2019. 新时代中国科协所属学会相关政策的变化与趋势研究. 学会, 12: 33-39.

龚慧林. 2020. 党建统领学会治理改革探究. 科技风, 12: 262.

韩晋芳. 2017. 学会分支机构发展现状与问题 // 中国科协学会服务中心. 科技社团改革发展理论研讨会论文集. 北京: 中国科协学会服务中心.

怀进鹏. 2011. 说"创新". 北京日报, 2011-11-03(004).

怀进鹏. 2018. 共促科学素质建设 共创人类美好未来——在世界公众科学素质促进大会上的报告. 科协论坛, 10: 4-6.

怀进鹏. 2018. 汇聚磅礴力量 建设科技强国——深入学习贯彻习近平总书记在两院院士大会上的重要讲话精神. 党建, 8: 22-24.

怀进鹏. 2018. 中国科协: 引领科技工作者听党话跟党走. 紫光阁, 7: 34-35.

怀进鹏. 2019. 坚持守正创新 推进中国科协党的建设重大任务落地见效. 机关党建研究, 9: 31-34.

怀进鹏. 2019. 共促科学素质建设 共创人类美好未来. 科技导报, 37(2): 19-22.

怀进鹏. 2020. 共促科技期刊高质量发展, 共筑健康的学术交流生态. 中国科技产业, 10: 2-4.

怀进鹏. 2020. 全面提升科协系统组织力, 汇聚决战决胜的科技力量. 旗帜, 5: 11-13.

怀进鹏. 2020. 为疫情防控和经济社会发展汇聚科技力量. 科技日报, 2020-03-24(005).

怀进鹏. 2020. 为全面建设社会主义现代化国家汇聚科技力量. 人民日报, 2020-11-27.

韩启德. 2016. 坚定不移走中国特色社会主义群团发展道路, 团结带领广大科技工作者为决胜全面建成小康社会、建设世界科技强国而奋斗 . 中国科学报 , 2016-06-03(002).

韩启德 . 2012. 我对科学文化与科学精神问题的看法 . 科技导报 , 30(26): 2-3.

韩启德 . 2009. 充分发挥学术共同体在完善学术评价体系方面的基础性作用 . 科技导报 , 27(18): 3.

韩启德 . 2009. 遵循科学共同体规律 推动中国科技团体发展 . 科技导报 , 27(1): 2-3.

韩启德 . 2008. 加强科学道德规范 : 建设创新型国家的基础工程 . 求是 , 2: 44-46.

刘春平 . 2020. 新中国成立 70 年科技类社会组织发展历程与重大转型 . 中国科技论坛 , 4: 130-138.

刘春平 . 2019. 回眸百年再启程 : 中国科技社团发展的历史进程与主要贡献 . 科技导报 , 37(9): 38-44.

刘兴平 . 2020. "科创中国", 新时期科技社团服务创新的路径选择 [EB/OL]. (2020-08-21) [2021-05-01]. https://www.sohu.com/a/414288401_119038.

姜楠 . 2017. 会员在科技社团中的地位和价值探究 [A]// 中国科协学会服务中心 . 科技社团改革发展理论研讨会论文集 . 北京 : 中国科协学会服务中心 .

今日科协 . 2020. 中国科协网络平台宣传评价排行榜 [EB/OL]. (2020-07-31)[2021-01-18]. https://mp.weixin.qq.com/s/z8KqnYoYevMZLxtwsai4aw

科技塑造益生菌行业未来 · 第十五届益生菌与健康国际研讨会 [EB/OL]. (2020-08-21) [2020-12 12] https://www.sohu.com/a/414260453_120252318.

李利冬 , 张振东 , 郁娇 . 2019. 充分发挥学会党建的政治引领作用 . 学会 , 2: 47-51.

李政 , 刘春平 , 李正风 , 等 . 2019. 我国科技社团组织模式创新——学会联合体结构功能之刍议 . 今日科苑 , 7: 81-91.

林伯阳 , 周竞赛 . 2019. 全国学会会员管理服务状况调查研究——会员服务满意度状况分析 . 学会 , 4: 29-35.

鲁云鹏 . 2020. 科学社会学理论视角下科技社团治理有效性评价与检验 . 科技进步与对策 , 37(24): 125-133.

吕科伟 , 王国强 , 韩晋芳 . 2020. 世界一流学会的发展特点及建设途径 . 科技导报 , 38(16): 6-14.

孟凡蓉 , 陈光 , 袁梦 , 等 . 2020. 世界一流科技社团综合能力评估指标体系设计研究 . 科学学研究 , 38(11): 1937-1943.

潘文静 , 王琳洁 , 任建明 . 2019. 科技社团党建学习模式的创新探索——以中国海洋湖沼学会为例 . 学会 , 10: 27-30.

潘建红，卢佩玲 . 2018. 多元治理与科技社团公信力提升 . 科学管理研究，36(4): 13-16.

潘建红，武宏齐 . 2016. 论科技社团推动创新驱动发展战略的实践选择 . 求实，9: 46-53.

潘建红，杨利利 . 2019. 科技成果转化中科技社团的功能定位与实践策略 . 科学管理研究，37(3): 42-45.

乔云，韩立萍 . 2019. 深化学会改革 提升服务能力——中国公路学会服务创新发展实践 . 科技导报，37(10): 50-55.

齐志红，崔维军，傅宇，高然 . 2019. 中国科协所属科技社团国际化现状分析 . 科技导报，37(24): 6-14.

全国学会优秀改革案例汇编课题组 . 2018. 全国学会改革与发展系列报告（一）——学会治理结构与治理方式 . 学会，9: 7-25.

全国学会优秀改革案例汇编课题组 . 2018. 全国学会改革与发展系列报告（三）——学会办事机构建设(2). 学会，11: 5-23, 47.

全国学会优秀改革案例汇编课题组 . 2018. 全国学会改革与发展系列报告（四）——分支机构建设与管理 . 学会，12: 5-22.

全国学会优秀改革案例汇编课题组 . 2019. 全国学会改革与发展系列报告（五）——会员发展与服务 . 学会，1: 5-21.

孙金金，赵勇，王宇 . 2020. 全国学会创新和推广"智慧党建"工作调查研究 . 学会，7: 23-26.

王芃，梁晓峰 . 2020. 专业学会在应对突发公共卫生事件中的作用——以新型冠状病毒肺炎疫情应对为例 . 行政管理改革，3: 17-22.

王志芳 . 2020. 中国科协学会联合体发展现状及对策建议 . 学会，1: 30-33.

姚昆仑 . 2007. 中国科学技术奖励制度研究 . 合肥：中国科学技术大学，2007.

杨巧英，丁小伦 . 2020. 学会监事会发挥重要作用制度建设全面加强 . 今日国土，Z1: 26.

夏东荣 . 2018. 作为学术共同体的同行评价——学会学术评价的探索思考 . 中国社会科学评价，4: 61-74, 125.

徐顽强，史晟洁，张红方 . 2017. 供给侧改革下科技社团公共服务供给绩效研究 . 科技进步与对策，34(21): 118-124.

游玎怡，李芝兰，王海燕 . 2020. 政府转移职能和购买服务提升了社会组织的服务质量吗？——以中国科技社团为例 . 中国行政管理，7: 104-113.

游玎怡，王海燕 . 2020. 科技社团参与科技类公共服务的现状与策略 . 科学学研究，38(5): 787-796.

赵冬梅, 孙继强 . 2016. 新常态下科技社团承接政府转移职能问题研究——以江苏科技社团为例 . 中国科技论坛 , 7: 48-54.

赵东平, 蒋德军, 周丽娟 . 2019. 学会科普工作存在的问题及解决对策——以中国声学学会为例 . 学会 , 4: 52-53, 64.

赵鹏艳, 刘育盛, 张瑶, 等 . 2019. 2013—2018 年中国科协专项资助全国代表调研课题状况分析 . 学会 , 9: 38-44.

张雪, 余策 . 2018. 建设世界一流学会的对策与建议 . 学会 , 4: 41-45.

张昊东 . 2019. 科技社团改革研究——以中国科协所属全国学会为例 . 中国科技产业 , 8: 77-80.

朱凤昌, 王爱国, 何莉, 等 . 2019. 国内外药学领域知名社团组织对比研究及其对开展世界一流学会建设的启示 . 学会 , 8: 20-28.

朱文辉, 田若松, 乔云, 等 . 2019. 学会发展会员的原则、机构、渠道和方法 . 学会 , 5: 5-17.

朱文辉, 田若松, 乔云, 等 . 2019. 学会服务会员的主要形式 . 学会 , 6: 5-15.

朱文辉, 田若松, 乔云, 等 . 2019. 会员参与学会内部治理的制度安排 . 学会 , 8: 5-19, 28.

朱晓红 . 2016. 政社分开对社团与业务主管单位、挂靠单位关系的影响——以中国科协所属学会为例 . 北京财贸职业学院学报 , 32(6): 5-10.

中国科学技术协会 . 中国科协全国学会发展蓝皮书 . 北京 : 中国科学技术出版社 , 2019.2.

中国科学技术协会 , 全国学会会员工作实用手册 . 北京 : 中国科学技术出版社 , 2018.12.

中国科学技术协会 . 学会承接政府转移职能工作概述 [EB/OL]. (2019-06-06)[2020-11-01] https://www.cast.org.cn/art/2019/6/6/art_47_12924.html.

中国科学技术协会 . 2020. 中国科协党组专题传达学习中央经济工作会议精神 [EB/OL]. (2020-12-25)[2021-05-01]. https://www.cast.org.cn/art/2020/12/25/art_79_143947.html.

中国科协学会服务中心 . 徐延豪到中国水利学会调研 [EB/OL]. (2020-11-20)[2021-04-15]. http://www.castscs.org.cn/?m=news&a=view&id= 177086.

中国科协学会学术部 . 第二十二届中国科协年会科技社团发展与治理论坛开幕 [EB/OL]. (2020-08-10)[2021-04-15]. https://www.cast.org.cn/art/2020/8/10/art_79_130257.html.

中国科协学会学术部 . 2017. 深化学会治理改革 建设创新国家——中国科协学会改革创新工作实践总结 . 中国社会组织 , 15: 18-20.

中国自动化学会等 . 2018. 全国学会优秀改革案例汇编 . 北京 : 中国科学技术出版社 .

中国兵工学会 . 2020. 由我会推荐的 9 位青年科技工作者入选中国科协第五届青年人才托

举工程 [EB/OL]. (2020-08-03)[2020-11-23]. http://bgxh.norincogroup.com.cn/art/2020/8/3/art_1766_224712.html.

中国人工智能协会. 2020.《人工智能导论》培训第六期 [EB/OL]. (2020-06-07)[2020-11-23]. http://www.caai.cn/index.php?s=/home/article/detail/id/911.html.

中国药学会. 2020. 中国药学会关于开展"优秀科技志愿服务队"和"优秀科技志愿者"典型宣传的通知 [CP/OL]. (2020-04-26)[2020-11-23]. https://www.cpa.org.cn/?do=info&cid=75225.

中国药学会. 2020. 中国药学会与国际药学联合会开展合作积极指导药学人员开展新型冠状病毒肺炎疫情防控 [CP/OL]. (2020-04-28)[2020-11-22]]. https://www.cpa.org.cn//?do=info&cid=75229.

中国国土经济学会. 2020. 中国国土经济学会团体标准评审会在京召开 [EB/OL]. (2020-09-11)[2020-11-22]. https://www.cast.org.cn/art/2020/9/11/art_1346_133858.html.

中国化工学会. 2020. 中国化工学会正式发布首批 5 项团体标准 [EB/OL]. (2020-07-15) [2020-11-22] https://www.cast.org.cn/art/2020/7/15/art_590_127821.html.

中国计算机学会. 2019. 第十二届会员代表大会会员代表产生办法 [CP/OL]. (2019-06-17)[2020-11-22]. https://www.ccf.org.cn/About_CCF/CCF_Constitution/2019-06-17/550511.shtml.

中国城市规划网. 2018. 石楠：信息化建设助推学会综合治理改革 [EB/OL]. (2018-03-21)[2020-11-24]. http://www.planning.org.cn/solicity/view_news?cid=1&id=1066.